COURS
d'Arithmétique

Contenant 1.000 exercices et problèmes

Ouvrage rédigé conformément
au programme du 31 mai 1902 et à l'arrêté du 27 juillet 1905

À L'USAGE
DU 1ᵉʳ CYCLE DE L'ENSEIGNEMENT SECONDAIRE
ET DES 1ʳᵉ ET 2ᵉ ANNÉES
DE L'ENSEIGNEMENT SECONDAIRE DES JEUNES FILLES

PAR MM.

J. LEMAIRE   **E. MOSNAT**

Professeur au Lycée Condorcet,   Professeur au Collège Rollin,
Agrégé de Mathématiques

QUINZIÈME MILLE

PARIS
LIBRAIRIE D'ÉDUCATION NATIONALE
PUBLICATIONS VICTOR PICARD
ADMINISTRATEUR : LÉON FOURNIER
9, RUE TOULLIER, 9

EXTRAIT DES PROGRAMMES OFFICIELS

ARRÊTÉS LE 27 JUILLET 1905 POUR L'ENSEIGNEMENT SECONDAIRE

Classe de Sixième A.

CALCUL [2 heures].

Révision des opérations sur les nombres entiers.
Exercices de calcul mental. — Problèmes sur les nombres entiers.
Fractions ordinaires. — Réduction de plusieurs fractions au même dénominateur. — Opérations sur les fractions.
Nombres décimaux. — Opérations. — Exercices.

Conseils généraux. — Le professeur s'abstiendra de toute théorie ; son but doit être d'apprendre aux élèves à faire correctement les opérations et de les habituer, par de nombreux exemples, à la signification de ces opérations.
Les définitions, en particulier celles qui concernent les fractions, seront constamment appuyées sur des exemples concrets.

Classe de Sixième B.

CALCUL [3 heures].

Révision des opérations sur les nombres entiers. Exercices de calcul mental, problèmes sur les nombres entiers.
Fractions ordinaires. — Réduction de plusieurs fractions au même dénominateur. Opérations sur les fractions. Nombres décimaux ; opérations. Exercices.
Système métrique. — Longueurs, aires, volumes, poids, densités, monnaies. — Temps, vitesses. — Énoncé de quelques règles relatives à l'évaluation d'aires et de volumes simples. — Exercices ; exemples simples de changements d'unités, tirés du système métrique.
Règle de trois par la méthode de réduction à l'unité. — Intérêt simple. — Escompte commercial, Rentes. Problèmes simples relatifs aux alliages et aux mélanges.

Conseils généraux. — Pour la première partie du programme, le professeur s'abstiendra de toute théorie ; son but doit être d'apprendre aux élèves à faire correctement les opérations et de les habituer par de nombreux exemples à la signification de ces opérations. Les définitions, en particulier celles qui concernent les fractions, seront constamment appuyées sur des exemples concrets.
À l'occasion du système métrique, des règles d'intérêt, etc., le professeur commencera à habituer les élèves à l'emploi des lettres et à l'usage des formules simples qui se présentent naturellement.

Classe de Cinquième A.

CALCUL [2 heures].

Système métrique. — Longueurs, aires, volumes, poids, densités, monnaies. — Temps, vitesses.
Exercices simples de changements d'unités.
Règle de trois par la méthode de réduction à l'unité.
Intérêt simple. — Escompte commercial. — Rentes. — Problèmes simples relatifs aux mélanges et aux alliages.
Emploi des lettres pour représenter les inconnues. — Problèmes simples conduisant à des équations du premier degré.

Conseils généraux. — En expliquant le système métrique, les questions d'in-

On donnera, en particulier la règle pour évaluer l'aire d'un rectangle et le volume d'un parallélépipède rectangle.

térêt, etc., le professeur commencera à habituer les élèves à l'usage des lettres et des formules simples. Pour le reste, l'emploi de la méthode algébrique permettra d'éviter les raisonnements qui, lorsqu'on veut les formuler dans le langage ordinaire, se présentent sous une forme compliquée et difficile à retenir (règle de fausse position, etc.). L'enseignement donné dans cette classe ne comporte aucune théorie des équations; en conséquence, la vérification des résultats obtenus devra toujours être faite.

Classe de Cinquième B.

ARITHMÉTIQUE [4 heures].

Numération décimale.

Addition et soustraction des nombres entiers.

Multiplication des nombres entiers. Produit d'une somme ou d'une différence par un nombre. Produit de facteurs. Puissances.

Division des nombres entiers. Règle pratique.

Caractères de divisibilité par 2, 5, 9, 3.

Nombres premiers. — Règles pratiques pour la décomposition d'un nombre en produit de facteurs premiers, pour la recherche du plus grand commun diviseur, du plus petit commun multiple.

Révision du système métrique.

Classe de Quatrième A.

ARITHMÉTIQUE [2 heures normales].

Produit d'une somme ou d'une différence par un nombre. Produits de facteurs. Puissances.

Caractères de divisibilité par 2, 5, 9, 3.

Nombres premiers. Règles pratiques pour la décomposition d'un nombre en produit de facteurs premiers, pour la recherche du plus grand commun diviseur, du plus petit commun multiple.

Proportions. Exercices sur le système métrique, les fractions et les grandeurs directement et inversement proportionnelles. Règle pratique pour l'extraction de la racine carrée d'un nombre entier ou décimal à moins d'une unité décimale d'un ordre donné.

Classe de Quatrième B.

ARITHMÉTIQUE [5 heures].

Fractions ordinaires. Opérations.

Fractions décimales. Grandeurs directement et inversement proportionnelles. — Opérations sur les nombres décimaux. — Règle pratique pour l'extraction de la racine carrée d'un nombre entier ou décimal à moins d'une unité décimale d'un ordre donné.

Progressions arithmétiques et géométriques. Somme des termes des progressions limitées.

Méthodes commerciales du calcul de l'intérêt et de l'escompte. Bordereaux d'escompte. Comptes courants. Notions sommaires sur les valeurs.

Classe de Troisième A.

ARITHMÉTIQUE [3 heures normales].

Exercices sur le système métrique et les grandeurs directement et inversement proportionnelles.

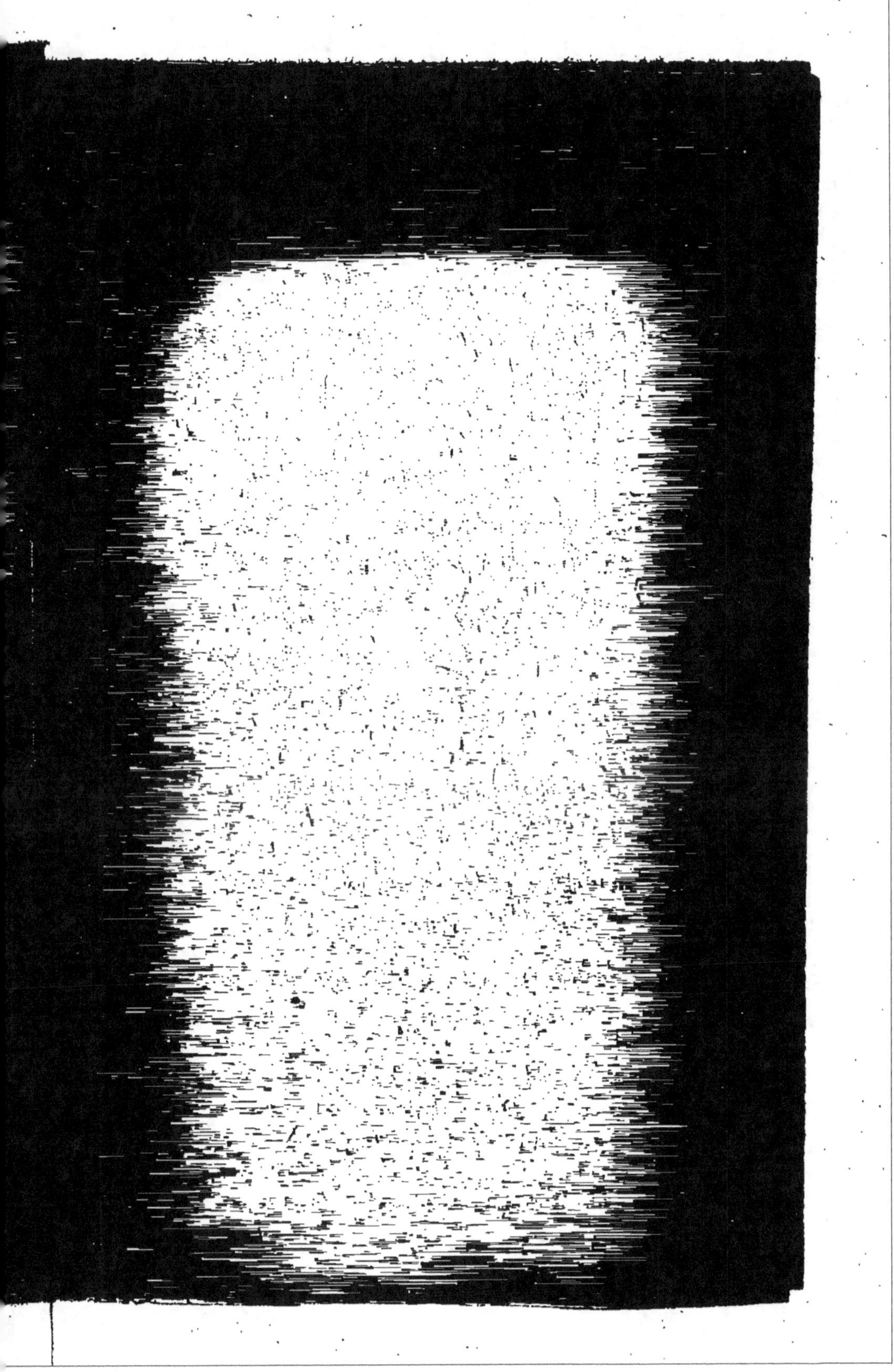

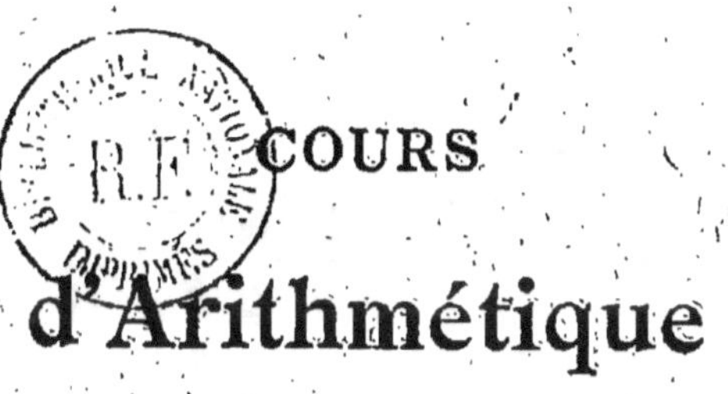

COURS d'Arithmétique

Enseignement secondaire

CET OUVRAGE

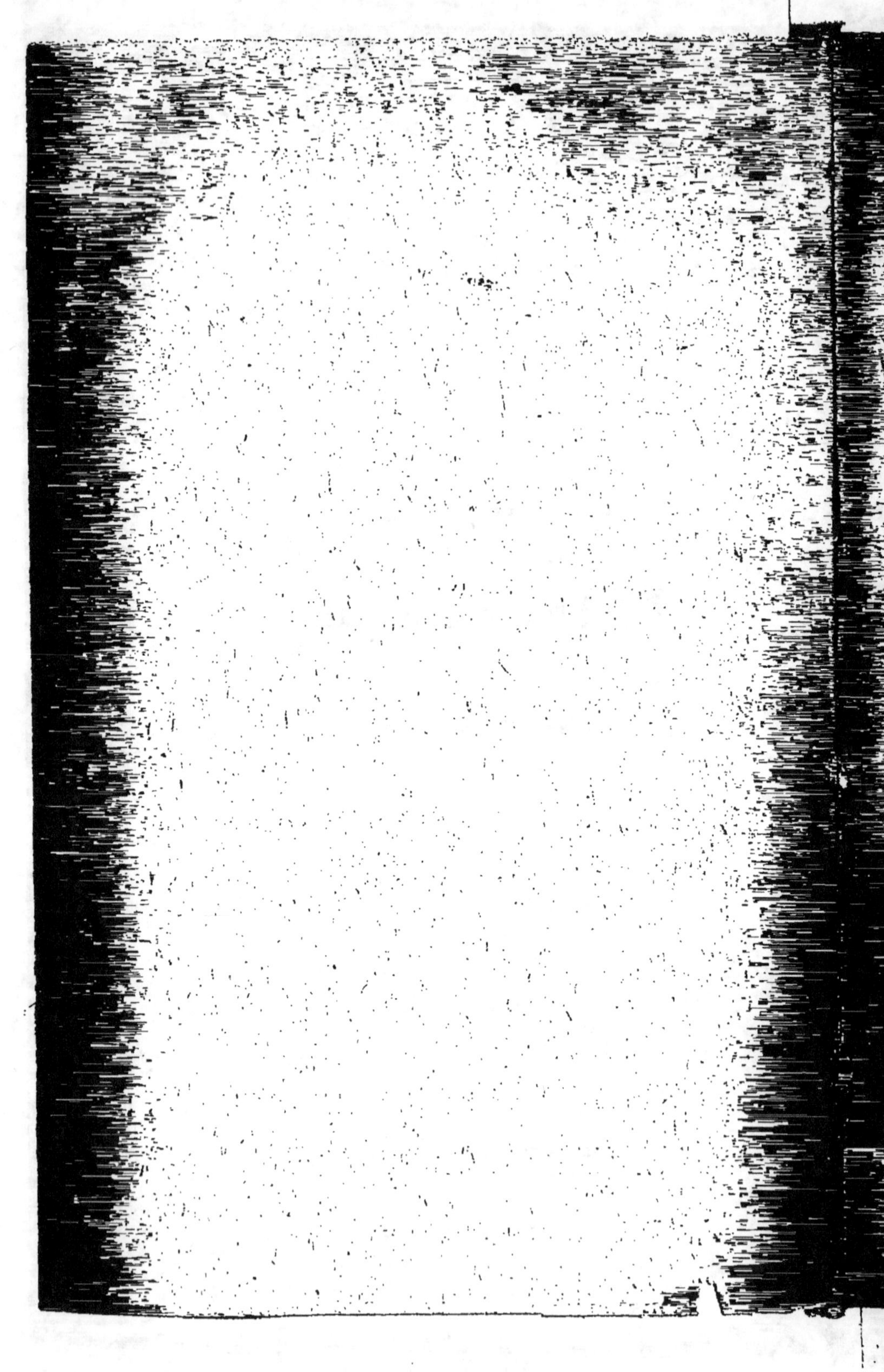

ARITHMÉTIQUE

ENSEIGNEMENT SECONDAIRE
Programmes du 27 Juillet 1905.

NOTIONS PRÉLIMINAIRES

1. Nombres entiers. — On acquiert l'idée de *nombre entier* en considérant un ou plusieurs objets, tels que des livres, des tables. Chaque objet de la collection est une *unité*.

Compter les objets d'une collection, c'est chercher le nombre de ces objets. On considère comme évident que ce nombre est indépendant de l'ordre dans lequel on compte les objets.

2. Nombres égaux. — Les nombres des objets de deux collections sont *égaux* lorsqu'on peut faire correspondre un à un les objets de ces collections.

Ainsi, le nombre des élèves d'une classe égale le nombre des encriers, si chaque élève a un encrier et un seul.

Deux nombres égaux à un troisième sont égaux entre eux : car, si les collections A et B ont le même nombre d'objets que la collection C, on peut faire correspondre entre eux les objets des collections A et B qui correspondent à un même objet de la collection C.

Ainsi, lorsque chaque élève a un encrier et un crayon, le nombre des encriers égale le nombre des crayons.

3. Nombres inégaux. — Lorsqu'on ne peut faire correspondre un à un tous les objets de deux collections, les nombres des objets de ces collections sont *inégaux* ou *différents*. La collection où il y a des objets qui n'ont pas de correspondants dans l'autre en a un nombre *plus grand*; l'autre en a un nombre *plus petit*.

Ainsi, lorsqu'il y a plus d'élèves que d'encriers, le nombre des élèves est plus grand que celui des encriers; le nombre des encriers est plus petit que celui des élèves.

4. Formation des nombres. — En réunissant un objet et un objet, on obtient une collection de *deux* objets; en y joignant un objet, on a une collection de *trois* objets, et ainsi de suite.

En joignant un objet à une collection, on forme une collection dont le nombre des objets est supérieur d'une unité au nombre des objets de la collection donnée. Il existe donc un nombre entier plus grand que tout nombre donné, et l'on peut dire que *la suite des nombres entiers est illimitée*.

5. Somme. — La *somme* des nombres d'objets de plusieurs collections est le nombre des objets contenus dans ces collections réunies. Former cette somme, c'est *ajouter* les nombres donnés.

Ce nombre ne dépend pas de l'ordre dans lequel on compte les objets (**1**); on peut donc *intervertir l'ordre dans lequel on ajoute les nombres sans changer la somme*.

Lorsqu'on ajoute un nombre plusieurs fois à lui-même, on dit que la somme est égale à un certain *nombre de fois* ce nombre.

6. Mesure des grandeurs. — On peut aussi considérer les nombres comme étant les mesures des grandeurs.

On appelle *grandeur* tout ce qui peut être augmenté

ou diminué, comme les *longueurs*, les *poids*, etc.

Lorsque la grandeur contient un nombre exact de fois une autre grandeur de même espèce prise pour unité, sa mesure est un *nombre entier*.

Ainsi, lorsqu'une longueur contient trois fois le mètre, sa mesure est le nombre entier *trois*, si l'on prend le mètre pour unité.

Lorsqu'une grandeur est contenue un nombre exact de fois dans l'unité et dans la grandeur à mesurer, la mesure est un *nombre fractionnaire*.

Ainsi, lorsque le *dixième* du mètre est contenu *sept* fois dans une longueur, la mesure de cette longueur est le nombre fractionnaire : *sept dixièmes*, le mètre étant pris pour unité.

Enfin, lorsqu'aucune grandeur contenue un nombre exact de fois dans l'unité n'est contenue un nombre exact de fois dans la grandeur à mesurer, la mesure est un *nombre incommensurable*.

Ainsi, la longueur de la circonférence en prenant le diamètre pour unité est un nombre incommensurable, qu'on désigne par la lettre grecque π qui se prononce *pi*.

7. Nombres abstraits et concrets. — Le nombre considéré indépendamment de tout objet ou de l'unité qui a servi à le former est dit *abstrait*; comme *trois*, *cinq*.

Si l'on joint à l'idée de nombre celle des objets comptés ou de l'unité choisie, on a un nombre *concret*; comme, par exemple, *trois crayons*, *cinq mètres*.

8. Arithmétique. — L'*Arithmétique* est la science des nombres; elle a pour but d'étudier les *opérations* relatives aux nombres, ainsi que leurs *propriétés* les plus simples.

9. Définitions. — On emploie quelques termes que nous allons définir.

On appelle *théorème* une proposition à démontrer, dans laquelle on arrive, en faisant certaines *hypothèses*, à trouver des *conclusions*, au moyen d'un raisonnement qu'on nomme *démonstration*.

On appelle *réciproque* d'un théorème une autre proposition dans laquelle on prend, en tout ou en partie, la conclusion pour hypothèse et inversement.

On appelle *corollaire* une proposition qui se déduit facilement d'une autre.

On appelle *problème* une question à résoudre.

10. Lettres et signes. — Pour simplifier le langage et l'écriture, on peut représenter les nombres par des *lettres* :

$$a, b, c... \text{A}, \text{B}...$$

ou par des lettres accentuées :

$$a', b'... a'', b''... (a \text{ prime}... a \text{ seconde}...).$$

On emploie aussi des *signes*.

Le signe $=$ (qu'on énonce *égale*) sert à exprimer que deux nombres sont égaux.

Le signe $>$ (qu'on énonce *plus grand que*, ou *supérieur à*) sert à exprimer que le premier nombre est plus grand que le second.

Le signe $<$ (que l'on énonce *plus petit que*, ou *inférieur à*) sert à exprimer le contraire.

L'ouverture des signes $>$, $<$ est tournée du côté du plus grand nombre.

On emploie aussi les signes $\geqq$ (*supérieur ou égal à*) et $\leqq$ (*inférieur ou égal à*).

La quantité placée à gauche de l'un de ces signes est le *premier membre*; la quantité placée à droite est le *second membre*.

LIVRE PREMIER
Nombres entiers

~~~~~~

CHAPITRE PREMIER
NUMÉRATION

§ 1. — *Numération parlée.*

11. But de la numération. — Il faut d'abord apprendre à *nommer* et à *écrire* les nombres; c'est là le but de la *numération*, qui se divise en numération *parlée* et numération *écrite*.

12. Numération parlée. — On ne peut donner un nom particulier à chaque nombre, ni même à tous les nombres usuels, car il serait difficile de retenir ces noms et de comparer les nombres entre eux.

On donne des noms particuliers aux dix premiers nombres :

Un, deux, trois, quatre, cinq, six, sept, huit, neuf, dix.

On considère le nombre dix comme formant une nouvelle unité, appelée *dizaine* ou *unité du second ordre*, et l'on compte par dizaines comme par unités; on obtient ainsi les nombres :

Deux-dix, trois-dix... neuf-dix,
~~~~~~

auxquels l'usage a substitué les noms suivants :

Vingt, trente, quarante, cinquante, soixante, septante ou *soixante-dix,* octante ou *quatre-vingts,* nonante ou *quatre-vingt-dix.*

Entre deux dizaines successives, on intercale les neuf premiers nombres, ce qui donne les nombres :

Dix-un, dix-deux... dix-neuf; vingt-un, vingt-deux... vingt-neuf;... quatre-vingt-dix-neuf.

Par exception, on dit :

Onze, douze, treize, quatorze, quinze, seize, au lieu de dix-un, dix-deux... dix-six.

On dit aussi :

Soixante-onze, soixante-douze... quatre-vingt-onze...

Le nombre formé par dix dizaines s'appelle *cent;* on le considère comme formant une nouvelle unité appelée *centaine* ou *unité du troisième ordre,* et l'on compte par centaines comme par unités et par dizaines, puis on intercale entre deux centaines successives les quatre-vingt-dix-neuf premiers nombres; on obtient ainsi les nombres :

Cent un, cent deux... deux cents, deux cent un... neuf cent quatre-vingt-dix-neuf.

Dix centaines forment un *mille* ou une *unité du quatrième ordre,* et l'on compte par mille comme par unités, puis on intercale entre deux nombres de mille successifs les neuf cent quatre-vingt-dix-neuf premiers nombres, et ainsi de suite.

Pour continuer, on voit qu'il suffit de grouper les unités de dix en dix, et de donner des noms aux unités des cinquième, sixième... ordres.

Afin de diminuer le nombre des mots nouveaux, on considère les trois premiers ordres d'unités comme formant la *première classe* ou classe des *unités simples,* les trois suivants comme formant la *seconde classe* ou classe des *mille,* et ainsi de suite.

Il suffit alors de donner un nom nouveau à chaque nouvelle classe. La *troisième classe*, qui est formée par les unités des septième, huitième et neuvième ordres, s'appelle la classe des *millions*. La *quatrième classe* est celle des *billions* ou *milliards*; la *cinquième classe* est celle des *trillions*; les suivantes sont celles des *quatrillions, quintillions*, etc. Chaque classe comprend des unités, des dizaines et des centaines.

Les unités des différents ordres usuels se trouvent dans le tableau suivant :

	1ʳᵉ CLASSE Unités simples.	2ᵉ CLASSE Mille.	3ᵉ CLASSE Millions.	4ᵉ CLASSE Billions.	5ᵉ CLASSE Trillions.
Unités. . .	1ᵉʳ ordre	4ᵉ ordre	7ᵉ ordre	10ᵉ ordre	13ᵉ ordre
Dizaines .	2ᵉ —	5ᵉ —	8ᵉ —	11ᵉ —	14ᵉ —
Centaines.	3ᵉ —	6ᵉ —	9ᵉ —	12ᵉ —	15ᵉ —

Le principe de la numération consiste à grouper les unités dix par dix autant de fois que possible et à considérer tout nombre comme la somme de ses unités de différents ordres.

Si, en groupant les objets d'une collection dix par dix, puis en formant des groupes de dix collections, et ainsi de suite, il reste, par exemple, *huit* unités, *trois* dizaines, *cinq* mille, le nombre des objets de la collection est *cinq mille trente-huit*.

Dans la pratique, on ne dépasse pas les trillions, et, si l'on a besoin de nombres supérieurs, on se contente de les écrire. On peut aussi diminuer les nombres en choisissant une unité plus grande.

Avec quatorze mots on peut donner des noms à tous les nombres usuels, qui sont inférieurs au trillion, en ne tenant pas compte des exceptions.

§ 2. — *Numération écrite.*

13. Écrire un nombre donné. — On représente les neuf premiers nombres par des caractères appelés *chiffres*, qui sont :

$$1, 2, 3, 4, 5, 6, 7, 8, 9.$$

Pour *écrire un nombre*, il suffit d'écrire successivement les chiffres qui correspondent aux unités des différents ordres, en commençant par celles de l'ordre le plus élevé, et en plaçant le chiffre o, appelé *zéro*, lorsqu'il n'y a pas d'unités d'un certain ordre, afin que le rang des autres unités soit conservé.

Ainsi, le nombre *quatre cent sept* s'écrit 407 ; car, si l'on écrivait 47, on obtiendrait le nombre *quarante-sept*. Le nombre *six millions cinq cent trois mille quatre cent vingt-sept* s'écrit 6503427.

On voit que le principe sur lequel est basée la numération écrite est très simple : *le premier chiffre à droite d'un nombre représente des unités ; tout chiffre écrit à la gauche d'un autre, dans un nombre, représente des unités de l'ordre immédiatement supérieur à celui des unités représentées par cet autre.*

14. Énoncer un nombre écrit. — 1° *Pour énoncer un nombre n'ayant pas plus de trois chiffres*, on lit successivement chaque chiffre, de gauche à droite, en le faisant suivre du nom de l'unité qu'il représente.

Ainsi, le nombre 538 s'énonce : *cinq cent trois-dix huit,* ou *cinq cent trente-huit.*

2° *Pour énoncer un nombre ayant plus de trois chiffres,* on le partage en tranches de trois chiffres, à partir de la droite, et l'on énonce successivement chaque tranche, en commençant par la gauche, en la faisant suivre du nom de la classe.

Ainsi, le nombre 56 047 803 s'énonce : *cinquante-six millions quarante-sept mille huit cent trois*.

§ 3. — *Divers systèmes de numération.*

15. Numération décimale. — Dans le système de numération qu'on vient d'exposer, chaque unité d'un certain ordre en vaut dix de l'ordre immédiatement inférieur ; ce système est dit *décimal*, et il a pour *base* le nombre dix.

16. Base d'un système. — La *base* d'un système est le nombre d'unités d'un certain ordre qu'il faut réunir pour obtenir une unité de l'ordre supérieur.

Lorsque la base est *deux*, le système est dit *binaire*. Dans ce système chaque unité d'un certain ordre en vaut deux de l'ordre précédent.

Pour écrire les nombres dans ce système, il suffit d'employer les chiffres o et 1. Les dix premiers nombres s'écrivent :

1, 10, 11, 100, 101, 110, 111, 1000, 1001, 1010.

Lorsque la base est supérieure à dix, il faut employer des caractères particuliers pour représenter les nombres supérieurs à neuf.

Ainsi, lorsque la base est *douze*, on peut représenter dix par α (alpha), onze par β (bêta) ; alors, le nombre 23, par exemple, s'écrit 1 β.

17. Chiffres romains. — Dans la numération romaine, on écrit les nombres au moyen des lettres

I V X L C D M

qui valent

    1   5   10   50 100 500 1000.

On ajoute les chiffres écrits les uns à la suite des autres, s'ils sont égaux ou vont en décroissant, et l'on retranche tout chiffre placé avant un autre plus fort.

Ainsi, les dix premiers nombres s'écrivent :

I, II, III, IV, V VI, VII, VIII, IX, X ;

les nombres 40, 99, 400, 900, 1754, 1910
s'écrivent   XL, XCIX, CD, CM, MDCCLIV, MCMX.

Pour écrire les nombres à partir de 5 000, on considère tout nombre surmonté d'un trait comme représentant des *mille*, tout nombre surmonté de deux traits comme représentant des *millions*, etc.

Ainsi le nombre 3 027 408, s'écrit $\overline{\overline{\text{III}}}\ \overline{\text{XXVII}}\ \text{CDVIII}$.

Exercices.

1. — Combien une unité de mille vaut-elle de centaines, de dizaines ?
Combien une centaine de mille vaut-elle de centaines, de dizaines ?
Combien une dizaine de millions vaut-elle de centaines de mille, d'unités de mille, de centaines, de dizaines ?

2. — Combien 7 centaines valent-elles de dizaines ?
Combien 4 dizaines de mille valent-elles de centaines ?
Combien 8 centaines de mille valent-elles de dizaines de mille, d'unités de mille, de dizaines ?
Combien 3 millions valent-ils de centaines de mille, d'unités de mille, de centaines ?

3. — Un nombre a onze chiffres ; quel est l'ordre de ses plus hautes unités ?

4. — Écrire les nombres suivants :
La population de la France est de *trente-huit millions six cent quarante-un mille trois cent trente-trois* habitants (recensement de *mil neuf cent un*).
La consommation annuelle de pain en France est évaluée à *sept*

illions deux cent quatre-vingt-un millions sept cent cinquante mille kilogrammes.

La production du vin en France a été, pendant l'année *mil neuf cent trois*, de *trente-cinq millions quatre cent deux mille trois cent trente-six* hectolitres.

5. — Lire les nombres suivants :

Les sociétés de secours mutuels en France au 1er janvier 1901 étaient au nombre de 10 500, comprenant 244 632 membres honoraires et 1 279 358 membres participants, dont 1 001 361 sociétaires hommes, 221 216 femmes et 56 781 enfants. Le total des recettes était de 26 980 000 francs.

6. — De combien le plus petit nombre entier de 4 chiffres surpasse-t-il le plus petit nombre entier de 3 chiffres ?

7. — De combien le plus grand nombre entier de 5 chiffres surpasse-t-il le plus grand nombre entier de 4 chiffres ?.

8. — Combien y a-t-il de nombres entiers d'un chiffre ? — De deux chiffres ? — De trois chiffres ?

9. — Combien y a-t-il de nombres entiers de six chiffres ?

10. — Combien a-t-on tracé de caractères quand on a écrit tous les nombres entiers de 1 à 1 000 compris ?

11. — Combien a-t-il fallu de caractères pour numéroter les pages d'un dictionnaire qui en a 1248 ?

12. — Quel est le nombre de pages d'un dictionnaire dont la pagination a nécessité 3.897 caractères d'imprimerie ?

13. — On donne le nombre 65 874. Étudier les changements de valeur qu'il éprouve lorsqu'on écrit un, deux zéros entre deux chiffres consécutifs, par exemple entre le 8 et le 7.

En déduire le changement qu'il subira si, de la même manière, on écrit n zéros.

14. — Lire les nombres suivants écrits en chiffres romains :

LXXIV,   DVIII,   MDCX, $\overline{\text{IL}}$ CCCIX, $\overline{\overline{\text{II}}}$ $\overline{\text{CDV}}$ DCII, $\overline{\text{XL}}$ $\overline{\text{IX}}$ CCCVII.

15. — Écrire en chiffres romains :

1789,   1848,   1870,   1907.

16. — Combien vaut l'unité du troisième ordre dans le système de numération dont la base est 12 ? — Dans celui dont la base est 20 ?

CHAPITRE II

ADDITION

§ 1. — *Définition, usages.*

18. Somme. — La *somme* de plusieurs nombres est le nombre des objets de la collection obtenue en réunissant les collections qui correspondent aux nombres donnés.

L'opération qui permet de trouver cette somme est une *addition*; elle s'indique par le signe $+$, qui s'énonce *plus*, et qu'on place entre les nombres à ajouter. Les nombres donnés s'appellent les *termes* ou les *parties* de la somme.

Pour trouver la somme de deux nombres, on peut ajouter à l'un successivement les unités de l'autre. Ainsi, pour trouver la somme de 59 et de 3, on peut dire :

$$59 + 1 = 60 ; 60 + 1 = 61 ; 61 + 1 = 62.$$

Ce procédé est généralement trop long, et il vaut mieux décomposer les nombres en leurs unités de différents ordres, puis ajouter séparément les unités de chaque ordre.

19. Usages de l'addition. — L'addition sert à résoudre les questions où l'on réunit plusieurs collections en une seule ; elle permet de trouver le nombre des objets de la collection ainsi obtenue.

Ainsi, on peut calculer les recettes ou les dépenses de plusieurs jours, quand on connaît les recettes ou les dépenses de chaque jour ; on peut trouver la somme due pour plusieurs achats, etc.

EXEMPLE I. — *Trois enfants ont, le premier 7 billes, le second 9 et le troisième 4 ; combien ont-ils de billes en tout ?*
Ils en ont un nombre égal à la somme $7 + 9 + 4$, ou 20.

EXEMPLE II. — *Une personne a acheté 4 poires, 6 pêches et 8 prunes ; combien a-t-elle acheté de fruits ?*
Elle en a acheté un nombre égal à la somme $4 + 6 + 8$, ou 18.

§ 2. — *Théorie de l'addition.*

On est conduit à distinguer trois cas.

20. 1er cas : *Addition de deux nombres d'un seul chiffre.* — Soit à ajouter les nombres 8 et 4 ; la somme est le nombre obtenu en ajoutant successivement à 8 les 4 unités de l'autre nombre. On peut dire :

8 et 1, 9 ; 9 et 1, 10 ; 10 et 1, 11 ; 11 et 1, 12.

La somme cherchée est donc 12.

On doit savoir par cœur toutes les sommes de deux nombres d'un seul chiffre ; tous ces résultats se trouvent dans la *table d'addition.*

Pour former cette table, on écrit sur une ligne les nombres 0, 1, 2... 9, puis, au-dessous, les nombres 1, 2... 10, obtenus en ajoutant 1 à ceux de la première ligne ; sur une troisième ligne, on écrit les nombres 2, 3... 11, obtenus en ajoutant 1 à ceux de la deuxième ligne ;

0	1	2	3	4	5	6	7	8	9
1	2	3	4	5	6	7	8	9	10
2	3	4	5	6	7	8	9	10	11
3	4	5	6	7	8	9	10	11	12
4	5	6	7	8	9	10	11	12	13
5	6	7	8	9	10	11	12	13	14
6	7	8	9	10	11	12	13	14	15
7	8	9	10	11	12	13	14	15	16
8	9	10	11	12	13	14	15	16	17
9	10	11	12	13	14	15	16	17	18

et ainsi de suite jusqu'à la dernière ligne, qui est formée par les nombres 9, 10... 18.

La somme des nombres 8 et 4, par exemple, se trouve à la rencontre de la colonne et de la ligne qui commencent respectivement par 8 et par 4 ; car ce nombre 12 a été obtenu dans la table en ajoutant 4 fois l'unité à 8.

21. 2° cas : *Addition de deux nombres dont l'un n'a qu'un chiffre.* — Soit à ajouter les nombres 728 et 6 ; la somme peut s'obtenir en ajoutant 8 et 6, ce qui donne 14, et en ajoutant 14 à 720 ; cette somme égale 720 + 10 + 4, ou 730 + 4, ou encore 734.

RÈGLE. — *Pour ajouter un nombre d'un chiffre à un nombre quelconque, on l'ajoute au chiffre des unités, et, lorsque cette somme dépasse 9, on écrit le chiffre des unités de cette somme et l'on augmente de 1 le chiffre des dizaines.*

22. 3e cas : *Addition de plusieurs nombres quelconques.* — Soit à ajouter les nombres 892, 759 et 46.

En décomposant les nombres en leurs unités de différents ordres, on est conduit à faire la somme :
$$800 + 90 + 2 + 700 + 50 + 9 + 40 + 6,$$
qui peut s'écrire (5) :
$$(800 + 700) + (90 + 50 + 40) + (2 + 9 + 6),$$
en plaçant *entre parenthèses* les résultats effectués. Il est clair en effet que pour trouver le nombre des objets d'une collection, on peut partager cette collection en plusieurs groupes, faire la somme de chaque groupe et ajouter les résultats.

La somme 2 + 9 + 6 égale 11 + 6, ou 17, d'après le deuxième cas. La somme 90 + 50 + 40 égale (9 + 5 + 4) dizaines, ou 18 dizaines. La somme 800 + 700 égale 15 centaines.

La somme cherchée est donc :
$$1500 + 180 + 17, \text{ ou } 1697.$$

Cette somme peut s'obtenir ainsi : On ajoute les unités, ce qui donne $2 + 9 + 6 = 17$; on écrit 7 et l'on retient 1 pour l'ajouter aux dizaines, ce qui donne $1 + 9 + 5 + 4 = 19$; on écrit 9 et l'on retient 1 pour l'ajouter aux centaines, ce qui donne $1 + 8 + 7 = 16$.

$$\begin{array}{r} 892 \\ 759 \\ 46 \\ \hline 1\,697 \end{array}$$

Dans la pratique, on opère d'après la règle suivante :

Règle. — *Pour ajouter plusieurs nombres, on les écrit les uns sous les autres de façon que les chiffres représentant des unités de même ordre se trouvent dans une même colonne, et l'on tire un trait sous le dernier nombre.*

On ajoute les unités simples, on écrit le chiffre des unités de cette somme, et l'on retient les dizaines, s'il y en a, pour les ajouter aux dizaines, et ainsi de suite, jusqu'à la dernière somme qu'on écrit telle qu'on la trouve.

23. Preuve. — On appelle *preuve* d'une opération, une autre opération qui a pour but de vérifier la première.

Pour faire la preuve de l'addition, on peut ajouter les nombres dans un autre ordre, ce qui doit donner le même résultat puisque *la somme de plusieurs nombres ne dépend pas de l'ordre dans lequel on les ajoute* (**5**).

Lorsqu'on a ajouté les nombres de haut en bas, on peut recommencer l'opération de bas en haut.

On peut aussi partager les nombres en plusieurs groupes, puis ajouter les sommes partielles ; on doit trouver le même résultat, puisque *la somme de plusieurs nombres ne change pas lorsqu'on remplace plusieurs nombres par leur somme effectuée* (**22**).

$$\begin{array}{ll} \left.\begin{array}{r} 3\,542 \\ 817 \\ 4\,185 \end{array}\right\} & 8\,544 \\ \left.\begin{array}{r} 28\,734 \\ 653 \end{array}\right\} & 29\,387 \\ \hline 37\,931 & 37\,931 \end{array}$$

Nous donnons un exemple d'addition avec preuve par additions partielles, en partageant les nombres en deux groupes.

§ 3. — *Calcul mental.*

24. — Il est important de savoir calculer de tête ; aussi, nous allons donner quelques procédés de *calcul mental.*

Il est bon de connaître les *compléments* à 10 des nombres

$$1, 2, 3, 4, 5, 6, 7, 8, 9 ;$$

ce sont les nombres

$$9, 8, 7, 6, 5, 4, 3, 2, 1,$$

qu'il faut leur ajouter respectivement pour avoir une somme égale à 10.

Soit à ajouter 8 et 5. En remarquant que le complément à 10 de 8 est 2, et que 5 égale $2 + 3$, on voit que la somme est $10 + 3$, ou 13. On voit de même que la somme de 78 et de 5 égale 83.

Soit maintenant à ajouter les nombres 84, 59 et 38. La somme des deux premiers est $84 + 9 + 50$, ou $93 + 50$, ou 143 ; la somme de 143 et de 38 égale $151 + 30$, ou 181.

On peut aussi *commencer l'addition par les unités de l'ordre le plus élevé.*

Ainsi, la somme des nombres 84, 59 et 38 se compose de $(8 + 5 + 3)$ ou 16 dizaines et de $(4 + 9 + 8)$ ou 21 unités ; cette somme est donc égale à 181.

Soit, de même, à ajouter les nombres 832, 759 et 46. La somme des centaines est 15 ; la somme des dizaines est 12, qui, ajoutée aux 15 centaines, donne 162 dizaines ; la somme des unités est 17, qui, ajoutée aux 162 dizaines, donne 1637.

Exercices.

17. — Faire les quatre additions suivantes et ajouter ensuite les résultats obtenus :

$$458 + 647 + 804 + 940 + 77 + 143 ;$$
$$1\,347 + 98 + 353 + 519 + 26 + 405 ;$$
$$4\,862 + 2\,743 + 127 + 19\,305 + 7\,589 ;$$
$$17\,518 + 47\,617 + 8\,053 + 2\,925 + 46\,059.$$

18. — Effectuer l'addition suivante :

$$485 + 2\,529 + 3\,047 + 18\,526 + 379 + 97 + 8\,294 + 1\,302 + 572$$
$$+ 11\,643 + 993 + 7\,098.$$

Faire la preuve en décomposant cette addition en additions partielles de quatre nombres chacune.

19. — Dans une addition on trouve les sommes partielles suivantes :

125 unités, 57 dizaines, 118 centaines, 47 unités de mille, 14 dizaines de mille.

Grouper ces résultats d'après les principes de la numération pour en former un seul nombre.

20. — Le poids d'une locomotive est de 26 800 kilogrammes ; son tender pèse, vide, 7 800 kilogrammes et contient 8 140 kilogrammes d'eau et 2 565 kilogrammes de charbon. Trouver le poids total de la locomotive et du tender.

21. — Une maison a été achetée 48 530 francs. Les frais de vente se sont élevés à 1 745 francs. On a dépensé pour les réparations 9 682 francs, puis on a revendu la maison avec un bénéfice net de 10 763 francs. Quel est le prix de vente ?

22. — Un banquier a reçu 4 527 francs en monnaie d'or, 512 francs en monnaie d'argent, 145 francs en monnaie de bronze, 74 francs en monnaie de nickel, 12 500 francs en billets de banque et 28 416 francs en effets de commerce. Combien a-t-il reçu en tout ?

23. — Un jeune homme, qui avait au 1ᵉʳ janvier à la Caisse d'épargne 346 francs, a fait, au commencement de chaque mois de l'année, des versements s'élevant respectivement à 38 francs, 45 francs, 64 francs, 18 francs, 35 francs, 52 francs, 27 francs, 44 francs, 36 francs, 15 francs, 58 francs et 34 francs. Quelle est, à la fin de l'année, la somme portée sur son livret ?

24. — Un commerçant a pris dans sa caisse, successivement : 253 francs, 168 francs, 273 francs, 92 francs, 247 francs, 59 francs, 126 francs, et il lui reste alors 536 francs. Combien a-t-il retiré de sa caisse ? Combien avait-il en tout ?

25. — La distance en chemin de fer de Paris à Dijon est 315 kilomètres ; celle de Dijon à Lyon, 197 kilomètres ; celle de Lyon à Avignon, 230 kilomètres, celle d'Avignon à Marseille, 120 kilomètres ; celle de Marseille à Toulon, 67 kilomètres. Quelle est la distance, en chemin de fer, de Paris à Toulon ?

26. — La distance, en chemin de fer, de Lille à Amiens, est 116 kilomètres ; celle d'Amiens à Paris, 131 kilomètres ; celle de Paris à Orléans, 121 kilomètres ; celle d'Orléans à Tours, 113 kilomètres ; celle de Tours à Poitiers, 98 kilomètres ; celle de Poitiers à Angoulême, 113 kilomètres ; et celle d'Angoulême à Bordeaux, 140 kilomètres. Quelle est, en chemin de fer, la distance de Paris à Bordeaux, et quelle est celle de Lille à Bordeaux ?

27. — La population scolaire des établissements secondaires de l'Académie de Paris était la suivante, au 8 novembre 1904 :

Lycées de garçons de Paris.	12 764 élèves.
Lycées de garçons des départements du ressort .	3 113 —
Collèges de garçons.	3 938 —
Cours, collèges et lycées de jeunes filles.	4 435 —

Combien d'élèves comptait l'enseignement secondaire, à cette date, dans l'Académie de Paris ?

28. — Les dépenses totales, pour la guerre et la marine, ont été en 1903 :

1 724 millions	pour		l'Angleterre ;
1 188	—	—	la Russie ;
1 088	—	—	l'Allemagne ;
1 001	—	—	la France ;
474	—	—	l'Autriche-Hongrie ;
409	—	—	l'Italie.

Quelle a été la somme totale dépensée pour la guerre et la marine, par les six grandes puissances européennes en 1903 ?

29. — Au 1er mai 1904, la population civile de notre colonie du Sénégal comprenait 101 862 indigènes et 3 251 Européens ou assimilés ; et la population militaire comprenait 157 officiers et 1 071 sous-officiers et soldats français, plus 1 485 militaires indigènes. Quelle était, à cette date, la population totale du Sénégal ?

30. — La superficie agricole de la France comprend, en terres cultivées :

25 885 300 hectares	de terres labourables ;
6 557 000	—	de prairies ;
1 800 500	—	de vignes ;
477 400	—	de jardins et vergers.

Quelle est la surface totale des terres cultivées en France ?

31. — Un marchand a acheté successivement 84 mètres d'étoffe pour 426 francs ; 58 mètres pour 267 francs ; 47 mètres pour 218 francs ; 74 mètres pour 362 francs ; 68 mètres pour 317 francs. Combien a-t-il acheté de mètres d'étoffe et quelle somme a-t-il déboursée ?

32. — Dans une famille où le père gagne 1 560 francs par an, la mère 725 francs et les enfants 845 francs, on dépense pour la nourriture 1 210 francs, pour le loyer 225 francs, pour le chauffage et l'éclairage 126 francs, pour les vêtements 435 francs et pour les déplacements 148 francs. Calculer : 1° le total des recettes ; 2° le total des dépenses.

33. — Quatre personnes se sont partagé un héritage : la première a eu pour sa part 3 575 francs, la deuxième a eu 247 francs de plus que la première, la troisième 193 francs de plus que la deuxième, et la quatrième 312 francs de plus que la troisième. A combien s'élevait la somme totale ?

34. — Trois fontaines coulent dans un bassin : la première donne 52 litres d'eau par heure, la deuxième donne 28 litres de plus que la première, et la troisième donne 12 litres de plus que les deux premières réunies. Quelle est la quantité totale d'eau fournie en une heure par les trois fontaines ?

35. — Un ouvrier a reçu 57 francs, un second ouvrier a reçu 26 francs de plus que le premier, un troisième autant que le premier et le second réunis, un quatrième autant que les trois autres. Combien les quatre ouvriers ont-ils reçu en tout ?

36. — Compter par 6 à partir de 6 ; par 7 à partir de 7 ; par 8 à partir de 8 ; par 9 à partir de 9 ; par 12 à partir de 12 ; par 15 à partir de 15.

37. — Compter par 6 à partir de 4 ; par 7 à partir de 6 ; par 8 à partir de 3 ; par 9 à partir de 5 ; par 12 à partir de 9 ; par 15 à partir de 8.

38. — Effectuer *mentalement* les additions suivantes :

$$8 + 7 + 9 + 4 ; \qquad 6 + 5 + 8 + 7 + 3 ;$$
$$5 + 9 + 8 + 3 ; \qquad 8 + 9 + 4 + 2 + 5 ;$$
$$3 + 5 + 7 + 6 ; \qquad 7 + 4 + 8 + 6 + 9.$$

39. —

$$89 + 50 ; \qquad 54 + 83 ; \qquad 37 + 68 ;$$
$$60 + 38 ; \qquad 65 + 73 ; \qquad 79 + 36 ;$$
$$41 + 79 ; \qquad 78 + 46 ; \qquad 85 + 28.$$

40. —

$$563 + 70 ; \qquad 426 + 75 ; \qquad 357 + 28 ;$$
$$670 + 53 ; \qquad 159 + 43 ; \qquad 439 + 57 ;$$
$$231 + 49 ; \qquad 257 + 64 ; \qquad 545 + 36.$$

41. —

$$653 + 837 ; \qquad 538 + 465 ;$$
$$294 + 586 ; \qquad 972 + 617 ;$$
$$721 + 758 ; \qquad 355 + 956.$$

42. — Effectuer *mentalement* les additions suivantes :

$$3\,817 + 751; \qquad 5\,819 + 3\,466;$$
$$4\,536 + 352; \qquad 2\,187 + 1\,732;$$
$$2\,917 + 844; \qquad 4\,628 + 2\,344.$$

43. —
$$76 + 27 + 34; \qquad 57 + 84 + 46;$$
$$125 + 32 + 45; \qquad 415 + 47 + 83;$$
$$227 + 148 + 72; \qquad 328 + 157 + 262.$$

44. — Calculer *mentalement* l'année de la mort des personnages suivants :

Copernic, né en 1473, a vécu 70 ans.
Galilée   —   1564   —   78 —
Képler   —   1571   —   59 —
Descartes   —   1596   —   54 —
Pascal   —   1623   —   39 —
Newton   —   1642   —   85 —
Monge   —   1746   —   72 —
Laplace   —   1749   —   78 —

45. — Calculer mentalement la somme des nombres 1 à 9; des nombres 1 à 20.

46. — On a une suite de nombres commençant par 8 et tels que chacun dépasse le précédent de 15 unités. Quel est le sixième terme de la série ? Quelle est la somme des 6 premiers termes ?

47. — On a une suite de nombres commençant par 1 et 3, et tels que chacun d'eux égale la somme des deux nombres qui le précèdent. Quel est le douzième terme de la série ?

48. — On a une suite de nombres commençant par 2 et 4 et tels que chacun d'eux égale la somme des deux nombres qui le précèdent. Quelle est la somme des 10 premiers termes de la série ?

49. — Pourquoi commence-t-on l'addition par la droite ? Dans quel cas est-il indifférent de commencer l'addition par la droite ou par la gauche ?

50. — Que devient une somme lorsqu'on augmente un de ses termes d'un nombre quelconque ?

51. — Que devient une somme lorsqu'on augmente le premier terme de 15, le deuxième de 27, le troisième de 48, et le quatrième de 39 ?

52. — Qu'obtient-on si l'on additionne la somme de plusieurs nombres avec les nombres eux-mêmes ?

53. — Trouver deux nombres entiers consécutifs ayant pour somme 13 895.

54. — Trouver trois nombres entiers consécutifs ayant pour somme 2 475.

CHAPITRE III

SOUSTRACTION

25. Différence. — On appelle *différence* de deux nombres le nombre qu'il faut ajouter au plus petit pour obtenir le plus grand.

Ce nombre s'appelle aussi *reste* ou *excès* du plus grand sur le plus petit.

Trouver ce nombre, c'est *retrancher* le plus petit nombre du plus grand.

L'opération qui a pour but de trouver ce nombre est une *soustraction;* elle s'indique par le signe —, qu'on énonce *moins,* et qu'on place entre les deux nombres, en écrivant d'abord le plus grand.

Pour trouver la différence entre deux nombres, 18 et 5, par exemple, on peut ajouter au nombre 5, successivement, une, deux, trois... unités, jusqu'à ce qu'on obtienne 18 pour somme; le nombre 13 qu'il faut ajouter est la différence entre 18 et 5.

26. Du nombre zéro. — Lorsqu'on retranche un nombre de lui-même, on trouve pour reste o; on doit considérer *zéro* comme un nombre tel qu'on ait, quel que soit le nombre a :

$$a + o = o + a = a.$$

27. Usages de la soustraction. — La soustraction sert

à résoudre les questions où l'on demande combien il reste d'objets dans une collection, lorsqu'on enlève un certain nombre de ces objets.

EXEMPLE I. — *Une personne avait 15 francs; elle en dépense 6; combien lui reste-t-il ?*

Il lui reste un nombre de francs égal à la différence entre 15 et 6, ou 9 francs.

EXEMPLE II. — *Un enfant a 17 billes; il en donne 3 à un camarade et 5 à un autre camarade; combien lui en reste-t-il ?*

Quand il a donné 3 billes, il lui en reste $(17 - 3)$, ou 14; quand il en a donné 5 autres, il lui en reste $(14 - 5)$, ou 9.

On peut aussi dire qu'il a donné $(3 + 5)$, ou 8 billes, et qu'il lui en reste $(17 - 8)$, ou 9.

28. Propriétés des sommes et des différences. — Avant de faire la théorie de la soustraction, nous allons établir quelques propriétés relatives aux sommes et aux différences.

Nous allons d'abord montrer qu'*on peut ajouter ou retrancher plusieurs nombres dans un ordre quelconque sans changer le résultat.*

Soit, par exemple, à effectuer les opérations

$$8 + 5 - 3 + 6 - 7,$$

dans l'ordre indiqué.

On peut écrire sur une ligne 8 unités, puis 5 autres, en barrer 3, en écrire 6, puis en barrer 7; ce qui revient à écrire $8 + 5 + 6$ unités et à en barrer $3 + 7$; le résultat cherché est donc *la différence entre la somme des nombres à ajouter et la somme des nombres à retrancher.*

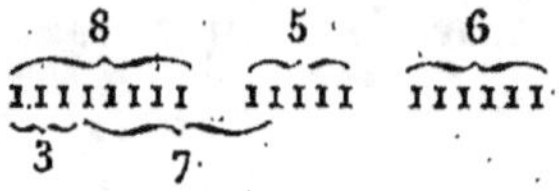

Comme ces deux sommes ne changent pas lorsqu'on modifie l'ordre des termes, il en est de même de leur différence.

Ainsi, l'on peut écrire, en plaçant entre *parenthèses*

les nombres qu'on doit remplacer par leur résultat effectué :

$$5 + 6 - 7 + 8 - 3 = (5 + 6 + 8) - (7 + 3)$$
$$= (8 + 5 + 6) - (3 + 7) = 8 + 5 - 3 - 7 + 6.$$

Par conséquent, *le résultat obtenu en ajoutant ou en retranchant des nombres donnés n'est pas changé lorsqu'on modifie l'ordre dans lequel on doit ajouter ou retrancher ces nombres, pourvu que les opérations soient possibles dans l'ordre indiqué.*

29. Conséquences. — 1° *Pour ajouter à un nombre la différence de deux autres, on peut ajouter le plus grand nombre, puis retrancher le plus petit.*

En effet, on a, par exemple (**28**) :

$$23 + (9 - 4) = (9 - 4) + 23 = 9 - 4 + 23$$
$$= 23 + 9 - 4.$$

On peut le démontrer directement en disant que si l'on ajoute 9 à 23, au lieu de $(9 - 4)$, on ajoute 4 unités en trop ; il faut donc retrancher 4 de la somme, ce qui donne :

$$23 + 9 - 4.$$

On peut aussi raisonner sur des nombres concrets.

Si l'on a un tas de 23 pommes et un autre tas de 9 pommes, et si l'on enlève 4 pommes du second tas, puis que l'on réunisse celles qui restent au premier tas, on obtient un nombre de pommes qui est la somme de 23 et de $(9 - 4)$. Ce nombre n'est pas changé si l'on réunit les deux tas de 23 et de 9 pommes et si l'on enlève 4 pommes du tas ainsi formé. On a donc :

$$23 + (9 - 4) = 23 + 9 - 4.$$

2° *Pour retrancher une somme d'un nombre, on peut retrancher successivement chaque partie de la somme.*

Soit à retrancher de 23 la somme $(9 + 4 + 2)$. La différence est :

$$23 - 9 - 4 - 2,$$

parce que si l'on ajoute $(9 + 4 + 2)$, on trouve (**28**) :

$$23 - 9 - 4 - 2 + 9 + 4 + 2, \text{ ou } 23.$$

On peut aussi faire le raisonnement suivant :

Pierre avait 23 billes ; il en perd 9, puis 4, puis 2 ; il lui en reste le même nombre que s'il en avait perdu la somme $(9 + 4 + 2)$. On a donc :
$$23 - (9 + 4 + 2) = 23 - 9 - 4 - 2.$$

3° *La différence de deux nombres ne change pas lorsqu'on leur ajoute un même nombre.*

On a, en effet (2°) :
$$(11 + 4) - (3 + 4) = 11 + 4 - 3 - 4 = 11 - 3.$$

On établit aussi cette proposition de la manière suivante : Si Jean a 11 billes et Paul 3, Jean a 8 billes de plus que Paul ; lorsqu'on donne 4 billes à chacun d'eux, Jean a toujours 8 billes de plus que Paul. On a donc :
$$(11 + 4) - (3 + 4) = 11 - 3.$$

4° *Pour retrancher une différence d'un nombre, on peut ajouter à ce nombre le plus petit terme de la différence, puis retrancher du résultat le plus grand terme.*

Soit à retrancher de 23 la différence $(39 - 34)$. La différence :
$$23 - (39 - 34)$$
ne change pas (3°) si l'on ajoute 34 à ses deux termes 23 et $(39 - 34)$; autrement dit, elle est égale à
$$(23 + 34) - (39 - 34 + 34)$$
ou à
$$(23 + 34) - 39$$
ou enfin à
$$23 + 34 - 39.$$

§ 2. — *Théorie de la soustraction.*

On est conduit à distinguer trois cas.

30. 1er cas : *Le plus petit nombre et le reste n'ont qu'un chiffre.* — On obtient immédiatement le reste au

moyen de la table d'addition. Ainsi, la différence entre 12 et 7 égale 5, parce qu'il faut ajouter 5 à 7 pour obtenir 12.

31. 2ᵉ cas : *Les chiffres du plus petit nombre sont au plus égaux à ceux de même rang du plus grand* (par chiffres, nous entendons ici les *nombres abstraits* représentés par ces chiffres). — Soit à retrancher 524 de 4739. La différence égale (29, 2°) :

$$4\,000 + 700 + 30 + 9 - 500 - 20 - 4,$$

ou

$$4\,000 + (700 - 500) + (30 - 20) + (9 - 4),$$

ou encore $4\,000 + 200 + 10 + 5$, c'est-à-dire 4 215.

Ce résultat s'obtient *en retranchant tous les chiffres du plus petit nombre des chiffres de même rang du plus grand.*

32. 3ᵉ cas : *Les deux nombres sont quelconques.* — Lorsque la soustraction des unités d'un certain ordre n'est pas possible, on peut ajouter 10 au chiffre trop faible et 1 au chiffre précédent du plus petit nombre, car cela revient à augmenter les deux nombres de 10 unités de l'ordre du chiffre trop faible, ce qui ne change pas la différence des deux nombres (29, 3°).

Ainsi, soit à trouver la différence $6\,258 - 785$. On peut écrire :

$$6\,258 - 785 = 6\,000 + 200 + 50 + 8 - 700 - 80 - 5$$
$$= 6\,000 + 200 - 700 + 50 - 80 + 8 - 5$$
$$= (6\,000 - 1\,000) + (1\,200 - 700 - 100) +$$
$$(150 - 80) + (8 - 5)$$
$$= 5\,000 + 400 + 70 + 3 = 5\,473.$$

Dans la pratique, on dispose les nombres comme ci-contre, et l'on dit : 5 de 8 reste 3, qu'on écrit ; 8 de 15 reste 7, et l'on retient 1 ; 8 de 12 reste 4, et l'on retient 1 ; 1 de 6 reste 5.

$$\begin{array}{r} 6\,258 \\ 785 \\ \hline 5\,473 \end{array}$$

Règle. — Pour retrancher un nombre d'un autre plus grand, on l'écrit sous ce nombre de façon que les chiffres représentant des unités de même ordre soient les uns sous les autres, et l'on tire un trait au-dessous.

On retranche successivement chaque chiffre inférieur du chiffre supérieur correspondant, en commençant par la droite, et l'on écrit le résultat au-dessous. Lorsqu'une de ces soustractions est impossible, on ajoute 10 au chiffre trop faible et 1 au chiffre inférieur suivant.

$$\begin{array}{r} 6\,258 \\ 785 \\ \hline 5\,473 \end{array}$$

33. Preuve. — Pour faire la preuve de la soustraction, on ajoute le reste au plus petit nombre ; on doit ainsi obtenir le plus grand.

Ainsi, la somme de 5 473 et de 785 égale 6 258.

§ 3. — *Calcul mental.*

34. — Pour faire la soustraction de deux nombres, on peut *arrondir* le plus petit, en cherchant le nombre supérieur formé d'un chiffre suivi de zéros, puis retrancher ce nombre et ajouter le complément au reste.

Ainsi, soit à retrancher 386 de 573. On a :
$$386 = 400 - 14$$
et
$$573 - 386 = 573 - 400 + 14 = 173 + 14 = 187.$$

Soit à retrancher 785 de 6 258 ; on peut retrancher 800 de 6 258, ce qui donne 5 458, puis ajouter 800 — 785, ou 15, ce qui donne 5 473.

On peut aussi retrancher les nombres par tranches de plusieurs chiffres.

Ainsi, la différence 6 249 — 3 718 peut s'obtenir en retranchant 37 de 62, ce qui donne 25, et 18 de 49, ce qui donne 31 ; cette différence est 2 531.

Exercices.

55. — Effectuer les soustractions suivantes, puis faire la preuve de ces opérations :

54 927 — 8 643 ;   25 900 — 19 564 ;
42 008 — 3 067 ;   228 543 — 119 609.

56. — La population de Paris était de 1 667 841 habitants en 1861 et de 2 714 068 habitants en 1901. Quelle a été l'augmentation de la population de 1861 à 1901 ?

57. — La population de la France était, en 1881, de 37 672 048 habitants, et en 1901, de 38 641 333 habitants. De combien a-t-elle augmenté de 1881 à 1901 ?

58. — La récolte des vins en France a été évaluée à 35 402 336 hectolitres pour 1903 et à 66 016 567 hectolitres pour 1904. Quelle est l'augmentation en faveur de 1904 ?

59. — La France a importé en 1903 pour 4 648 906 000 francs de marchandises et a exporté pour 4 169 855 000 francs. Quel est l'excédent des importations sur les exportations ?

60. — Un négociant encaisse les sommes suivantes : 1° 4 512 francs ; 2° 684 francs ; 3° 1 936 francs ; 4° 2 055 francs. Il paie une dette de 1 975 francs et il lui reste alors 5 000 francs en billets de banque, 1 650 francs en or et le reste en argent. Quelle est la valeur de cette somme en argent ?

61. — Un négociant a acheté successivement 257 kilogrammes, 328 kilogrammes, 512 kilogrammes et 437 kilogrammes d'une marchandise ; il en revend 464 kilogrammes, puis 235 kilogrammes et enfin 188 kilogrammes. Combien lui en reste-t-il ?

62. — Une personne a acheté une maison pour 6 430 francs et un champ pour 3 545 francs. Elle paye au bout de la première année 2 545 francs ; au bout de la deuxième 1 432 francs et au bout de la troisième 3 785 francs. Combien doit-elle encore ?

63. — On a acheté une propriété pour la somme de 138 572 francs ; on y dépense 15 674 francs et on la revend en 4 lots, le premier de 32 748 francs, le deuxième de 46 925 francs, le troisième de 68 430 francs et le quatrième de 59 424 francs. Combien a-t-on gagné ?

64. — Une maison et un jardin ont été loués pour une somme de 2 545 francs. Le loyer du jardin est de 385 francs. De combien le loyer de la maison dépasse-t-il celui du jardin ?

65. — Un héritage a été partagé entre 4 personnes : la première a eu 25 312 francs, la deuxième a eu 3 486 francs de moins que la première, la troisième 1 935 francs de moins que la deuxième, et la quatrième 2.234 francs de moins que la troisième. Chercher la part de la quatrième personne sans calculer les parts de la deuxième et de la troisième.

66. — Un épicier avait acheté 252 kilogrammes de sucre et 128 kilogrammes de café. Il vend successivement 46 kilogrammes de sucre et 24 kilogrammes de café, puis 83 kilogrammes de sucre et 67 kilogrammes de café, enfin 68 kilogrammes de sucre. Combien lui reste-t-il de sucre et de café ?

67. — Un train part de Paris pour Marseille avec 752 voyageurs. A Laroche, il en descend 97 et il en monte 54 ; à Dijon il en descend 248 et il en monte 162 ; à Mâcon, il en descend 115 et il en monte 76 ; à Lyon il en descend 227 et il en monte 184. Combien le train contient-il alors de voyageurs ?

68. — Nommez les nombres de 4 en 4 en rétrogradant à partir de 100 ; de 5 en 5 à partir de 98 ; de 6 en 6 à partir de 101 ; de 7 en 7 à partir de 103 ; de 8 en 8 à partir de 107 ; de 9 en 9 à partir de 112.

69. — Une suite de nombres commençant par 225 est telle que chacun d'eux égale le précédent diminué de 14. Quel est le huitième terme de la série ?

70. — Effectuer les soustractions suivantes :

$$10\,000 - 6\,257 ; \qquad 1\,000\,000 - 649\,833 ;$$
$$100\,000 - 73\,568 ; \qquad 10\,000\,000 - 82\,516.$$

71. — Effectuer *mentalement* les opérations suivantes :

$$58 - 30 ; \qquad 82 - 56 ; \qquad 862 - 45 ;$$
$$97 - 60 ; \qquad 163 - 75 ; \qquad 937 - 58 ;$$
$$153 - 80 ; \qquad 251 - 89 ; \qquad 1\,236 - 91.$$

72. —
$$350 - 170 ; \qquad 619 - 345 ; \qquad 2\,538 - 1\,942$$
$$4\,600 - 2\,800 ; \qquad 583 - 154 ; \qquad 3\,417 - 524 ;$$
$$7\,500 - 390 ; \qquad 2\,515 - 431 ; \qquad 3\,008 - 742$$

73. —
$$543 + 97 ; \qquad 749 - 98 ;$$
$$5\,816 + 394 ; \qquad 3\,452 - 247 ;$$
$$2\,798 + 158 ; \qquad 4\,932 - 3\,896.$$

74. —
$$358 + 37 - 54 ; \qquad 138 - 25 + 64 - 37 ;$$
$$215 + 58 - 42 ; \qquad 92 + 17 - 39 - 21 ;$$
$$164 - 86 + 215 ; \qquad 256 - 31 - 47 - 53.$$

75. — Calculer *mentalement* à quel âge sont morts les savants dont les noms suivent :

		né en	mort en
Mariotte,		1620,	1684.
Lavoisier	—	1743	— 1794
Volta	—	1745	— 1827.
Ampère	—	1775	— 1836.
Gay-Lussac	—	1778	— 1850.
Arago	—	1786	— 1853.

Chevreul   né en 1786 mort en 1889.
Pasteur   —   1822   —   1895.

76. — Calculer *mentalement* la date de la naissance des savants
dont les noms suivent :

Réaumur,	mort en 1757	âgé de 74 ans.
Bernard de Jussieu	— 1777	— 78 —
Linné	— 1778	— 71 —
Buffon	— 1788	— 81 —
Lamarck	— 1829	— 85 —
Cuvier	— 1832	— 63 —
Claude Bernard	— 1878	— 65 —
Darwin	— 1882	— 73 —

77. — Effectuer les opérations suivantes :
$$47 + 28 - 15 + 17 - 32 - 14;$$
$$128 - 54 + 37 + 18 - 21 - 15;$$
$$236 + 41 - 127 + 36 - 91.$$

78. —
$$327 + (48 + 32 + 64 + 25);$$
$$468 - (57 + 48 + 32);$$
$$543 + (132 - 77 + 28);$$
$$971 - (47 + 128 - 54 - 25).$$

79. —
$$512 + (48 + 17) - (25 + 34);$$
$$298 - (51 + 23) - (36 + 19);$$
$$343 - (61 + 26) - (37 - 18);$$
$$198 - (31 + 23 + 15) - (36 + 7 + 19).$$

80. — Faire disparaître les parenthèses dans les expressions suivantes, et effectuer ensuite les calculs :

$$271 + (53 + 21 + 18 + 14); \qquad 271 - (53 + 21 + 18 + 14);$$
$$97 + (64 - 38); \qquad 97 - (64 - 38).$$

81. — $73 + (41 + 25 - 32); \qquad 73 - (41 + 25 - 32);$
$$124 + (63 + 54 - 25) - (37 - 29).$$

82. — Que devient le reste d'une soustraction lorsqu'on augmente
le plus grand nombre d'un certain nombre d'unités ?

83. — Que devient le reste d'une soustraction lorsqu'on augmente
le plus petit nombre d'un certain nombre d'unités ?

84. — Que devient le reste d'une soustraction lorsqu'on diminue
d'un même nombre d'unités le plus grand et le plus petit nombre ?

85. — Que devient le reste d'une soustraction lorsqu'on augmente
le plus grand nombre et qu'on diminue le plus petit d'un même
nombre d'unités ?

86. — Que devient le reste d'une soustraction lorsqu'on diminue le
plus grand nombre et qu'on augmente le plus petit d'un même nombre
d'unités ?

87. — Dans une soustraction, on augmente le plus grand nombre de 256 unités et le plus petit de 93 unités. Quel changement éprouve le reste ?

88. — La différence de deux nombres est 314 unités. On augmente le plus grand nombre de 135 unités et l'on diminue le plus petit de 28. Que devient cette différence ?

89. — La différence de deux nombres est 548 unités. Que devient cette différence lorsqu'on augmente le plus petit nombre de 35 unités et qu'on diminue le plus grand de 127 ?

90. — La somme de trois nombres est 458 974; la somme des deux premiers est 375 288, et l'un de ces deux nombres est 119 315. Quels sont les deux autres nombres ?

91. — La somme des trois termes d'une soustraction est 658. Quel est le grand nombre ?

92. — Qu'obtient-on quand, à la somme de deux nombres, on ajoute leur différence ?

93. — Qu'obtient-on quand, de la somme de deux nombres, on retranche leur différence ?

94. — Trouver deux nombres dont la somme est 2 627, et la différence 659.

95. — Trois nombres entiers sont tels que la somme du premier et du deuxième égale 42, la somme du deuxième et du troisième 51, et la somme du premier et du troisième 47. Calculer ces trois nombres.

96. — Faire la soustraction suivante :

$$87\,546. - 39\,187$$

en commençant par la gauche. Montrer l'avantage qu'il y a à commencer l'opération par la droite.

CHAPITRE IV

MULTIPLICATION

35. Produit. — On appelle *produit* d'un nombre, qu'on nomme *multiplicande*, par un nombre, qu'on nomme *multiplicateur*, la somme d'autant de nombres égaux au multiplicande qu'il y a d'unités dans le multiplicateur. Les deux nombres sont les *facteurs* du produit.

L'opération qui permet de trouver ce produit est une *multiplication*; elle s'indique par le signe $\times$, qu'on énonce *multiplié par* et qu'on place entre les deux facteurs, en écrivant d'abord le multiplicande. Ce signe peut être supprimé quand l'un au moins des facteurs est représenté par une lettre; ainsi, on écrit $5 \times a$ ou $5a$, $a \times b$ ou ab.

La définition du produit n'a pas de sens lorsque le multiplicateur est 1 ou 0. On convient de dire que le produit d'un nombre a par 1 est a, et que le produit de a par 0 est 0. Alors, le produit de a par b est toujours égal à b fois a.

36. Usages de la multiplication. — La multiplication sert à résoudre toutes les questions où l'on réunit plusieurs collections ayant le *même* nombre d'objets.

Le nombre des objets de la collection est le *multiplicande*; le nombre des collections est le *multiplicateur*. On peut remarquer que le multiplicateur est toujours un nombre abstrait, et que le produit exprime, dans les applications, des unités de même nature que le multiplicande.

Ainsi, on peut trouver la valeur ou le poids d'un certain nombre d'objets identiques quand on connaît la valeur ou le poids de l'un de ces objets. On peut aussi calculer le gain ou la dépense de plusieurs jours quand on connaît le gain ou la dépense d'un seul.

Exemple I. — *On a acheté 7 kilogrammes de café à 4 francs le kilogramme ; combien a-t-on payé ?*

On a payé un nombre de francs égal au produit de 4 par 7, ou 28 francs.

Exemple II. — *Un ouvrier gagne 5 francs par jour ; quel est son gain pour six jours ?*

Son gain est égal au produit de 5 francs par 6, ou 30 francs.

37. Remarque. — La multiplication, n'étant pas autre chose que l'addition de plusieurs nombres égaux, peut se faire comme une addition.

Ainsi, le produit de 537 par 4 s'obtient en faisant la somme
$$537 + 537 + 537 + 537,$$
ce qui donne 2 148.

On peut opérer plus simplement, comme nous le montrerons après avoir établi quelques propriétés relatives aux produits.

38. Produit d'une somme ou d'une différence par un nombre. — Soit à multiplier par 4 la somme $8 + 5 + 7$. On a :
$$(8+5+7) \times 4 = (8+5+7) + (8+5+7) + (8+5+7) + (8+5+7)$$
$$= (8+8+8+8) + (5+5+5+5) + (7+7+7+7)$$
$$= 8 \times 4 + 5 \times 4 + 7 \times 4.$$

On peut répéter le même raisonnement pour un nombre qui est la somme ou la différence de plusieurs nombres.

Ainsi, l'on a :

$$(8 + 5 - 7) \times 3 = (8 + 5 - 7) + (8 + 5 - 7) + (8 + 5 - 7)$$
$$= (8 + 8 + 8) + (5 + 5 + 5) - (7 + 7 + 7)$$
$$= 8 \times 3 + 5 \times 3 - 7 \times 3.$$

On peut donc énoncer la proposition suivante :

Le produit d'une somme ou d'une différence par un nombre peut s'obtenir en multipliant chaque partie de la somme ou de la différence par ce nombre et en ajoutant ou en retranchant les résultats.

39. Produit d'un nombre par une somme ou une différence. — 1° Soit à multiplier le nombre 4 par la somme $(8 + 5 + 7)$. Il faut faire la somme de $(8 + 5 + 7)$ nombres égaux à 4 ; pour cela, on peut ajouter d'abord 8 nombres égaux à 4, puis 5 nombres égaux à 4, puis 7 nombres égaux à 4, et ajouter les résultats obtenus. On a donc la relation

$$4 \times (8 + 5 + 7) = 4 \times 8 + 4 \times 5 + 4 \times 7.$$

2° Soit à multiplier 7 par une différence $(8 - 3)$.
On peut considérer 8 comme la somme de 3 et de 5 et écrire (1°) :

$$7 \times 8 = 7 \times (3 + 5) = 7 \times 3 + 7 \times 5 ;$$

d'où il résulte, en retranchant 7×3,

$$7 \times 8 - 7 \times 3 = 7 \times 5 = 7 \times (8 - 3).$$

On peut donc énoncer la proposition suivante :
Le produit d'un nombre par une somme ou par une différence s'obtient en multipliant le nombre par chaque partie de la somme ou de la différence, et en ajoutant ou en retranchant les résultats.

40. Produit de deux sommes ou différences. —1° Soit a multiplier $8 + 5 + 7$ par $4 + 9$. On a :

$$(8+5+7) \times (4+9) = (8+5+7) \times 4 + (8+5+7) \times 9 \qquad (39)$$
$$= 8 \times 4 + 5 \times 4 + 7 \times 4 + 8 \times 9 + 5 \times 9 + 7 \times 9. \qquad (38)$$

2° Soit à multiplier $15 + 9 - 6$ par $13 - 8$. On a

$$(15+9-6)\times(13-8)=(15+9-6)\times 13 - (15+9-6)\times 8$$
$$\text{(39, 2°)}$$
$$=15\times 13 + 9\times 13 - 6\times 13 - (15\times 8 + 9\times 8 - 6\times 8)$$
$$\text{(38)}$$
$$=15\times 13 + 9\times 13 - 6\times 13 - 15\times 8 - 9\times 8 + 6\times 8.$$
$$\text{(29, 4°)}$$

On a ainsi établi la proposition suivante :

Pour multiplier deux sommes ou différences l'une par l'autre, on multiplie chaque terme du multiplicande par chaque terme du multiplicateur, et l'on donne à chaque terme du produit le signe $+$ si les deux facteurs ont le même signe, et le signe $-$ si les deux facteurs ont des signes contraires, puis on ajoute ou l'on retranche ces produits.

41. Produit de plusieurs facteurs. — On appelle *produit de plusieurs facteurs* rangés dans un certain ordre le nombre obtenu en multipliant le premier facteur par le second, le résultat obtenu par le troisième, et ainsi de suite, jusqu'à ce qu'on ait pris tous les facteurs, *dans l'ordre indiqué.*

Nous allons montrer que ce produit ne dépend pas de *l'ordre* dans lequel on prend les facteurs.

Pour cela, nous démontrerons d'abord qu'*on peut échanger deux facteurs consécutifs.*

Considérons les facteurs 3 et 5 du produit $6\times 8 \times 3\times 5\times 9$. En désignant par p le produit 6×8, on peut écrire :

$$p\times 3\times 5 = (p+p+p)\times 5 = p\times 5 + p\times 5 + p\times 5$$
$$= p\times 5\times 3,$$

d'après la définition du produit.

On a, par suite :

$$6\times 8\times 3\times 5 = 6\times 8\times 5\times 3,$$

et, en multipliant ces nombres égaux par 9,

$$6\times 8\times 3\times 5\times 9 = 6\times 8\times 5\times 3\times 9.$$

On a ainsi établi qu'un produit ne change pas lorsqu'on échange deux facteurs consécutifs.

Si les deux facteurs à échanger sont les deux premiers, on peut faire le même raisonnement, en remplaçant p par 1. Ainsi, l'on a :

$$3 \times 5 = (1 + 1 + 1) \times 5 = 1 \times 5 + 1 \times 5 + 1 \times 5$$
$$= 5 + 5 + 5 = 5 \times 3.$$

Lorsqu'on a établi qu'on peut échanger deux facteurs consécutifs, il suffit de faire plusieurs fois cet échange pour amener un facteur quelconque à occuper un rang donné.

Ainsi, pour montrer qu'on a :

$$6 \times 8 \times 3 \times 5 = 3 \times 6 \times 5 \times 8,$$

on peut écrire :

$$6 \times 8 \times 3 \times 5 = 6 \times 3 \times 8 \times 5$$
$$= 3 \times 6 \times 8 \times 5$$
$$= 3 \times 6 \times 5 \times 8.$$

On a ainsi établi le théorème suivant :

THÉORÈME. — *Dans un produit de facteurs, on peut modifier l'ordre des facteurs sans changer la valeur du produit.*

42. Conséquences. — On peut tirer plusieurs conséquences de cette proposition.

1º *Dans un produit de facteurs, on peut remplacer plusieurs facteurs par leur produit effectué, et inversement.*

Nous allons montrer, par exemple, que dans le produit $6 \times 8 \times 3 \times 5 \times 9$, on peut remplacer les facteurs 8 et 5 par leur produit effectué. Pour cela, nous remarquons que ce produit peut s'écrire $8 \times 5 \times 6 \times 3 \times 9$, ou d'après la définition (**41**) $(8 \times 5) \times 6 \times 3 \times 9$, ou encore $6 \times (8 \times 5) \times 3 \times 9$, ce qui établit la proposition.

Inversement, dans un produit, tel que $6 \times 40 \times 3 \times 9$, on peut remplacer 40 par deux facteurs 5 et 8, dont il est le produit ; car on a :

$$6 \times 40 \times 3 \times 9 = 40 \times 6 \times 3 \times 9$$
$$= 5 \times 8 \times 6 \times 3 \times 9$$
$$= 6 \times 5 \times 8 \times 3 \times 9.$$

2° *Pour multiplier un produit de facteurs par un nombre, il suffit de multiplier l'un des facteurs par ce nombre.*

En effet, le produit de $6 \times 8 \times 3$ par 5, par exemple, est :

$$6 \times 8 \times 3 \times 5 = 6 \times (8 \times 5) \times 3.$$

3° *Pour multiplier un nombre ou un produit de facteurs par un produit, il suffit de multiplier tous les facteurs dans un ordre quelconque.*

En effet, le produit de 3×7 par $6 \times 8 \times 5$ est :

$$3 \times 7 \times (6 \times 8 \times 5) = 3 \times 7 \times 6 \times 8 \times 5,$$

car on peut remplacer le produit effectué $(6 \times 8 \times 5)$ par les facteurs qui le forment **(1°)**.

4° *Le produit d'un nombre par* 10, 100, 1000... *s'obtient en écrivant* 1, 2, 3... *zéros à la droite de ce nombre.*

En effet, le produit de 47 par 100 égale le produit de 100 par 47, ou 47 centaines, ou encore 4 700.

§ 2. — *Théorie de la multiplication.*

On est conduit à distinguer trois cas.

43. **1er cas** : *Les deux facteurs n'ont qu'un chiffre.* — Soit à multiplier 7 par 4 ; le produit est $7 + 7 + 7 + 7$, ou 28.

Tous les produits de deux nombres d'un seul chiffre se trouvent dans la *table de multiplication*, ou table de Pythagore, qu'on doit savoir par cœur.

Pour former cette table, on écrit les neuf premiers nombres sur une ligne, puis on ajoute ces nombres à eux-mêmes, afin d'obtenir la seconde ligne; on les ajoute ensuite à ceux de la seconde ligne pour avoir la troisième ligne, et ainsi de suite, jusqu'à la neuvième ligne.

1	2	3	4	5	6	7	8	9
2	4	6	8	10	12	14	16	18
3	6	9	12	15	18	21	24	27
4	8	12	16	20	24	28	32	36
5	10	15	20	25	30	35	40	45
6	12	18	24	30	36	42	48	54
7	14	21	28	35	42	49	56	63
8	16	24	32	40	48	56	64	72
9	18	27	36	45	54	63	72	81

Le produit de deux nombres, 7 et 4, par exemple, est le nombre 28 qui se trouve sur la septième colonne et la quatrième ligne; car ce nombre 28 a été obtenu, d'après le mode de construction de la table, en ajoutant 4 nombres égaux à 7.

44. 2ᵉ cas : *Le multiplicande a plusieurs chiffres et le multiplicateur n'en a qu'un.* — Soit à multiplier 2 783 par 6. En considérant 2 783 comme la somme des nombres 2 000, 700, 80 et 3, on voit que le produit cherché est la somme des produits :
$$2\,000 \times 6 \,;\; 700 \times 6 \,;\; 80 \times 6 \text{ et } 3 \times 6.$$
Or, le produit de 2 000 par 6 égale $2 \times 1\,000 \times 6$ (11), ou $2 \times 6 \times 1\,000$, ou 12 000; de même, le produit de 700 par 6 égale $7 \times 6 \times 100$, ou 4 200; le pro-

2 783
——
6
——
16 698

duit de 80 par 6 égale 480, et le produit de 3 par 6 égale 18. Le produit cherché est donc la somme des nombres 12 000, 4 200, 480 et 18; cette somme est 16 698.

Ce produit peut s'obtenir en multipliant successivement par 6 les différents chiffres du multiplicande et en ajoutant les produits obtenus, en tenant compte de leurs valeurs relatives (unités, dizaines, etc.).

Dans la pratique, on place le multiplicateur sous le chiffre des unités du multiplicande, puis l'on tire au-dessous un trait horizontal, et l'on dit : 6 fois 3, 18, j'écris 8 et je retiens 1 ; 6 fois 8, 48, et 1 de retenue 49, j'écris 9 et je retiens 4 ; 6 fois 7, 42, et 4 de retenue, 46, j'écris 6 et je retiens 4 ; 6 fois 2, 12, et 4 de retenue, 16, que j'écris ; le produit 16698 se trouve écrit sous le trait horizontal.

Règle. — *Pour multiplier un nombre de plusieurs chiffres par un nombre d'un chiffre, on multiplie successivement chaque chiffre du multiplicande par le multiplicateur, en commençant par la droite ; on écrit le chiffre des unités du premier produit, et l'on retient les dizaines, s'il y en a, pour les ajouter au produit suivant, et ainsi de suite, jusqu'au dernier produit qu'on écrit tel qu'on le trouve, après lui avoir ajouté la retenue, s'il y en a une.*

45. 3ᵉ cas : *Le multiplicateur à plusieurs chiffres.* — Soit à multiplier 2783 par 476. Ce produit s'obtient en multipliant 2783 par 400, par 70, par 6, et en ajoutant les résultats (**39**). Le produit de 2783 par 400 peut s'obtenir en multipliant 2783 par 4, ce qui donne 11132, et en multipliant ce nombre par 100, ce qui donne 11132 centaines (**42, 4°**). Le produit de 2783 par 70 s'obtient en multipliant 2783 par 7 et en faisant représenter des dizaines à ce produit, ce qui donne 19481 dizaines. Le produit de 2783 par 6 égale 16698.

Le produit cherché est la somme des produits précédents disposés comme on l'a indiqué, afin que les chiffres représentant des unités de même ordre se trouvent dans une même colonne.

On peut donc énoncer la règle suivante :

RÈGLE. — *Pour multiplier un nombre par un autre de plusieurs chiffres, on le multiplie successivement par chaque chiffre du multiplicateur, de droite à gauche; on place chaque produit partiel sous le précédent en reculant le premier chiffre à droite d'un rang vers la gauche, puis on ajoute les nombres ainsi disposés.*

46. Remarques. — 1° Lorsque les facteurs sont *terminés par des zéros*, on effectue le produit des nombres obtenus en supprimant les zéros et l'on écrit ensuite, à la droite du produit obtenu, autant de zéros qu'on en a supprimé.

$$
\begin{array}{r}
72800 \\
390 \\
\hline
6552 \\
2184 \\
\hline
28392000
\end{array}
$$

Ainsi, soit à multiplier 72800 par 390; on multiplie 728 par 39, ce qui donne 28392, et l'on écrit trois zéros à la droite de ce nombre; car le produit cherché égale 728 × 100 × 39 × 10, ou 728 × 39 × 1000.

2° Lorsqu'il y a des *zéros au multiplicateur*, les produits partiels correspondants sont nuls, et il est inutile de les écrire; il suffit de reculer le produit partiel suivant d'un rang de plus pour chaque zéro, ce qui revient à *placer toujours le premier chiffre à droite de chaque produit partiel sous le chiffre du multiplicateur qui a servi à le former.*

$$
\begin{array}{r}
728 \\
309 \\
\hline
6552 \\
2184 \\
\hline
224952
\end{array}
$$

Ainsi, le produit de 728 par 309 s'obtient comme on l'a indiqué ci-contre.

47. Preuve. — Pour faire la preuve de la multiplication, on recommence l'opération en prenant le multiplicande pour multiplicateur et inversement; on doit retrouver le même résultat (**41**).

$$
\begin{array}{r}
476 \\
2783 \\
\hline
1428 \\
3808 \\
3332 \\
952 \\
\hline
1324708
\end{array}
$$

Ainsi, le produit de 2783 par 476 est 1324708 (**45**); pour faire la preuve, nous formons le produit de 476 par 2783, et nous devons trouver 1324708.

§ 3. — *Puissances, produits remarquables.*

48. Puissances. — On appelle *puissance* d'un nombre le produit de plusieurs facteurs égaux à ce nombre. Le nombre de facteurs qu'on prend s'appelle le *degré* de la puissance.

Pour indiquer une puissance, on place à droite du nombre et au-dessus un nombre égal au degré, qu'on nomme *exposant*. Ainsi la quatrième puissance de 9 s'écrit 9^4.

La deuxième puissance d'un nombre s'appelle le *carré*; la troisième puissance s'appelle le *cube*.

Pour généraliser, on convient de regarder un nombre comme égal à sa première puissance.

49. Propriétés des puissances. — 1° Considérons le produit de plusieurs puissances d'un même nombre : $9^2 \times 9^4 \times 9$, par exemple. Ce produit égale le produit de 7 facteurs égaux à 9, ou 9^7, ou encore 9^{2+4+1}.

Donc, *le produit de plusieurs puissances d'un nombre est une puissance de ce nombre dont l'exposant est la somme des exposants des différents facteurs.*

2° Proposons-nous d'élever une puissance à une puissance. On a, par exemple :
$$(8^6)^3 = 8^6 \times 8^6 \times 8^6 = 8^{6+6+6} = 8^{6 \times 3}.$$

Par conséquent, *la puissance d'une puissance d'un nombre est une puissance de ce nombre dont l'exposant est le produit des exposants des deux puissances.*

3° Soit à élever un produit à une puissance. On a, par exemple :
$$(8 \times 6 \times 11)^3 = (8 \times 6 \times 11) \times (8 \times 6 \times 11)$$
$$\times (8 \times 6 \times 11)$$
$$= (8 \times 8 \times 8) \times (6 \times 6 \times 6)$$
$$\times (11 \times 11 \times 11)$$
$$= 8^3 \times 6^3 \times 11^3.$$

Par conséquent, *on élève un produit à une puissance en élevant chaque facteur à cette puissance.*

50. Carré d'une somme. — Cherchons le carré de la somme de deux nombres 7 et 4, par exemple. On a (**40**):

$$(7 + 4)^2 = (7 + 4) \times 7 + (7 + 4) \times 4$$
$$= 7 \times 7 + 4 \times 7 + 7 \times 4 + 4 \times 4$$
$$= 7^2 + 4^2 + 2 \times 4 \times 7.$$

Par conséquent, *le carré de la somme de deux nombres égale la somme des carrés de ces nombres augmentée de leur double produit.*

Si l'on représente par des lettres a et b les deux termes de la somme, le théorème ci-dessus se traduit par la formule :

$$(a + b)^2 = a^2 + b^2 + 2ab.$$

51. Carré d'une différence. — Cherchons le carré de la différence de deux nombres 7 et 4, par exemple. On a (**40**) :

$$(7 - 4)^2 = (7 - 4) \times 7 - (7 - 4) \times 4$$
$$= 7 \times 7 - 4 \times 7 + 4 \times 4 - 7 \times 4$$
$$= 7^2 + 4^2 - 2 \times 7 \times 4.$$

Par conséquent, *le carré de la différence de deux nombres égale la somme des carrés de ces nombres diminuée de leur double produit.*

Si l'on représente par a et b les deux termes de la différence, le théorème se traduit par la formule :

$$(a - b)^2 = a^2 + b^2 - 2ab.$$

52. Produit de la somme de deux nombres par leur différence. — Soit à multiplier $7 + 4$ par $7 - 4$. On a (**40**) :

$$(7 + 4) \times (7 - 4) = (7 + 4) \times 7 - (7 + 4) \times 4$$
$$= 7 \times 7 + 4 \times 7 - 7 \times 4 - 4 \times 4$$
$$= 7^2 - 4^2.$$

Par conséquent, *le produit de la somme de deux nombres par leur différence égale la différence de leurs carrés.*

En appelant *a* et *b* les deux nombres, on peut écrire :

$$(a + b) . (a - b) = a^2 - b^2.$$

§ 4. — *Calcul mental.*

53. — On peut simplifier les multiplications en décomposant les deux facteurs, ou seulement l'un d'eux, en sommes ou différences. On peut aussi, dans certains cas, décomposer les deux nombres en plusieurs facteurs et effectuer les produits dans un autre ordre.

1° Pour multiplier un nombre par **2**, ou pour prendre le *double* de ce nombre, on peut ajouter ce nombre à lui-même.

Ainsi, le double de 647 est 647 + 647, ou 1294.

Chercher le nombre dont le double a une valeur donnée 946, par exemple, c'est prendre la *moitié* de 946. Cette moitié est 473 ; elle s'obtient en prenant la moitié de chaque chiffre, à partir de la gauche, pourvu qu'on ajoute 10 à chaque chiffre précédé de l'un des chiffres *impairs* 1, 3, 5, 7, 9.

2° Pour multiplier un nombre par **5**, on remarque que 5 est la moitié de 10, et l'on prend la moitié du produit du nombre par 10.

Ainsi, le produit de 943 par 5 est la moitié de 9430, ou 4715. En effet, on peut écrire :

$$4715 \times 2 = 9430 = 943 \times 10 \text{ et } 4715 = 943 \times 5.$$

3° Pour multiplier un nombre par **9**, on retranche le nombre de son produit par 10, puisque 9 égale 10 — 1.

Ainsi, le produit de 946 par 9 égale 9460 — 946, ou 8460 + 54, ou 8514.

4° Pour multiplier un nombre par **11**, on ajoute le nombre à son produit par 10, puisque 11 égale 10 + 1.

D'après cela, si le multiplicande n'a qu'un chiffre, le produit s'obtient en écrivant 2 fois ce chiffre ; ainsi le produit de 8 par 11 est 88.
Si le multiplicande a plusieurs chiffres, on écrit d'abord le chiffre des unités, puis on l'ajoute à celui des dizaines, et ainsi de suite, jusqu'au dernier chiffre. Ainsi, le produit de 392 par 11 égale 3920 + 392, ou 4312.

5° Pour multiplier un nombre par **12, 13** ou **14**, on le multiplie par 10 et l'on ajoute le produit par 2, par 3 ou par 4.

Ainsi, le produit de 946 par 12 égale 9460 + 1892, ou 11352.

6° Pour multiplier un nombre par **15**, on ajoute au produit par 10 la moitié de ce produit, puisque 15 est la somme de 10 et de 5.

Ainsi, le produit de 971 par 15 égale 9710 + 4855, ou 14565.

7° Pour multiplier un nombre par **17, 18** ou **19**, on le multiplie par 20, et l'on retranche le produit du nombre par 3, par 2 ou par 1.

Ainsi, l'on a :
$$873 \times 19 = 873 \times 20 - 873 = 17460 - 1000 + 127$$
$$= 16460 + 127 = 16587.$$

8° Pour multiplier un nombre par **20, 30**... on le multiplie par 2, par 3, puis on multiplie le produit obtenu par 10.

Ainsi, le produit de 873 par 40 égale 3492×10, ou 34920.

9° Pour multiplier un nombre par **21,... 29, 31,... 39**,

on considère le multiplicateur comme une somme ou une différence de dizaines et d'unités.

Ainsi, l'on a :

$$847 \times 59 = 847 \times 60 - 847 = 50\,820 - 847 = 49\,973$$

10° Pour multiplier un nombre par **25, 35, 45...** on peut le multiplier par le double 50, 70, 90... et prendre la moitié du produit.

Ainsi, le produit de 943 par 75 est la moitié du produit de 9 430 par 15 ; ce dernier produit égale 94 300 + 47 150, ou 141 450 ; le produit cherché est donc 70 725.

Ce produit peut encore s'obtenir en multipliant 943 par 50, ce qui donne 47 150, et en ajoutant la moitié de ce nombre, ou 23 575, puisque 75 est la somme de 50 et de 25.

11° On multiplie un nombre par **101, 1001... 102, 1002...** en le multipliant d'abord par 100, 1000... puis en ajoutant au résultat le nombre ou son double.

12° On multiplie un nombre par **99, 999... 98, 998...** en le multipliant d'abord par 100, 1000... et en retranchant du résultat le nombre ou son double.

13° EXEMPLE I. — Soit à multiplier 2 783 par 476 ; on a :

$$
\begin{aligned}
2\,783 \times 476 &= 2\,783 \times 500 - 2\,783 \times 24 \\
&= 2\,783 \times 500 - 2\,783 \times 25 + 2\,783 \\
&= 1\,391\,500 - 69\,575 + 2\,783 \\
&= 1\,394\,283 - 70\,000 + 425 \\
&= 1\,324\,708.
\end{aligned}
$$

14° REMARQUE. — Dans les exemples précédents, nous avons transformé le multiplicateur. On peut aussi transformer le multiplicande ou les deux facteurs.

Ainsi, le produit de 4 897 par 6 égale 5 000 × 6 — 103 × 6, ou 30 000 — 618, ou 29 000 + 382, ou enfin 29 382.

15° EXEMPLE II. — Soit à multiplier 59 par 47. On peut écrire :

$$59 \times 47 = (60 - 1)(50 - 3)$$
$$= 60 \times 50 - 50 - 60 \times 3 + 3$$
$$= 3\,000 - 230 + 3$$
$$= 2\,703 + 70 = 2\,773.$$

On a aussi :

$$59 \times 47 = (50 + 9)(40 + 7)$$
$$= 50 \times 40 + 360 + 350 + 63$$
$$= 2\,773.$$

16° REMARQUE. — Lorsqu'on veut effectuer le produit de plusieurs facteurs, on peut intervertir l'ordre des facteurs et décomposer certains facteurs en produits, de façon à obtenir des produits faciles à calculer.

Ainsi, pour effectuer le produit $946 \times 15 \times 24$, on peut l'écrire :

$$946 \times 3 \times 5 \times 2 \times 12; \text{ ou } 946 \times 9 \times 10 \times 4;$$

or, le produit de 946 par 9 égale $9460 - 946$, ou $8460 + 54$, ou 8514, et le produit de 8514 par 40 égale 340 560 ; c'est le produit cherché.

17° REMARQUE. — Les carrés des nombres peuvent s'obtenir en effectuant des produits simples.

Ainsi, soit à trouver le carré de 47. On peut écrire :
$$(47 + 3) \times (47 - 3) = \overline{47}^2 - 3^2 = 50 \times 44 = 2\,200;$$
d'où il résulte :
$$\overline{47}^2 = 2\,200 + 9 = 2209.$$

On peut aussi trouver les carrés en appliquant les théorèmes des numéros **50** et **51**.

Ainsi l'on a :
$$\overline{73}^2 = (70 + 3)^2 = \overline{70}^2 + 2 \times 70 \times 3 + 3^2$$
$$= 4\,900 + 420 + 9 = 5\,329;$$
$$\overline{89}^2 = (90 - 1)^2 = 8\,100 - 180 + 1 = 7\,921.$$

18° Remarque. — Il est utile de savoir par cœur les produits, deux à deux, des nombres jusqu'à 15 ou 20, de prolonger en quelque sorte la table de Pythagore jusqu'à ces nombres. Si l'on a alors à multiplier, par exemple, 7 326 par 14. on dira : 14 fois 6, 84, j'écris 4 et je retiens 8 ; 14 fois 2, 28, et 8, 36, j'écris 6 et je retiens 3, etc.

Exercices.

97. — Effectuer les multiplications suivantes :

$$4\,936 \times 2; \quad 34\,652 \times 6; \quad 5\,873 \times 3; \quad 49\,074 \times 7;$$
$$3\,508 \times 4; \quad 68\,254 \times 8; \quad 14\,719 \times 5; \quad 93\,685 \times 9.$$

98. — $1\,732 \times 100; \quad 3\,654 \times 70; \quad 14\,856 \times 1000; \quad 9\,678 \times 800;$
$$69\,430 \times 10; \quad 6\,947 \times 900.$$

99. — $1\,543 \times 67; \quad 9\,053 \times 547; \quad 6\,428 \times 92; \quad 4\,726 \times 6\,352;$
$$2\,854 \times 329; \quad 3\,695 \times 7\,635.$$

100. — $52\,607 \times 408; \quad 2\,845 \times 7\,004; \quad 63\,104 \times 509; \quad 90\,618 \times 6\,009.$

101. — $46\,170 \times 52; \quad 3\,854 \times 3\,500; \quad 53\,800 \times 237;$
$$6\,700 \times 480; \quad 29\,417 \times 370; \quad 3\,560 \times 3\,500.$$

102. — Effectuer les multiplications suivantes, sans écrire le multiplicateur sous le multiplicande, et en écrivant les produits sur la même ligne que les deux facteurs :

$$314\,159 \times 7; \quad 143\,784 \times 9;$$
$$3\,183\,099 \times 8; \quad 456\,288 \times 12.$$

103. — Effectuer les opérations suivantes, sans écrire les produits des multiplications ;

$$329 \times 7 + 5\,648; \quad 4\,876 \times 8 + 32\,061;$$
$$865\,479 - 3\,482 \times 9.$$

104. — Effectuer les opérations suivantes :

$$(12 + 7) \times (11 - 5); \quad (12 + 7) \times 11 - 5;$$
$$12 + 7 \times (11 - 5); \quad 12 + 7 \times 11 - 5.$$

105. —
$$(15 + 8) \times (12 - 9) + 45;$$
$$32 + 27 + 14 \times 3 - 16 \times 6;$$
$$12 \times 7 - 45 + 6 \times 3.$$

106. — Effectuer les produits suivants :

$$2^5 \times 2^3 ; \qquad 2^4 \times 2^3 \times 2^2 ;$$
$$3^2 \times 3^3 \times 3^2 ; \qquad 3^8 \times 3^4 \times 3^6 ;$$
$$(4^2 \times 5^3)^3 ; \qquad (5^3 \times 7 \times 9^2)^2.$$

107. — Calculer les 10 premières puissances de 2 ; les 10 premières puissances de 3 ; les 10 premières puissances de 5.

108. — Une suite de nombres commence par 12, et chacun d'eux égale le précédent multiplié par 6. Quel est le huitième terme de cette suite ?

109. — Une suite de nombres commence par 2 et 3, et chacun des nombres suivants égale le produit des deux nombres qui le précèdent. Quel est le septième terme de cette suite ?

110. — Calculer la distance de la terre au soleil en admettant que cette distance égale 23 400 fois le rayon terrestre équatorial, lequel vaut 6 378 kilomètres.

111. — Calculer de la même manière le rayon du soleil, en admettant qu'il vaut 109 fois le rayon terrestre équatorial.

112. — Combien y a-t-il de secondes dans une semaine ?

113. — Un ouvrier gagne 4 francs par jour ; combien gagne-t-il en un an, s'il travaille 28 jours par mois ?

114. — Une main de papier a 25 feuilles, et 20 mains forment une rame. Combien y a-t-il de feuilles de papier dans une douzaine de rames ?

115. — Un dictionnaire contient 1 544 pages dont chacune a 3 colonnes de 68 lignes et chaque ligne compte 32 lettres en moyenne. Quel est le nombre de lettres que contient ce dictionnaire ?

116. — Quel est le nombre de kilogrammes de foin nécessaire pour nourrir 16 chevaux pendant une année de 365 jours, si l'on donne à chaque cheval 9 kilogrammes de foin par jour ?

117. — Un entrepreneur de maçonnerie a employé, pendant 43 jours, 17 tombereaux de briques par jour ; chaque tombereau contenant 746 briques, combien de briques a-t-il employées ?

118. — Dans la caisse d'un banquier se trouvent 16 billets de 100 francs, 23 billets de 50 francs, 47 pièces de 20 francs, 52 pièces d'argent de 5 francs et 34 pièces de 2 francs. Quelle somme ce banquier a-t-il en caisse ?

119. — Un facteur parcourt 26 845 mètres en moyenne par jour, sauf le dimanche, où il ne parcourt que 12 850 mètres. Quel chemin fait-il en une année sachant qu'il travaille pendant 51 semaines chaque année ?

120. — Un train de marchandises comprend 19 wagons pesant chacun en moyenne 5 846 kilogrammes. La locomotive pèse 58 450 kilogrammes. Quel est le poids total du train ?

121. — Si un hectare ensemencé en avoine fournit 46 hectolitres de grain et 27 quintaux de paille, et si l'hectolitre de grain est vendu 13 francs et le quintal de paille 6 francs, quel est le prix de la récolte sur 6 hectares de terre ?

122. — Dans une usine se trouvent 152 hommes gagnant chacun 5 francs par jour, 64 femmes gagnant 3 francs et 48 enfants gagnant 2 francs. Combien ces ouvriers gagnent-ils en tout en un mois où il y a 26 jours de travail ?

123. — Un employé reçoit un traitement de 2 600 francs sur lequel il subit une retenue de 130 francs. Il dépense 185 francs par mois. Quelle somme aura-t-il économisée au bout de 14 ans ?

124. — Un marchand qui avait acheté 324 mètres de drap à 27 francs le mètre, en revend 153 mètres à 33 francs le mètre, 88 mètres à 36 francs le mètre, et le reste à 29 francs le mètre. Combien a-t-il gagné ?

125. — Un marchand a acheté 356 hectolitres de vin à 32 francs l'hectolitre, 268 hectolitres de vin à 37 francs et 153 hectolitres de vin à 45 francs. Il mélange ces trois sortes de vin et revend le tout à 46 francs l'hectolitre. Quel est son bénéfice ?

126. — Deux trains de chemin de fer partent à 8 heures du matin, l'un de Paris pour Lyon, l'autre de Lyon pour Paris. Le premier parcourt 46 kilomètres à l'heure, et le deuxième parcourt 37 kilomètres à l'heure. Quelle sera la distance entre les deux trains à midi, la distance de Paris à Lyon étant de 512 kilomètres.

127. — Un train de chemin de fer part à midi de Paris pour Bordeaux avec une vitesse de 52 kilomètres à l'heure. Un autre train part à 3 heures du soir, de Bordeaux pour Paris avec une vitesse de 38 kilomètres à l'heure. Quelle sera la distance entre les deux trains à 7 heures du soir, la distance de Paris à Bordeaux étant de 585 kilomètres ?

128. — Effectuer *mentalement* les opérations suivantes :

	47 × 2 ;	258 × 2 ;	1 837 × 2 ;	4 569 × 2.
129. —	56 × 3 ;	74 × 3 ;	417 × 3 ;	2 562 × 3.
130. —	34 × 4 ;	87 × 4 ;	128 × 4 ;	958 × 4.
131. —	63 × 5 ;	247 × 5 ;	2 508 × 5 ;	4 734 × 5.
132. —	35 × 6 ;	82 × 6 ;	243 × 6 ;	864 × 6.
133. —	29 × 7 ;	78 × 7 ;	164 × 7 ;	945 × 7.
134. —	47 × 8 ;	516 × 8 ;	726 × 8 ;	1 254 × 8.
135. —	28 × 9 ;	183 × 9 ;	572 × 9 ;	832 × 9.
136. —	54 × 11 ;	68 × 11 ;	325 × 11 ;	857 × 11.

137. — Effectuer *mentalement* les opérations suivantes :
77×12 ; 428×12 ; 59×13 ; 143×14.

138. — 26×15 ; 85×15 ; 247×15 ; 628×15.

139. — 43×16 ; 67×16 ; 322×16 ; 576×16.

140. — 81×17 ; 245×17 ; 73×18 ; 46×19.

141. — 641×20 ; 237×30 ; 422×50 ; 318×70.

142. — 74×21 ; 152×42 ; 207×63 ; 413×81.

143. — 74×29 ; 132×48 ; 207×67 ; 413×89.

144. — 37×25 ; 218×35 ; 47×55 ; 324×65.

145. — 367×101 ; 94×102 ; 243×1001 ; 78×1003.

146. — 367×99 ; 94×98 ; 243×999 ; 243×997.

147. — 184×76 ; 428×352 ; 643×427 ; 736×515.

148. — $40 \times 7 \times 5$; $613 \times 4 \times 25$; $31 \times 125 \times 7 \times 4$.

149. — 62×58 ; 87×93 ; 132×128 ; 146×154.

150. — 82^2 ; 123^2 ; 68^2 ; 279^2.

151. — Dans la multiplication d'un nombre par 452, un élève a reculé le premier chiffre à droite du troisième produit partiel d'un rang de trop vers la gauche. De combien le produit obtenu dépasse-t-il le produit exact ?

152. — Peut-on indifféremment commencer la multiplication par la droite ou par la gauche ?

153. — On a multiplié un nombre par 4, puis on a multiplié ce même nombre par 5 et l'on a ajouté les produits. Quel résultat a-t-on obtenu ?

154. — On a multiplié un nombre par 4, puis on a multiplié le produit par 5. Quel résultat a-t-on obtenu ?

155. — Le produit de deux nombres est 180. Si l'on augmente le plus petit de ces nombres de 3 unités, on obtient 225 pour nouveau produit. Quels sont ces nombres ?

156. — En augmentant de 7 le multiplicande et le multiplicateur d'une multiplication, on augmente le produit de 364. Trouver les deux facteurs de ce produit, sachant que leur différence est 5.

CHAPITRE V

DIVISION

§ 1. — *Définitions, usages.*

54. Quotient exact. — On appelle *quotient exact* d'un nombre nommé *dividende* par un nombre nommé *diviseur*, un nombre tel que le produit du diviseur par ce nombre égale le dividende.

Ainsi, le quotient exact de 54 par 6 est 9, parce que le produit de 6 par 9 égale 54.

L'opération est une *division*; cette opération s'indique par le signe :, qui s'énonce *divisé par*, et qu'on place entre le dividende et le diviseur, en écrivant d'abord le dividende.

Ainsi l'on écrit :
$$54 : 6 = 9,$$
et l'on dit : 54 *divisé par* 6 *égale* 9.

55. Division approchée. — La division ainsi définie *n'est pas toujours possible.* En effet, formons les *multiples* d'un nombre, 6 par exemple, c'est-à-dire les produits de 6 par les différents nombres entiers 1, 2, 3.... Ce sont les nombres 6, 12, 18, 24, 30, 36, 42, 48, 54... qui vont en augmentant. On voit alors que si un nombre, comme 52, n'est pas multiple de 6, son quotient exact par 6 *n'existe pas*, puisque le produit de 6 par tout nombre entier inférieur ou égal à 8 est inférieur a 52, tandis que le produit par tout nombre supérieur ou égal à 9 est supérieur à 52.

Lorsque le quotient exact n'existe pas, on cherche le plus grand nombre entier tel que le produit du diviseur par ce nombre soit inférieur au dividende; ce nombre s'appelle le *quotient approché à une unité près*, ou simplement le *quotient*.

Par conséquent, *le quotient d'un nombre entier appelé* **dividende** *par un autre nombre entier appelé* **diviseur**, *est le plus grand nombre entier tel que le produit du diviseur par ce nombre soit contenu dans le dividende.*

Lorsque ce produit égale le dividende, on dit que le quotient est *exact*, et que la division se fait *exactement*.

56. Reste. — Lorsque le produit du diviseur par le quotient est inférieur au dividende, la différence entre le dividende et ce produit s'appelle le *reste* de la division.

Ainsi, le quotient de 52 par 6 est 8, et le reste de cette division égale 52 — 48, ou 4. On peut écrire :

$$52 = 6 \times 8 + 4 ;$$

par conséquent, *le dividende égale le produit du diviseur par le quotient, augmenté du reste.*

Le reste est inférieur au diviseur; il est *nul*, lorsque la division se fait exactement.

57. Relations entre le dividende, le diviseur et le reste. — Si l'on appelle a le dividende, b le diviseur, c le quotient et r le reste d'une division, on a les relations :

$$(1) \qquad a = bc + r, \qquad r < b ;$$
$$(2) \qquad bc \leqq a < b (c + 1).$$

Réciproquement, si les relations (1) ou (2) sont vérifiées, c est le quotient de a par b. En effet, si les relations (2) sont vérifiées, c est le quotient de a par b, car a contient c fois b et ne le contient pas $(c + 1)$ fois.

Si les relations (1) sont vérifiées, il en est de même des relations (2), puisqu'on a :

$$a \geqq bc \text{ et } a < bc + b \text{ ou } a < b(c + 1);$$

c est donc le quotient de a par b ; il en résulte que r est le reste.

58. Usages de la division. — La division sert à *partager un nombre en plusieurs parties égales*, lorsque cela est possible, ou *à trouver combien de fois un nombre est contenu dans un autre plus grand.*

EXEMPLE I. — *Le produit de deux nombres est 24 ; l'un de ces nombres est 6 ; quel est l'autre nombre ?*

Le nombre cherché est le quotient exact de 24 par 6, ou 4, parce que 6×4 égale 24.

EXEMPLE II. — *On partage 18 plumes entre 6 élèves ; combien chaque élève a-t-il de plumes ?*

Chaque élève en a un nombre tel que son produit par 6 égale 18 ; ce nombre est donc le quotient de 18 par 6, ou 3.

REMARQUE. — Si l'on voulait partager 20 plumes entre 6 élèves, chaque élève en aurait 3, et il en resterait 2.

EXEMPLE III. — *6 mètres de drap ont coûté 27 francs ; quel est le prix du mètre ?*

Le prix du mètre n'est pas un nombre entier de francs, puisque 27 n'est pas un multiple de 6 ; ce prix est compris entre 4 et 5 francs. Nous verrons plus loin le moyen de trouver ce nombre, qui n'est pas entier.

EXEMPLE IV. — *Combien y a-t-il d'heures dans 250 minutes ?*

Puisque l'heure contient 60 minutes, il faut chercher combien de fois 60 est contenu dans 250, ou chercher le quotient, à une unité près, de 250 par 60. Ce quotient est 4, parce qu'on a :

$$60 \times 4 = 240 < 250$$
et
$$60 \times 5 = 300 > 250;$$
le reste est
$$250 - 240, \text{ ou } 10.$$

Par conséquent, 250 minutes valent 4 heures 10 minutes.

59. Nombre de chiffres du quotient. — Avant de commencer la théorie de la division, nous allons chercher le nombre de chiffres du quotient.

Soit à diviser 35 428 par 67. Le dividende est compris entre 6 700 et 67 000, c'est-à-dire entre 100 fois et 1 000 fois le diviseur ; le quotient cherché est au moins égal à 100 et il est inférieur à 1 000 ; il a donc 3 chiffres. On en déduit la règle suivante :

RÈGLE. — *Le nombre de chiffres d'un quotient égale le nombre de zéros qu'il faut écrire à la droite du diviseur pour obtenir un nombre supérieur au dividende.*

§ 2. — *Théorie de la division.*

On distingue trois cas.

60. 1er cas : *Le diviseur et le quotient n'ont qu'un chiffre.* — Soit à diviser 43 par 8. Le quotient est 5, puisque 43 est compris entre 8×5 et 8×6. Le reste est $43 - 40$, ou 3.

Il suffit donc, dans ce cas, de connaître la table de multiplication.

61. 2o cas : *Le diviseur a plusieurs chiffres et le quotient n'en a qu'un.* — Soit à diviser 4 367 par 892. Le quotient n'a qu'un chiffre, puisque le nombre 8 920, qui égale 10 fois le diviseur, est supérieur au dividende.

Ce quotient est *au plus égal* au quotient 5 de 43 par 8. En effet, le produit de 8 par 6 est supérieur à 43, et il est au moins 44 ; le produit de 800 par 6 est au moins égal à 4 800, et il est supérieur à 4 367. Par suite, le produit de 892 par 6 est supérieur au dividende 4 367 ; le quotient est donc inférieur à 6, e il est *au plus égal à 5.*

Pour voir si le chiffre 5 convient, on multiplie 892 par 5, ce qui donne 4460 ; comme ce nombre dépasse 4367, le chiffre 5 est trop fort, et il faut essayer de même le chiffre 4, qui est immédiatement inférieur à 5. Le produit de 892 par 4 est 3568 ; comme il est inférieur au dividende, le quotient cherché est 4. Le reste est 4367 — 3568, ou 799.

Dans la pratique, on dispose l'opération

$$\begin{array}{c|c} 4367 & 892 \\ 799 & 4 \end{array}$$

comme on l'a indiqué ci-contre, et l'on retranche tout de suite du dividende les produits partiels qu'on obtient en multipliant le diviseur par le quotient.

Ainsi, l'on dit : 4 fois 2, 8, ôté de 17, il reste 9; je pose 9 et je retiens 1 ; 4 fois 9, 36, et 1, 37, ôté de 46, il reste 9; je pose 9 et je retiens 4 ; 4 fois 8, 32, et 4, 36, ôté de 43, il reste 7, que j'écris.

RÈGLE. — *Pour trouver le quotient de deux nombres lorsque ce quotient n'a qu'un chiffre, on divise par le premier chiffre du diviseur le nombre du dividende qui représente des unités du même ordre. On obtient ainsi le quotient ou un nombre trop fort; pour l'essayer, on multiplie le diviseur par ce nombre et l'on essaie de retrancher le produit du dividende. Si la soustraction est possible, le chiffre convient ; si elle est impossible, on essaie successivement les chiffres inférieurs, jusqu'à ce qu'on obtienne un produit pouvant se retrancher du dividende.*

62. 3° cas : *Le quotient a plusieurs chiffres.* — Soit à diviser 476359 par 892. Le quotient a 3 chiffres, puisque le dividende est compris entre 89200 et 892000, c'est-à-dire entre 100 fois et 1000 fois le diviseur.

Le quotient de 4763 par 892, qui égale 5, est le premier chiffre du quotient. En effet, puisque 5 est le quotient à 1 près de 4763 par 892, le produit de 892 par 500 est inférieur à 476300 et, par suite, inférieur au dividende, tandis que le produit de 892 par 600 est supérieur ou égal à 476 400 et, par suite, supérieur au dividende. Le quotient est au moins égal à 500 et il est inférieur à 600 ; son premier chiffre est donc 5.

Le reste de la division de 4 763 par 892 est 303, et l'on peut écrire :

$$4\,763 = 892 \times 5 + 303.$$

En multipliant les deux membres de cette égalité par 100, puis en ajoutant 59 aux produits obtenus, on a :

$$476\,359 = 892 \times 500 + 30\,359.$$

Il en résulte que si l'on retranche 500 fois le diviseur du dividende, il reste le nombre 30 359, qui s'obtient en écrivant 59 à la droite du premier reste 303. On est ramené à chercher combien de fois le nombre 30 359 contient 892, ou à diviser 30 359 par 892. Le premier chiffre de ce quotient, ou le second du quotient cherché, s'obtient en divisant 3035 par 892 ; ce chiffre est 3, et le reste 359. Le troisième chiffre du quotient s'obtient en divisant 3 599 par 892 ; ce chiffre est 4, et le reste 31. Le quotient cherché est donc 534 et le reste 31.

On dispose l'opération comme on l'a indiqué ci-contre ; on écrit le diviseur à côté du dividende ; on place le quotient sous le diviseur et les différents restes sous le dividende.

RÈGLE. — *Pour diviser un nombre par un autre, on écrit le diviseur à côté du dividende, puis on trace un trait entre les deux et un trait sous le diviseur.*

On prend à la gauche du dividende un nombre de chiffres suffisant pour obtenir un nombre au moins égal au diviseur, et l'on divise ce dividende partiel par le diviseur, ce qui donne le premier chiffre du quotient.

A la droite du reste obtenu, on écrit le chiffre suivant du dividende, et l'on divise ce second dividende partiel par le diviseur, ce qui donne le second chiffre du quotient, et ainsi de suite, jusqu'à ce qu'on ait pris tous les chiffres du dividende. Le reste de la dernière division partielle est le reste de la division.

63. Remarques. — 1° Lorsque le diviseur n'a qu'*un chiffre*, on n'écrit pas les dividendes partiels, et l'on se borne à écrire les différents chiffres du quotient.

> Dividende : 473 851.   Diviseur : 8.
> Quotient :   59 231.   Reste :   3.

Ainsi, pour diviser 473 851 par 8, on dit : 47 contient 8, 5 fois, et il reste 7 ; 73 contient 8, 9 fois, et il reste 1 ; 18 contient 8, 2 fois, et il reste 2 ; 25 contient 8, 3 fois, et il reste 1 ; 11 contient 8, 1 fois et il reste 3. Le quotient est 59 231 ; le reste est 3.

2° Lorsque le quotient a un grand nombre de chiffres, il y a avantage à former d'abord les produits du diviseur par chacun des 9 premiers nombres ; ces produits s'obtiennent facilement en ajoutant le diviseur à lui-même, puis en l'ajoutant à la somme obtenue, et ainsi de suite.

64. Preuve. — Pour faire la preuve de la division, on regarde d'abord si le reste est inférieur au diviseur, puis l'on ajoute ce reste au produit du diviseur par le quotient ; la somme obtenue doit être égale au dividende (56).

Ainsi, pour vérifier l'opération du n° **62**, on ajoute le reste 31, qui est inférieur au diviseur, au produit de 892 par 534, qui est 476 328 ; on doit trouver pour somme le dividende 476 359.

```
   892
   534
  ------
  3568
 2676
 4460
 ------
 476328
     31
 ------
 476359
```

§ 3. — *Théorèmes relatifs à la division.*

65. — Cherchons ce que deviennent le quotient et le reste de la division de deux nombres lorsqu'on multiplie ces deux nombres par un troisième.

Soient les deux nombres 87 et 14. Le quotient de la division de 87 par 14 est 6 ; le reste est 3, et l'on a :

$$87 = 14 \times 6 + 3.$$

Si l'on multiplie les deux membres de cette égalité par 5, par exemple, on a :

$$87 \times 5 = 14 \times 6 \times 5 + 3 \times 5 ;$$

donc 87×5 contient 6 fois 14×5, mais ne le contient pas une fois de plus, puisque 3×5 est inférieur à 14×5. Par conséquent, le quotient de la division n'a pas changé. Le reste a été multiplié par 5, puisqu'il est 3×5, au lieu de 3. Il en résulte le théorème suivant :

THÉORÈME. — *Lorsqu'on multiplie le dividende et le diviseur d'une division par un nombre, le quotient ne change pas, mais le reste est multiplié par ce nombre.*

66. — Supposons qu'on divise *exactement* deux nombres par un troisième. Soient, par exemple, les nombres 114 et 30 qu'on divise par 6. Les quotients de ces nombres par 6 sont 19 et 5. Le quotient de 19 par 5 est 3 ; le reste est 4.

Si l'on multiplie 19 et 5 par 6, on obtient les nombres 114 et 30 ; mais le quotient 3 ne change pas, et le reste devient 4×6, d'après le théorème précédent. Par conséquent, le reste de la division de 114 par 30 est 4×6, et si l'on divise les deux nombres 114 et 30 par 6, le quotient ne change pas, tandis que le reste est divisé par 4. On a donc établi le théorème suivant :

Théorème. — *Lorsque le dividende et le diviseur d'une division sont des multiples (55) d'un même nombre, si on les divise par ce nombre, le quotient ne change pas, mais le reste est divisé exactement par ce nombre.*

§ 4. — *Principes relatifs à la division exacte.*

67. — Si plusieurs nombres 30, 48, 24 sont des multiples d'un même nombre 6, on a :

$$30 = 6 \times 5, \quad 48 = 6 \times 8, \quad 24 = 6 \times 4.$$

Considérons un nombre, tel que $30 + 48 - 24$, obtenu en ajoutant ou en retranchant les précédents ; ce nombre est le produit du nombre 6 par le nombre $5 + 8 - 4$, puisqu'on peut écrire :

$$30 + 48 - 24 = 5 \times 6 + 8 \times 6 - 4 \times 6$$
$$= (5 + 8 - 4) \times 6.$$

Il en résulte le théorème suivant :

Théorème. — *Lorsqu'un nombre en divise exactement plusieurs autres, il divise exactement tout nombre qui s'en déduit par addition ou soustraction ; le quotient est la somme ou la différence des quotients des différents nombres par leur diviseur commun considéré.*

68. — Considérons un produit $7 \times 48 \times 5$, dans lequel le facteur 48 est le produit de 6 par 8. On peut écrire :

$$7 \times 48 \times 5 = 7 \times 6 \times 8 \times 5 = (7 \times 8 \times 5) \times 6,$$

ce qui montre que le quotient par 6 du produit est $7 \times 8 \times 5$. Il en résulte le théorème suivant :

Théorème. — *Lorsqu'on divise exactement un facteur d'un produit par un nombre, le produit est divisé exactement par ce nombre.*

En particulier, *on divise un produit par l'un de ses facteurs en supprimant ce facteur.*

69. Quotient d'un nombre par un produit. — Cherchons le quotient d'un nombre 720 par un produit $5 \times 8 \times 3$. Le quotient de 720 par 5 est 144 ; le quotient de 144 par 8 est 18 ; le quotient de 18 par 3 est 6. On a :

$$720 = 5 \times 144, \quad 144 = 8 \times 18, \quad 18 = 3 \times 6;$$

d'où il résulte :

$$720 = 5 \times 8 \times 18 = 5 \times 8 \times 3 \times 6;$$

6 est donc le quotient de 720 par le produit $5 \times 8 \times 3$, et l'on peut énoncer le théorème suivant :

THÉORÈME. — *Le quotient d'un nombre par un produit de facteurs peut s'obtenir en divisant le nombre par l'un des facteurs, puis le quotient obtenu par un autre facteur, et ainsi de suite, jusqu'à ce qu'on ait pris tous les facteurs.*

Nous avons supposé les quotients exacts ; on démontre que le théorème est général.

70. Quotient de deux puissances d'un nombre. — Cherchons le quotient de deux puissances d'un même nombre, 9^7 par 9^3, par exemple. Ce quotient s'obtient en divisant 9^7 par 9, puis le quotient 9^6 par 9 et le quotient 9^5 par 9, ce qui donne 9^4.

On peut voir directement que le quotient de 9^7 par 9^3 est 9^4, puisqu'on a :

$$9^3 \times 9^4 = 9^{3+4} = 9^7.$$

D'où le théorème suivant :

THÉORÈME. — *Le quotient de deux puissances d'un nombre est une puissance de ce nombre dont l'exposant est la différence des exposants du dividende et du diviseur.*

§ 5. — *Calcul mental*.

71. — Les règles de calcul mental pour la division sont moins nombreuses que les règles relatives à la multiplication.

1° On divise un nombre par **10**, par **100**... en supprimant 1, 2... chiffres à droite.

Ainsi, le quotient de 36 874 par 100 est 368.

2° Pour diviser par **2** et par **3**, on peut écrire les doubles des 50 premiers nombres et les triples des 33 premiers, afin de connaître les *moitiés* et les *tiers* de tous les nombres de *deux* chiffres ; on obtient alors les moitiés ou les tiers en prenant des tranches de deux chiffres.

Ainsi, pour avoir la moitié de 74 296, on dit : la moitié de 74 est 37 ; la moitié de 29 est 14, et il reste 1 ; la moitié de 16 est 8 ; la moitié cherchée est donc 37 148.

3° Pour diviser par **5**, on multiplie par 2 et l'on divise par 10, car le quotient ne change pas lorsqu'on multiplie le dividende et le diviseur par 2.

Ainsi, le quotient de 1385 par 5 s'obtient en divisant 2 770 par 10, ce qui donne 277.

4° Pour diviser par **25**, on multiplie le nombre par 4 et l'on divise le produit par 100, puisque le produit de 25 par 4 égale 100.

Ainsi, le quotient de 375 par 25 est le quotient par 100 de 1500, c'est-à-dire 15.

5° Pour diviser par **50**, on multiplie par 2 et l'on divise par 100.

6° Pour diviser par **15, 35, 45**, on multiplie le nombre par 2 et l'on divise par 3o, 70, 90. Pour diviser par 3o, 70, 90, on divise par 10, puis par 3, 7, 9 (69).

7° Pour diviser par **12, 18, 21**... on peut diviser par 3, puis par 4, 6, 7... puisqu'on a :

$$12 = 3 \times 4, \quad 18 = 3 \times 6, \quad 21 = 3 \times 7...$$

Cela résulte de ce que pour diviser par un produit de facteurs, on peut diviser par l'un des facteurs, puis le quotient obtenu par un autre facteur, etc. (69).

Exercices.

157. — Effectuer les divisions suivantes :

529 : 67 ; 6 958 : 842 ;
1 057 : 192 ; 32 654 : 4 537 ;
1 563 : 238 ; 79 587 : 8 843.

158. —

7 695 : 57 ; 223 057 : 68 ;
22 518 : 365 ; 28 571 : 383 ;
758 361 : 2 417 ; 6 245 874 : 7 495.

159. —

573 146 : 674 ; 415 627 : 83 ;
302 945 : 742 ; 1 883 614 : 376 ;
166 893 : 184 ; 301 239 : 74.

160. —

72 850 : 580 ; 2 941 700 : 720 ;
953 200 : 3 800 ; 5 862 000 : 700 ;
843 000 : 32 000 ; 398 700 : 80.

161. —

128 342 895 : 28 ; 269 252 483 : 76 ;
307 435 761 : 82 ; 373 120 480 : 139.

162. — Effectuer les divisions suivantes, sans écrire les restes de chaque division partielle :

37 845 : 2 ; 12 917 : 5 ;
13 526 : 3 ; 432 609 : 6 ;
36 683 : 4 ; 78 422 : 7.

163. — Même exercice :

219 923 : 8 ; 6 745 191 : 9 ;
358 715 : 8 ; 571 218 : 11 ;
69 407 : 9 ; 438 907 : 12.

164. — On a une suite de nombres entiers commençant par 390 625 et tels que chacun d'eux égale le quotient du précédent par 5 ; combien y a-t-il de termes dans cette série ?

165. — Un observateur se trouve à 18 700 mètres d'une pièce de canon. Il compte 55 secondes entre le moment où il aperçoit la lumière et celui où il entend le bruit produit par un coup de canon. Déduire de cette observation la vitesse du son dans l'air, le temps que met la lumière à parcourir cette distance n'étant pas appréciable.

166. — En admettant que la distance de la terre au soleil soit de 149 millions de kilomètres, calculer le nombre de secondes que met la lumière du soleil pour arriver jusqu'à nous, la lumière parcourant 300 000 kilomètres par seconde.

167. — La plus haute montagne du globe est le Gaurisankar qui a une hauteur de 8 840 mètres. Combien de fois la hauteur de cette montagne est-elle contenue dans le rayon de la terre qui a 6 366 198 mètres ? — Même question pour le mont Blanc, dont la hauteur est 4 810 mètres.

168. — On évalue à 1 750 000 hectares la surface totale occupée par les vignes en France. La production du vin en 1904 ayant été de 66 016 567 hectolitres, quel a été, à un hectolitre près, le rendement moyen d'un hectare de vigne en 1904 ?

169. — Combien la superficie de l'Europe, qui est 9 908 712 kilomètres carrés, contient-elle de fois celle de la France qui est 536 408 kilomètres carrés ?

170. — La surface de la France étant évaluée à 536 408 kilomètres carrés, et la population étant 38 641 333 habitants (recensement de 1901), quel est le nombre moyen d'habitants par kilomètre carré ?

171. — La population de la Belgique étant 6 896 079 habitants, et sa superficie 29 456 kilomètres carrés, quel est le nombre moyen d'habitants par kilomètre carré ?

172. — La terre tournant autour de son axe en 24 heures, un point de l'équateur parcourt, pendant ce temps, 40 millions de mètres. Combien parcourt-il en une seconde ?

173. — Un robinet débite 168 litres d'eau en 12 minutes. Combien de minutes devra-t-il couler pour remplir un récipient de 784 litres ?

174. — Un fermier a vendu 6 bœufs à raison de 624 francs l'un, et avec le prix de vente il achète 144 moutons. Quel est le prix de chaque mouton ?

175. — Un cultivateur échange 48 hectolitres de blé à 27 francs l'hectolitre contre du vin à 36 francs l'hectolitre. Combien recevra-t-il d'hectolitres de vin ?

176. — Une personne qui a un revenu de 4 745 francs par an.

veut économiser 2 francs par jour. Combien peut-elle dépenser par jour dans une année de 365 jours ?

177. — Un ouvrier a économisé 45 francs par mois dans une année où il a dépensé 1332 francs. Combien a-t-il gagné par jour, sachant qu'il a travaillé 312 jours dans l'année ?

178. — Deux fermiers ont acheté en commun 64 moutons pour 2112 francs. L'un des deux fermiers paye 528 francs de plus que l'autre. Combien chacun a-t-il acheté de moutons ?

179. — Deux pièces de même drap coûtent l'une 868 francs et l'autre 630 francs, et la première, 17 mètres de plus que l'autre. Quelle est la longueur de chaque pièce ?

180. — On a acheté, pour 778 francs, 3 pièces de drap d'une longueur totale de 68 mètres. La première a 18 mètres coûtant 11 francs le mètre ; la deuxième a 24 mètres coûtant 9 francs le mètre. Quel est le prix du mètre de la troisième ?

181. — Un marchand a acheté 245 hectolitres de blé à 47 francs l'hectolitre et 128 hectolitres à 43 francs l'hectolitre. Il mélange le tout qu'il revend avec un bénéfice de 885 francs. Combien a-t-il vendu l'hectolitre du mélange ?

182. — Un marchand achète 128 vases à 5 francs l'un. Il en casse 16 en les transportant. Combien doit-il vendre chacun de ceux qui restent pour gagner 144 francs sur le tout ?

183. — Un éleveur achète un troupeau de 124 moutons. Le berger qui les garde reçoit 95 francs par mois. Au bout de 7 mois, le troupeau étant revendu 6125 francs, le bénéfice réalisé est de 1244 francs. Quel était le prix d'achat de chaque mouton ?

184. — Une personne laisse à ses quatre enfants une maison valant 6774 francs, des terres estimées 8540 francs et un livret de caisse d'épargne de 1306 francs. L'aîné désirant garder la maison, quelle somme doit-il donner à chacun de ses frères pour que les parts aient la même valeur ?

185. — Un horloger a vendu 26 montres en argent et 14 montres en or. Le prix d'une montre en or étant 4 fois celui d'une montre en argent, trouver le prix d'une montre en argent et celui d'une montre en or, sachant que le prix de vente total est 2624 francs.

186. — Deux trains, dont l'un parcourt 42 kilomètres à l'heure et l'autre 39 kilomètres à l'heure, partent de deux gares distantes de 486 kilomètres. Au bout de combien de temps se rencontreront-ils et à quelle distance de leur point de départ ?

187. — Pour remplir un bassin de 7560 litres, une première fontaine met 12 heures, une deuxième 15 heures et une troisième 20 heures. Combien les trois fontaines coulant ensemble mettront-elles de temps pour remplir le bassin ?

188. — Deux ouvriers ont fait ensemble un travail qui a duré 52 jours et pour lequel ils ont reçu en tout 582 francs. L'un des deux ouvriers ayant été absent pendant 7 jours, quelle est la somme qui revient à chacun ?

189. — Une personne a un fût de vin de 228 litres qu'elle met en bouteilles. Il lui faut 4 bouteilles pour 3 litres de vin. Combien emploie-t-elle de bouteilles ?

190. — Une couturière confectionne 7 chemises en 3 jours. Combien gagne-t-elle en 6 mois, si elle travaille 24 jours par mois, et si la confection d'une douzaine de chemises lui est payée 20 francs.

191. — Deux ouvriers occupés à creuser un fossé ont reçu une somme de 252 francs. Quand le premier faisait 4 mètres d'ouvrage, le deuxième n'en faisait que 3. Combien le premier a-t-il reçu de plus que le second ?

192. — Effectuer *mentalement* les divisions suivantes :

$$462 : 2; \qquad 1\,574 : 2; \qquad 3\,478 : 2; \qquad 13\,579 : 2.$$

193. — $153 : 3; \qquad 745 : 3; \qquad 2\,506 : 3; \qquad 15\,818 : 3.$

194. — $745 : 5; \qquad 1\,263 : 5; \qquad 4\,872 : 5; \qquad 12\,407 : 5.$

195. — $4\,975 : 25; \qquad 8\,625 : 25; \qquad 12\,650 : 25; \qquad 4\,818 : 25.$

196. — $9\,375 : 125; \qquad 43\,750 : 125; \qquad 14\,875 : 125; \qquad 3\,600 : 125.$

197. — $5\,872 : 4; \qquad 6\,508 : 4; \qquad 7\,642 : 4; \qquad 13\,567 : 4.$

198. — $783 : 9; \qquad 2\,427 : 9; \qquad 4\,815 : 9; \qquad 22\,854 : 9.$

199. — $948 : 8; \qquad 3\,454 : 8; \qquad 7\,864 : 8; \qquad 18\,062 : 8.$

200. — $408 : 27; \qquad 792 : 27; \qquad 9\,072 : 27; \qquad 4\,536 : 27.$

201. — $648 : 6; \qquad 1\,332 : 6; \qquad 7\,215 : 6; \qquad 11\,508 : 6.$

202. — $846 : 12; \qquad 3\,432 : 12; \qquad 4\,516 : 12; \qquad 8\,647 : 12.$

203. — $375 : 15; \qquad 1\,625 : 15; \qquad 3\,975 : 15; \qquad 9\,541 : 15.$

204. — $702 : 18; \qquad 2\,574 : 18; \qquad 8\,516 : 18; \qquad 12\,642 : 18.$

205. — $940 : 20; \qquad 1\,260 : 30; \qquad 1\,850 : 50; \qquad 8\,576 : 50.$

206. — $1\,935 : 45; \qquad 2\,795 : 45; \qquad 6\,225 : 75; \qquad 12\,645 : 75.$

207. — Effectuer les calculs suivants :

$$(15 + 35 + 45) : 5; \qquad (26 + 18) : 4 + 56 : 8;$$
$$2\,325 : (3 + 4 + 8); \qquad 64 : (5 + 3) + 7 \times 3.$$

208. — $(28 - 7) : 3; \qquad (18 - 3) : 5 + (7 - 4) \times 2;$
$$42 : (12 - 5) - 2 \times 3; \qquad 64 : 8 + 6 \times 4 - 3 \times (4 + 3).$$

209. —
$$12 + 7 \times (4 + 5) + 12 : (7 - 3);$$
$$5 \times (7 - 2) \times (4 + 3) + 24 : (9 - 3);$$
$$43 + 7 \times (8 - 5) - 18 : (11 - 2).$$

210. — Effectuer les calculs suivants :
$$(11 - 5) \times (7 + 2) : (11 - 2) ;$$
$$[6 \times (4 + 3) - 5 \times (4 - 1)] : 3 + 3 \times 5 ;$$
$$(15 - 8) \times 12 - [46 + 15 : 3 - 4 \times (11 - 5)] : 9.$$

211. — $(7 \times 9 \times 11) : 9 ;$ $(8 \times 35 \times 12) : 7 ;$
$$3\,528 : (3 \times 4 \times 7).$$

212. — $5^6 : 5^0 ;$ $7^9 : 7^4 ;$ $12^{15} : 12^{11} ;$
$$(2^5 \times 3^4 \times 7^2) : 3^3 ; (2^6 \times 7^3 \times 9^2) : (2^4 \times 7^2).$$

213. — Par quel nombre faut-il diviser 368 437 pour avoir 146 pour quotient et 955 pour reste ?

214. — Quel est le plus petit nombre supérieur à 1 000 dont la division par 17 donne pour reste 12 ?

215. — Quel est le plus grand nombre inférieur à 1 000 dont la division par 18 donne pour reste 5.

216. — On multiplie un nombre par 18, puis on le multiplie par 23, et la différence des deux produits est 2 325. Quel est ce nombre ?

217. — Le produit d'un nombre par 17 le surpasse de 6 816. Quel est ce nombre ?

218. — Diviser 9 847 par 632. Si l'on divise 9 847 par le quotient obtenu, que seront le nouveau quotient et le nouveau reste ?

219. — La somme de deux nombres est 144 et leur quotient 8. Quels sont ces deux nombres ?

Problèmes sur les quatre opérations.

220. — On achète une maison et un jardin pour le prix total de 13 925 francs. La maison coûte 1 375 francs de plus que le jardin. Quels sont les prix de la maison et du jardin ?

221. — On a payé une somme de 1 275 francs à trois ouvriers. Le deuxième a eu 45 francs de plus que le premier et le troisième a eu 30 francs de plus que le deuxième. Quelle a été la part de chacun ?

222. — Partager 5 000 francs entre trois personnes, de manière que la deuxième ait 500 francs de plus que la première, et la troisième 200 francs de moins que la deuxième.

223. — Une personne laisse une somme de 192 400 francs à ses trois héritiers, de manière que le deuxième ait le triple du premier et le troisième le triple du deuxième. Quelle est la part de chaque héritier ?

224. — On a acheté, pour 90 francs, 18 mètres de toile et 6 mètres de drap. Calculer le prix du mètre de chaque étoffe, sachant que le mètre de drap coûte 7 francs de plus que le mètre de toile.

225. — Le diamètre d'une pièce de 5 francs est de 37 millimètres et celui d'une pièce de 2 francs est de 27 millimètres. En plaçant un certain nombre de ces pièces à plat l'une contre l'autre, on a couvert une longueur de 1 mètre. Sachant que le nombre des pièces de 5 francs dépasse de 8 celui des pièces de 2 francs, trouver le nombre de pièces de chaque sorte.

226. — La distance de Paris à Lyon est de 512 kilomètres. A 8 heures du matin, un train part de Paris avec une vitesse de 56 kilomètres à l'heure, et à 11 heures du matin un train part de Lyon pour Paris avec une vitesse de 30 kilomètres à l'heure. A quelle heure et à quelle distance des deux villes la rencontre aura-t-elle lieu ?

227. — Une voiture, qui fait 11 kilomètres à l'heure, part 6 heures après un piéton qui fait 5 kilomètres à l'heure, en allant sur la même route et dans le même sens que lui. Au bout de combien de temps la voiture atteindra-t-elle le piéton ?

228. — Deux personnes possèdent actuellement, l'une 42 000 francs et l'autre 28 000 francs. La première mettant de côté chaque année 1 650 francs et l'autre 3 650 francs, on demande au bout de combien de temps les fortunes seront égales.

229. — Les fortunes de deux personnes sont actuellement de 32 450 francs et de 8 650 francs. Chaque année la première dépense 860 francs et la deuxième économise 540 francs. Dans combien d'années les fortunes de ces deux personnes seront-elles égales ?

230. — La différence entre les fortunes de deux personnes est de 60 000 francs. Chaque année l'avoir de chacune d'elles s'augmente de 1 500 francs, et au bout de 6 ans, l'une possède 3 fois autant que l'autre. Quel était l'avoir primitif de chaque personne ?

231. — Deux personnes possèdent respectivement 377 250 francs et 82 500 francs. Chacune d'elles économisant 1 750 francs par an, au bout de combien de temps la fortune de la première sera-t-elle exactement le quadruple de celle de la deuxième ?

232. — Un père a 41 ans et son fils 8 ans. Au bout de combien d'années l'âge du père sera-t-il le quadruple de celui du fils ?

233. — Un marchand a acheté 56 pièces de vin, les unes de vin rouge, les autres de vin blanc. Il y a trois fois autant de pièces de vin rouge que de pièces de vin blanc ; chaque pièce de vin rouge coûte 48 francs de moins qu'une pièce de vin blanc et le prix total des 56 pièces est 8 064 francs. Combien y a-t-il de pièces de chaque espèce et quel est le prix de chacune d'elles ?

234. — On a payé une somme de 188 francs avec 46 pièces, les unes de 5 francs et les autres de 2 francs. Combien y avait-il de pièces de 5 francs et combien de pièces de 2 francs ?

235. — Le diamètre de la pièce de 5 francs en argent est de 37 millimètres et celui de la pièce de 1 franc est de 23 millimètres. On a placé 36 pièces, les unes de 5 francs, les autres de 1 franc, à plat l'une contre l'autre, et l'on a couvert ainsi une longueur de 996 millimètres. Combien y a-t-il de pièces de 5 francs et de pièces de 1 franc ?

236. — On coule dans une usine 490 pièces en fonte ; les unes pèsent 15 kilogrammes et les autres 20 kilogrammes ; le poids total de ces 490 pièces atteint 8 300 kilogrammes. On demande le nombre de pièces de chaque espèce ?

237. — Un train express part avec 96 voyageurs, les uns de 1re classe, les autres de 2e classe, qui ont payé en tout 2 366 francs. Le billet de 1re classe coûte 31 francs et celui de deuxième 21 francs. Combien y a-t-il de voyageurs de 1re classe et combien de 2e ?

238. — Un fils reçoit de son père 5 francs toutes les fois qu'il a dans sa classe la place de premier ; mais il rend 2 francs à son père toutes les fois qu'il n'est pas premier. Après 18 compositions, le fils possède 41 francs. Combien de fois a-t-il été premier ?

239. — Un vigneron a acheté une maison qu'il veut payer avec son vin. S'il vend la pièce de vin 154 francs, il lui restera 780 francs ; mais s'il la vend 130 francs, il lui manquera 228 francs pour payer la maison. Combien a-t-il de pièces de vin et quel est le prix de la maison ?

240. — Dans une usine il y a 336 ouvriers et ouvrières. S'il y avait 36 ouvriers de moins et 16 ouvrières de plus, il y aurait autant d'ouvriers que d'ouvrières. Combien y a-t-il, dans cette usine, d'ouvriers et d'ouvrières ?

241. — Dans une usine où le nombre des hommes est triple de celui des femmes, on remercie 40 hommes et 40 femmes, et le nombre des hommes est alors 5 fois celui des femmes. Combien y avait-il, d'abord, d'hommes et de femmes dans cette usine ?

242. — On a acheté 28 mètres de soie pour une certaine somme. Si le mètre de soie avait coûté 2 francs de moins, on aurait pu en acheter 8 mètres de plus pour la même somme. Quel était le prix du mètre de soie ?

243. — Une personne charitable, voulant secourir un certain nombre de pauvres, donne à chacun d'eux 8 francs. Si elle n'avait donné que 6 francs à chaque pauvre, elle aurait pu en secourir 6 de plus avec la même somme. Quel est le nombre de pauvres secourus ?

244. — Une garnison a des vivres pour 33 jours ; une troupe de 650 hommes vient la renforcer et les vivres ne durent plus alors que 20 jours. De combien d'hommes se composait la garnison ?

245. — Deux ouvriers sont occupés au même travail ; le premier travaille 42 jours et gagne 2 francs de moins par jour que le second, qui travaille 55 jours. Le second ayant reçu 175 francs de plus que le premier, calculer le salaire journalier de chaque ouvrier.

246. — Deux pièces d'étoffe ont la même longueur ; 4 mètres de la première valent autant que 3 mètres de la deuxième, et le prix total de 4 mètres de la première et de 3 mètres de la deuxième est 48 francs. La deuxième pièce coûtant 110 francs de plus que la première, on demande la longueur de chaque pièce.

247. — Dans une pension de famille, la recette totale pendant une année a été de 9 775 francs. Le nombre des pensionnaires a été de 14, mais 2 d'entre eux n'ont pris pension que pendant 8 mois et 5 pendant 3 mois. Quel était le prix de la pension annuelle ?

248. — Deux fontaines coulent dans un bassin. Elles donnent 281 litres d'eau lorsque la première coule pendant une heure et la deuxième pendant 3 heures ; elles donnent 533 litres d'eau quand la première coule pendant 3 heures et la deuxième pendant 4 heures. Combien chaque fontaine donne-t-elle de litres d'eau par heure ?

249. — Un marchand a acheté une première fois 16 hectolitres de blé et 12 hectolitres d'orge pour 448 francs, une deuxième fois il a acheté 12 hectolitres de blé et 15 hectolitres d'orge pour 408 francs. Quel est le prix d'un hectolitre de blé et celui d'un hectolitre d'orge ?

250. — 12 journées de manœuvre et 7 journées de maçon ont été payées en tout 71 francs. Pour un autre travail, 9 journées de manœuvre et 8 journées de maçon ont été payées 67 francs. Quel est le prix d'une journée de manœuvre et celui d'une journée de maçon ?

CHAPITRE VI

DIVISIBILITÉ

§ 1. — *Théorie de la divisibilité.*

72. Diviseurs. — Lorsqu'un nombre a est *multiple* d'un nombre b, c'est-à-dire quand il est le produit de b par un nombre c, on dit que a est *divisible par b*, et que b est un *diviseur* de a, ou encore que b *divise a*.

Ainsi, 45 est un multiple de 5, puisqu'il est le produit de 5 par 9 ; 45 est divisible par 5 et par 9, et les nombres 5 et 9 sont des diviseurs de 45.

On a vu (67) que *tout diviseur de plusieurs nombres divise tout nombre qui s'en déduit par addition ou soustraction*. C'est une propriété fondamentale de la divisibilité. Il en résulte la proposition suivante :

Si un nombre b *divise un nombre* a, *il divise tous les multiples de* a. Car tout multiple du nombre a peut être considéré comme la somme de plusieurs nombres égaux à a.

Puisque, dans la divisibilité, on ne s'occupe pas du quotient, on peut, pour exprimer que a est divisible par b, écrire :

$$a = \mathrm{m}.\, b,$$

ce qu'on énonce : a *égale multiple de* b.

73. Caractères de divisibilité. — Pour voir si un nombre n est divisible par un nombre d, on peut décomposer n en deux parties a, b, dont l'une a est divisible par d. Si l'autre b est divisible par d, le nombre d divise la somme $a + b$, c'est-à-dire n. Si b n'est pas divisible par d, et si la division de b par d donne pour reste r, on a :

$$n = a + b = \mathrm{m}.\,d + (\mathrm{m}.\,d + r) = \mathrm{m}.\,d + r;$$

donc r est le reste de la division de n par d, puisque l'on a $r < d$.

On en déduit les deux propositions suivantes :

1° *Si un nombre est la somme de deux nombres dont l'un a est divisible par* d, *il faut et il suffit que l'autre nombre* b *soit divisible par* d, *pour que le nombre donné soit aussi divisible par* d.

2° *Le reste de la division d'un nombre* n *par un nombre* d *ne change pas quand on augmente ou quand on diminue ce nombre d'un multiple de* d.

On peut facilement reconnaître si un nombre est divisible par un diviseur de l'un des nombres 10, 100, 1000... comme 2 ou 5, 4 ou 25, 8 ou 125... ou par l'un des nombres 3, 9, 11. Les règles simples qu'on trouve s'appellent des *caractères de divisibilité.*

74. Divisibilité par 2 et par 5. — En remarquant que 10 est le produit de 2 par 5, on voit que tout nombre terminé par un zéro est divisible par 2 et par 5, car 2 et 5 étant des diviseurs de 10 divisent tous les multiples de 10 (**72**).

Un nombre quelconque, 31 476 par exemple, est la somme de 31 470, qui est divisible par 2 et par 5, et de 6. Comme 6 est divisible par 2, la somme 31 470 + 6 est aussi divisible par 2.

Si le dernier chiffre n'était pas divisible par 2, comme dans le nombre 287, le nombre ne serait pas divisible par 2, car il serait un multiple de 2 plus 1.

De même, lorsque le dernier chiffre est divisible

par 5, comme dans le nombre 4 285, ce nombre est divisible par 5, et un nombre n'est pas divisible par 5, lorsque son dernier chiffre n'est pas 0 ou 5.

On peut donc énoncer le théorème suivant :

THÉORÈME. — *Pour qu'un nombre soit divisible par 2 ou par 5, il faut et il suffit que son dernier chiffre à droite soit divisible par 2 ou par 5.*

75. Remarques. — 1° On dit qu'un nombre est *pair* lorsqu'il est divisible par 2, et *impair* lorsqu'il n'est pas divisible par 2.

Un nombre pair est terminé par l'un des chiffres

$$0, 2, 4, 6, 8,$$

qu'on appelle *chiffres pairs* ; un nombre impair est terminé par l'un des chiffres

$$1, 3, 5, 7, 9,$$

qu'on appelle *chiffres impairs*.

Un nombre pair est de la forme $2n$; un nombre impair est de la forme $2n + 1$, n étant un nombre entier.

2° Un nombre est divisible par 5, lorsqu'il est terminé par 0 ou par 5.

76. Divisibilité par 4 et par 25. — En remarquant que 100 est le produit de 4 par 25, on voit que tout nombre terminé par deux zéros est un multiple de 4 et de 25, car ces nombres divisant 100 divisent aussi ses multiples.

Un nombre quelconque, 31 476 par exemple, est la somme de 31 400 et de 76. Le nombre 31 400 est divisible par 4 et par 25, et si le nombre 76 est divisible par 4 ou par 25, il en est de même de 31 476. Lorsque le nombre formé par les deux derniers chiffres n'est pas divisible par 4 ou par 25, il en est de même du nombre donné.

Ainsi, le nombre 31 476 n'est pas divisible par 25, puisque 76 n'est pas divisible par 25, tandis qu'il est divisible par 4, puisque 76 est divisible par 4.

On a ainsi établi le théorème suivant :

THÉORÈME. — *Pour qu'un nombre soit divisible par 4 ou par 25, il faut et il suffit que le nombre formé par ses deux derniers chiffres à droite soit divisible par 4 ou par 25.*

77. Remarques. — 1° *Un nombre est divisible par 4, lorsque la somme du chiffre des unités et du double du chiffre des dizaines est divisible par 4.*

En effet, le nombre 76, par exemple, égale $70 + 6$, ou $7 \times (\text{m. } 4 + 2) + 6$, ou encore $\text{m. } 4 + 7 \times 2 + 6$. Ce nombre est divisible par 4, parce que $7 \times 2 + 6$, ou 20, est divisible par 4.

Lorsque le dernier chiffre est 0, 4 ou 8, l'avant-dernier doit être pair. Lorsque le dernier chiffre est 2 ou 6, l'avant-dernier doit être impair.

2° Un nombre est divisible par 25, lorsqu'il est terminé par 00, 25, 50 ou 75.

78. Divisibilité par 3 ou par 9. — 1° On a :

$$10 = 9 + 1,$$
$$100 = 99 + 1 = \text{m. } 9 + 1,$$
$$1000 = 999 + 1 = \text{m. } 9 + 1,$$

et ainsi de suite, car tout nombre formé de chiffres 9 est le produit de 9 par un nombre formé d'autant de chiffres 1 qu'il y a de chiffres 9.

Par conséquent, *l'unité suivie d'un nombre quelconque de zéros est un multiple de 9 plus 1.*

2° Si l'on a un chiffre quelconque suivi de zéros, comme 7 000, le nombre formé est le produit de 1000 par 7 ; ce nombre égale donc aussi 7 fois $(\text{m. } 9 + 1)$, c'est-à-dire un multiple de 9 plus 7.

Par conséquent, *tout chiffre suivi d'un nombre quel-*

conque de zéros est un multiple de 9 plus ce chiffre.

3° Considérons un nombre quelconque, 57 864, par exemple. Ce nombre est la somme des nombres 50 000, 7 000, 800, 60 et 4, et l'on peut écrire :

$$50\,000 = m.\ 9 + 5,$$
$$7\,000 = m.\ 9 + 7,$$
$$800 = m.\ 9 + 8,$$
$$60 = m.\ 9 + 6,$$
$$4 = \qquad 4;$$

d'où il résulte, en ajoutant membre à membre :
$$57\,864 = m.\ 9 + 5 + 7 + 8 + 6 + 4$$
$$= m.\ 9 + 30.$$

Par conséquent, *tout nombre est un multiple de 9 plus la somme de ses chiffres.*

4° Il en résulte que si la somme des chiffres du nombre considéré est divisible par 9, le nombre est aussi divisible par 9, et que si cette somme divisée par 9 donne un certain reste, ce nombre est aussi le reste de la division par 9 du nombre donné. Ainsi, la somme $5 + 7 + 8 + 6 + 4$ est un multiple de 9 plus 3 ; le nombre 57 864 est aussi un multiple de 9 plus 3.

REMARQUE. — Tous les raisonnements précédents sont encore vrais, lorsqu'on remplace 9 par 3.

Ainsi l'on a :
$$57\,864 = m.\ 3 + 5 + 7 + 8 + 6 + 4$$
$$= m.\ 3 + 30 = m.\ 3.$$

On peut donc énoncer le théorème suivant :

THÉORÈME. — *Pour qu'un nombre soit divisible par 9 ou par 3, il faut et il suffit que la somme de ses chiffres soit divisible par 9 ou par 3.*

Plus généralement, *le reste de la division d'un nombre par 9 ou par 3 égale le reste de la division par 9 ou par 3 de la somme de ses chiffres.*

79. Remarque. — Pour obtenir le reste de la division par 9 d'un nombre, il suffit de diviser par 9 la somme de ses chiffres ; mais pour obtenir ce reste, il suffit d'ajouter les chiffres de la somme précédente, et ainsi de suite.

Ainsi, pour trouver le reste de la division par 9 du nombre 57 864, on peut dire : 5 et 7 font 12, 1 et 2 font 3 ; 3 et 8 font 11, 1 et 1 font 2 ; 2 et 6 font 8 ; 8 et 4 font 12, 1 et 2 font 3 ; le reste cherché est 3.

§ 2. — *Preuves par 9.*

80. — En s'appuyant sur la divisibilité, on peut vérifier les opérations arithmétiques. On prend généralement pour diviseur le nombre 9, parce que le reste de la division par 9 s'obtient facilement (**79**), et que, pour obtenir ce reste, on fait intervenir tous les chiffres du nombre. On emploie aussi quelquefois le nombre 11. Il faut remarquer que la preuve par 9 n'indique pas que l'opération est fausse, lorsque l'erreur est un multiple de 9.

Nous allons examiner successivement les quatre opérations.

81. Addition. — Ajoutons les nombres 453, 128 et 5694, qui divisés par 9 donnent pour restes 3, 2 et 6 ; leur somme 6275 doit être un multiple de 9 plus $3 + 2 + 6$, ou un multiple de 9 plus 2 ; c'est ce qu'on peut vérifier. D'où la règle :

$$
\begin{array}{rcl}
453 & \ldots & 3\\
128 & \ldots & 2\\
5694 & \ldots & 6\\
\hline
6275 & \ldots & 2
\end{array}
$$

RÈGLE. — *Pour faire la preuve par 9 d'une addition, on ajoute les restes par 9 des parties de la somme ; le reste par 9 de cette somme doit être égal au reste par 9 du total obtenu.*

82. Soustraction. — Pour faire la preuve par 9 d'une soustraction, on fait la preuve par 9 de la somme obtenue en ajoutant le reste au plus petit nombre.

$$42517\ldots\ldots\ 1$$
$$8643\ldots\ldots\ 3$$
$$33874\ldots\ldots\ 7$$

Ainsi, dans la soustraction ci-contre, le reste par 9 du reste de la soustraction est 7, le reste du plus petit nombre est 3 ; le reste du plus grand nombre doit être le même que celui de 3 + 7, ou 1.

On peut aussi voir si 7 est la différence entre 9 + 1 et 3.

83. Multiplication. — Le produit de 4 836 par 257 est 1 242 852. Les restes obtenus en divisant ces nombres par 9 sont 3, 5 et 6. On peut donc écrire :

$$4836 \times 257 = (m.\ 9 + 3)(m.\ 9 + 5)$$
$$= m.\ 9 + 3 \times 5,$$

car le produit de (m. 9 + 3) par m. 9 est un multiple de 9 et le produit par 5 est un multiple de 9 plus 3 × 5. En divisant 3 × 5 par 9, on doit trouver le même reste qu'en divisant par 9 le produit 1 242 852.

On écrit généralement les restes des deux facteurs dans les angles opposés formés par deux droites. On fait le produit de ces deux nombres et l'on écrit son reste par 9 dans un autre angle. Ce dernier nombre doit être égal au reste du produit trouvé, qu'on place dans le dernier angle.

Règle. — *Pour faire la preuve par 9 d'une multiplication, on calcule les restes de la division par 9 des deux facteurs, on divise par 9 le produit de ces deux restes, ainsi que le produit des deux nombres : on doit trouver les mêmes restes.*

84. Division. — Soit à diviser 65 738 par 572 ; on trouve 114 pour quotient et 530 pour reste, et l'on peut écrire :

$$65\,738 = 572 \times 114 + 530.$$

Si l'on divise les nombres 572, 114 et 530 par 9, on obtient les restes 5, 6 et 8. On doit avoir :

$$65\,738 = (m.\ 9 + 5)\,(m.\ 9 + 6) + (m.\ 9 + 8)$$
$$= m.\ 9 + 5 \times 6 + 8 = m.\ 9 + 2.$$

En divisant 65 738 par 9, on doit trouver pour reste 2. D'où la règle suivante :

RÈGLE. — *Pour faire la preuve par 9 d'une division, on calcule les restes par 9 du diviseur, du quotient et du reste ; on multiplie les deux premiers, on ajoute le troisième à ce produit ou à son reste par 9 ; le reste par 9 de cette somme doit être égal au reste par 9 du dividende.*

Exercices.

251. — Démontrer qu'un nombre qui en divise plusieurs autres divise leur somme.

252. — Sachant que le nombre 12 est un diviseur de 240 et de 72, prouver : 1° que 12 divise la différence 240 — 72 ; 2° que 12 divise le reste de la division de 240 par 72.

253. — Si deux nombres divisés par un troisième donnent des restes égaux, leur différence est divisible par ce troisième nombre.

254. — Démontrer qu'un nombre pair non divisible par 4 ne peut être égal à une somme de deux nombres impairs consécutifs.

255. — Caractère de divisibilité par 2. Démonstration.

256. — Énoncer et démontrer le caractère de divisibilité par 9, en prenant comme exemple le nombre 51 732.

257. — Trouver les restes que donnent les divisions par 3 et par 9 des nombres suivants : 42 568 ; 5 418 037 ; 2 459 426 ; 3 190 587.

258. — Changer le dernier chiffre à droite du nombre 35 647 pour qu'il devienne divisible : 1° par 2 ; 2° par 5 ; 3° par 3 ; 4° par 9.

259. — On effectue le produit 871 × 301. Indiquer comment on fait la preuve par 9 de cette opération, en citant les principes ou théorèmes appliqués.

260. — Théorie de la preuve par 9 de la multiplication sur l'exemple suivant : 247 × 56. Cette preuve ne présente-t-elle pas de chances d'erreur ? — Quelles sont-elles ?

261. — La multiplication de 3584 (multiplicande) par 2 006 (multiplicateur) n'a que deux produits particls. En écrivant le second, on place son premier chiffre sous le chiffre des dizaines du premier et l'on continue l'opération. Faire la preuve par 9 de cette opération et montrer que cette preuve ne permet pas de constater l'erreur du produit.

262. — Comment fait-on la preuve par 9 d'une division :
1° Qui n'a pas de reste ; exemple : 1 634 : 43.
2° Qui comporte un reste ; exemple : 1 645 : 43.
On justifiera par un raisonnement les procédés employés.

263. — Effectuer les opérations suivantes et en faire la preuve par 9 :

57 398 × 438 ;   412 857 × 619 ;
29 988 : 357 ;   522 489 : 2 453   (divisions sans reste) ;
142 354 : 538 ;   2 429 783 : 4 708   (divisions avec reste).

CHAPITRE VII

NOMBRES PREMIERS

§ 1. — *Définition, propriétés générales.*

85. Définition. — On appelle *nombre premier* un nombre qui n'admet pas d'autres diviseurs que lui-même et l'unité.

Ainsi 7, 11, 19 sont des nombres premiers ; les nombres 5, 15, 28 ne sont pas premiers.

Il ne faut pas confondre les *nombres premiers entre eux* avec les *nombres premiers*. Ainsi, 15 et 28 sont des nombres premiers entre eux, mais ils ne sont pas premiers : des nombres premiers entre eux sont des nombres qui n'ont aucun diviseur *commun* autre que 1.

86. — Le plus petit diviseur, autre que 1, d'un nombre est premier, car s'il ne l'était pas, il admettrait un diviseur, autre que 1, qui diviserait ce diviseur, ainsi que le nombre. Le nombre admettrait donc un diviseur plus petit que le diviseur déjà considéré, ce qui est impossible. Il en résulte le théorème suivant :

THÉORÈME. — *Le plus petit diviseur, autre que 1, d'un nombre, est premier.*

Il en résulte aussi que *tout nombre admet un diviseur premier.*

87. Théorème. — *La suite des nombres premiers est illimitée.*

Nous allons montrer qu'il existe un nombre premier

supérieur à un nombre donné n. Pour cela, nous formons le produit p de tous les nombres premiers de 2 à n, et nous ajoutons 1 à ce produit. Le plus petit diviseur du nombre $p + 1$ ainsi obtenu est premier, et ce diviseur dépasse n, car autrement il diviserait p, comme étant l'un des facteurs de ce produit, et il ne pourrait diviser $p + 1$. Il y a donc un nombre premier plus grand que n.

88. Table des nombres premiers. — Cherchons tous les nombres premiers inférieurs à un certain nombre, 100 par exemple.

Pour cela, nous écrivons tous les nombres de 1 à 100,

1	2	3	4	5	6	7	8	9	10
11	12	13	14	15	16	17	18	19	20
21	22	23	24	25	26	27	28	29	30
31	32	33	34	35	36	37	38	39	40
41	42	43	44	45	46	47	48	49	50
51	52	53	54	55	56	57	58	59	60
61	62	63	64	65	66	67	68	69	70
71	72	73	74	75	76	77	78	79	80
81	82	83	84	85	86	87	88	89	90
91	92	93	94	95	96	97	98	99	100

puis nous barrons ces nombres de 2 en 2, à partir de 4, de 3 en 3, à partir de 9, de 5 en 5, à partir de 25, de 7 en 7, à partir de 49.

Il suffit, quand on barre les nombres de 3 en 3, de commencer au carré de 3, parce que 2×3 a été barré comme multiple de 2 ; quand on barre les nombres de 5 en 5, de commencer au carré de 5, puisque 2×5, 3×5, 4×5 ont été barrés comme multiples de 2 ou de 3, et ainsi de suite.

Le nombre non barré qui suit 7 est 11 ; il faudrait donc barrer les nombres de 11 en 11, à partir du carré de 11, qui est 121 ; puisque ce nombre est supérieur à 100, tous les multiples de 11 sont déjà barrés, comme multiples de 2, de 3, de 5 ou de 7.

Un nombre barré quelconque n'est pas premier, car il est multiple de l'un des nombres 2, 3, 5, 7. Un nombre non barré quelconque est premier, car s'il ne l'était pas, son plus petit diviseur serait moindre que 11, puisque le produit de deux nombres au moins égaux à 11 est supérieur à 100 ; comme ce diviseur serait premier (86), le nombre serait divisible par l'un des nombres 2, 3, 5, 7, ce qui n'est pas, puisque tous les multiples de ces nombres ont été barrés.

Ce tableau est connu sous le nom de *crible d'Ératosthène*.

89. Reconnaître si un nombre est premier. — Essayons de diviser le nombre donné n successivement par les nombres premiers 2, 3, 5.... Si l'une de ces divisions se fait exactement, le nombre n'est pas premier.

Si aucune division ne se fait exactement, jusqu'à ce qu'on ait obtenu un *quotient inférieur ou égal au diviseur*, le nombre est premier. Car s'il ne l'était pas, il serait divisible par un nombre premier b supérieur au diviseur considéré a, et l'on aurait :

$$n = bq,$$

q étant inférieur à a ; le nombre n admettrait donc un diviseur q inférieur à a, et il serait divisible par un nombre premier inférieur à a, ce qui a été reconnu impossible.

Ainsi, le nombre 151 n'est divisible par aucun des nombres premiers 2, 3, 5, 7, 11, 13, et le quotient de 151 par 13 est 11 ; le nombre 151 est donc premier. Car s'il était divisible par un nombre supérieur à 13, le quotient serait au plus égal à 11, et ce quotient serait divisible par l'un des nombres essayés ; il en serait de même du nombre 151, ce qui n'est pas.

RÈGLE. — *Pour reconnaître si un nombre est premier, on essaie de le diviser par tous les nombres premiers consécutifs 2, 3, 5... jusqu'à ce que l'une des divisions se fasse exactement, auquel cas le nombre n'est pas premier, ou jusqu'à ce que le quotient soit inférieur ou égal au diviseur, auquel cas le nombre est premier.*

§ 2. — Décomposition d'un nombre en facteurs premiers.

90. Possibilité de la décomposition. — Si un nombre n n'est pas premier, son plus petit diviseur a, autre que 1, est premier (**86**), et l'on peut écrire $n = a \times n'$. Si n' est premier, le nombre n est décomposé en facteurs premiers ; si n' n'est pas premier, son plus petit diviseur b est premier, et l'on a : $n' = b \times n''$, d'où il résulte :

$$n = a \times b \times n'' ;$$

et ainsi de suite. Comme les nombres n', n''... vont en diminuant, on arrive à trouver un nombre premier. Par conséquent, *tout nombre non premier peut se mettre sous la forme d'un produit de facteurs premiers.*

91. Pratique de la décomposition. — Considérons, par exemple, le nombre 2 520. Ce nombre est divisible par 2 ; le quotient 1 260 est divisible par 2 ; le quotient 630 est divisible par 2 ; le quotient 315 n'est pas divisible par 2, mais il est divisible par 3 ; le quotient 105

$$
\begin{array}{r|l}
2520 & 2 \\
1260 & 2 \\
630 & 2 \\
315 & 3 \\
105 & 3 \\
35 & 5 \\
7 & 7 \\
1 &
\end{array}
$$

est divisible par 3 ; le quotient 35 n'est pas divisible par 3, mais il est divisible par 5, et le quotient 7 est premier. Le nombre 2 520 peut donc se mettre sous la forme

$$2 \times 2 \times 2 \times 3 \times 3 \times 5 \times 7,$$

ou, en réunissant les facteurs égaux,

$$2\,520 = 2^3 \times 3^2 \times 5 \times 7.$$

RÈGLE. — *Pour décomposer un nombre en facteurs premiers, on essaie de le diviser successivement par les nombres premiers 2, 3, 5...; lorsqu'une division est possible, on essaie de même de diviser le quotient en commençant par le diviseur, et ainsi de suite, jusqu'à ce qu'on obtienne un quotient premier.*

92. **Théorème.** — *La décomposition en facteurs premiers n'est possible que d'une seule manière.*

On verra plus tard la démonstration de cette proposition.

93. **Remarque.** — Puisque la décomposition en facteurs premiers n'est possible que d'une manière, on peut faire cette décomposition en remplaçant le nombre par un produit de facteurs et chaque facteur non premier par un produit de facteurs, et ainsi de suite.

Ainsi, l'on peut écrire :

$$2\,520 = 20 \times 126 = 4 \times 5 \times 2 \times 63$$
$$= 4 \times 2 \times 5 \times 7 \times 9 = 2^3 \times 3^2 \times 5 \times 7.$$

§ 3. — *Applications de la décomposition en facteurs premiers.*

94. **Condition de divisibilité.** — Soit A un nombre divisible par un nombre B ; on a A = BC, C étant le

quotient de A par B. Si l'on décompose les nombres B et C en facteurs premiers, le produit de ces facteurs égale le produit des facteurs premiers de A. Donc A contient tous les facteurs premiers de B avec des exposants au moins égaux.

Réciproquement, si A contient tous les facteurs premiers de B avec des exposants au moins égaux, il peut se mettre sous la forme BC, en groupant tous les facteurs de B et tous les autres facteurs; le nombre A est donc divisible par B.

THÉORÈME. — *Pour qu'un nombre soit divisible par un autre, il faut et il suffit qu'il contienne tous les facteurs premiers de cet autre nombre avec des exposants au moins égaux.*

95. Définitions. — Lorsqu'un nombre en divise exactement plusieurs autres, il est *commun diviseur* à ces nombres.

Ainsi, 4 est commun diviseur aux nombres 24, 40 et 64.

Tout commun diviseur à plusieurs nombres ne peut dépasser le plus petit de ces nombres; il y a donc un commun diviseur plus grand que les autres; c'est le *plus grand commun diviseur*, qu'on désigne pour abréger par *p. g. c. d.*

Ainsi, les diviseurs communs aux nombres 42, 18 et 12 sont 1, 2, 3 et 6; leur p. g. c. d. est 6.

96. Plus grand commun diviseur. — Proposons-nous de chercher le p. g. c. d. des nombres

$$A = 2^3 \times 3^4 \times 5 \times 7^2,$$
$$B = 2^2 \times 3^5 \times 5^2,$$
$$C = 2^4 \times 3^6 \times 5 \times 11,$$

qui sont décomposés en facteurs premiers.

Tout diviseur commun de ces nombres ne peut avoir que des facteurs premiers communs à ces nombres avec des exposants *au plus* égaux (94); il ne peut donc être formé d'autres facteurs premiers que 2, 3 et 5; 2 ayant un exposant au plus égal à 2, 3 ayant un exposant au plus égal à 4, et 5 ayant un exposant au plus égal à 1. Le p. g. c. d. de ces nombres est par conséquent le produit $2^2 \times 3^4 \times 5$.

On a ainsi établi le théorème suivant :

Théorème. — *Le p. g. c. d. de plusieurs nombres décomposés en facteurs premiers est le produit de tous les facteurs communs affectés chacun de leur plus petit exposant.*

97. Plus petit commun multiple de deux nombres. — On appelle *plus petit commun multiple* de plusieurs nombres, le plus petit de leurs multiples communs, c'est-à-dire le plus petit des nombres qui sont divisibles par chacun des nombres donnés. On écrit *p. p. c. m.*, pour abréger.

98. Plus petit commun multiple. — Cherchons le p. p. c. m. des nombres A, B, C considérés précédemment.

Tout multiple commun de ces nombres doit contenir tous les facteurs premiers de A, B, C avec des exposants *au moins* égaux; il doit par conséquent contenir les facteurs 2^4, 3^6, 5^2, 7^2 et 11. Le p. p. c. m. est donc le nombre formé par le produit des facteurs précédents; ce nombre est

$$2^4 \times 3^6 \times 5^2 \times 7^2 \times 11,$$

et l'on peut énoncer le théorème suivant :

Théorème. — *Le p. p. c. m. de plusieurs nombres*

décomposés en facteurs premiers est égal au produit de tous les facteurs premiers affectés chacun de leur plus grand exposant.

Exercices.

264. — Reconnaître si les nombres suivants sont premiers
127, 169, 223, 307, 629, 877.

265. — Même exercice pour les nombres :
1103, 1679, 1741, 2249, 2507.

266. — Décomposer en facteurs premiers les nombres :
792, 1320, 2548, 9072.

267. — Même exercice pour les nombres :
21560, 15120, 32890, 342288.

268. — Démontrer que le produit de trois nombres pairs consécutifs est divisible par 48.

269. — Si le carré d'un nombre entier est divisible par un nombre premier, il est également divisible par le carré de ce nombre premier.

270. — Démontrer que le produit d'un nombre entier carré parfait par le nombre entier immédiatement inférieur est toujours divisible par 12.

271. — Étant donnés les nombres
$$A = 2^2 \times 3^3 \times 5 \times 7 \times 11,$$
$$B = 2^3 \times 3 \times 5^2 \times 11,$$
$$C = 2^4 \times 3^2 \times 5 \times 7,$$
trouver leur p. g. c. d. et leur p. p. c. m.

272. — Trouver le quotient de chacun des nombres précédents par leur p. g. c. d. et le quotient de leur p. p. c. m. par chacun des nombres donnés.

273. — Décomposer en facteurs premiers les nombres 243936 et 5544 et dire quel est le quotient du premier par le second.

274. — Calculer le p. g. c. d. et le p. p. c. m. des nombres suivants, en les décomposant d'abord en facteurs premiers :
1° 336, 312, et 264 ;
2° 8400, 1980 et 640.

275. — 1° 5292, 2772 et 2184 ;
2° 1575, 1500 et 600.

276. — Calculer le p. g. c. d. et le p. p. c. m. des nombres suivants, en les décomposant d'abord en facteurs premiers :

1° 5 616, 3 510, 3 276 et 2 457 ;
2° 77 175, 37 730, 13 475 et 12 495.

277. — Écrire tous les nombres entiers de 3 chiffres divisibles par 8, 15 et 24.

Problèmes.

278. — On a trois pièces d'étoffe mesurant respectivement 90 mètres, 216 mètres et 252 mètres. On veut faire avec ces trois pièces le plus petit nombre possible de pièces d'étoffe ayant toutes même longueur. Quelle est la longueur commune de ces nouvelles pièces ?

279. — Un cultivateur, qui vend ses moutons plus de 20 francs l'un, a reçu, dans une première vente 312 francs et dans une deuxième vente 504 francs. On demande quel est le prix de vente d'un mouton.

280. — Sur les bords d'un champ rectangulaire de 252 mètres de long sur 198 mètres de large, on veut planter des arbres également espacés, de manière que la distance d'un arbre au suivant soit au moins de 8 mètres et moindre que 12 mètres, et qu'il y ait un arbre à chaque sommet du rectangle. Combien d'arbres faudra-t-il planter ?

281. — Deux règles divisées en parties égales sont appliquées l'une contre l'autre de manière que l'une des extrémités de la première, dont les divisions sont de 18 millimètres, coïncide avec l'une des extrémités de la deuxième, dont les divisions sont de 24 millimètres. Quels sont les traits qui coïncident sur les deux règles ?

282. — Trois bateaux à vapeur partent pour la même destination, le premier tous les 4 jours, le deuxième tous les 6 jours, le troisième tous les 15 jours. Ces bateaux ont commencé leur service le même jour. Au bout de combien de temps partiront-ils de nouveau le même jour ?

283. — En supposant que les durées des révolutions des cinq plus grands satellites de Jupiter, autour de la planète, soient exactement 12 heures pour le premier, 42 heures pour le deuxième, 85 heures pour le troisième, 172 heures pour le quatrième et 400 heures pour le cinquième, calculer combien chacun d'eux aura accompli de révolutions lorsqu'ils se retrouveront exactement dans les mêmes situations relatives qu'aujourd'hui.

284. — Une marchande a 4 paniers qui contiennent le même nombre d'œufs. Elle vend les œufs du premier panier par demi-douzaines, ceux du deuxième par dizaines, ceux du troisième par douzaines et ceux du quatrième par quinzaines. Après toutes ces ventes, il reste 4 œufs dans chaque panier. Combien avait-elle d'œufs en tout, ce nombre d'œufs étant inférieur à 300 ?

285. — Un propriétaire a fait une plantation de 700 arbres au plus. Quand on les compte 6 par 6, 8 par 8, 10 par 10, 12 par 12, il en reste toujours 5, mais quand on les compte 11 par 11, il n'en reste pas. Combien y a-t-il d'arbres dans la plantation ?

LIVRE II

Fractions

CHAPITRE PREMIER

FRACTIONS ORDINAIRES

§ 1. — *Définitions, numération des fractions.*

99. Fraction. — La notion de nombre entier s'acquiert en considérant une collection d'objets ou en mesurant une grandeur.

Ainsi, lorsqu'une longueur contient 5 fois une autre longueur prise pour unité, on peut la considérer comme une collection de 5 unités ; sa mesure est le nombre entier 5.

Lorsqu'une longueur est contenue 5 fois dans l'unité, on dit qu'elle est le *cinquième* de l'unité. Si une longueur contient 3 fois le cinquième de l'unité, sa mesure est un nombre fractionnaire : *trois cinquièmes*. On est ainsi conduit à la définition suivante :

Définition. — *On appelle nombre fractionnaire ou* fraction *la mesure d'une grandeur obtenue en partageant l'unité en parties égales et en prenant une ou plusieurs de ces parties.*

Le nombre des divisions de l'unité s'appelle *dénominateur* ; le nombre de parties que l'on prend s'appelle *numérateur*. Ces deux nombres sont les *termes* de la fraction.

100. Numération des fractions. — 1° Pour *énoncer* une fraction, on nomme son numérateur, puis son dénominateur suivi de la terminaison *ième*; ou bien on nomme successivement le numérateur et le dénominateur, en les séparant par le mot *sur*.

Il y a exception pour les dénominateurs 2, 3, 4, qui s'énoncent: *demi, tiers, quart*.

2° Pour *écrire* une fraction, on place le dénominateur sous le numérateur, en séparant les deux nombres par un trait.

Ainsi, quand on partage l'unité en 5 parties égales et qu'on prend 3 de ces parties, la grandeur obtenue a pour mesure la fraction *trois cinquièmes*, qui s'écrit $\frac{3}{5}$, et qui s'énonce aussi 3 *sur* 5.

Les fractions $\frac{3}{2}$, $\frac{1}{4}$, $\frac{5}{7}$ s'énoncent : trois demis, un quart, cinq septièmes.

101. Fractions égales. — On dit que deux fractions sont *égales* lorsqu'elles mesurent la même grandeur, en prenant la même unité.

Considérons une fraction $\frac{3}{5}$, et construisons la longueur A égale aux trois cinquièmes de la longueur B. Si nous partageons chaque division de A et de B en 4 parties égales, par exemple, chacune des nouvelles divisions est contenue (3×4) fois dans A et (5×4) fois dans B. La mesure de A en prenant B pour unité est donc $\frac{3 \times 4}{5 \times 4}$. Les fractions $\frac{3}{5}$ et $\frac{3 \times 4}{5 \times 4}$ sont donc égales, et l'on peut énoncer le théorème suivant :

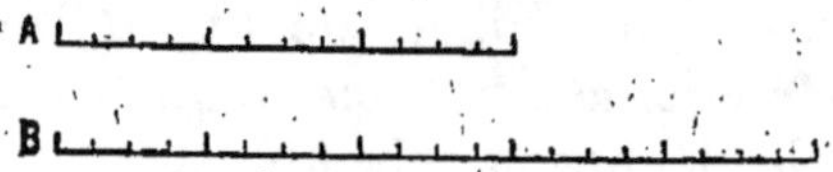

FIG. 1.

Théorème. — *Lorsqu'on multiplie les deux termes d'une fraction par un même nombre, on obtient une fraction égale.*

102. — *Inversement,* si l'on divise les deux termes d'une fraction, comme $\frac{12}{20}$, par un même nombre 4, la fraction obtenue $\frac{3}{5}$ est égale à la première, puisque les fractions $\frac{3}{5}$ et $\frac{3 \times 4}{5 \times 4}$ sont égales (**101**). On peut donc énoncer le théorème suivant :

Théorème. — *Si l'on divise les deux termes d'une fraction par un même nombre, on obtient une fraction égale.*

§ 2. — Simplification des fractions.

103. — *Simplifier* une fraction, c'est trouver une fraction égale ayant des termes moindres.

D'après le théorème précédent, on simplifie une fraction en divisant ses deux termes par un même nombre.

Ainsi, en divisant par 4 les deux termes de la fraction $\frac{12}{20}$, on obtient la fraction simplifiée $\frac{3}{5}$. D'où la règle :

Règle. — *On simplifie une fraction en divisant exactement ses deux termes par un même nombre, ou en supprimant les facteurs communs aux deux termes.*

Ainsi, pour simplifier la fraction $\frac{192}{480}$, on écrit :

$$\frac{192}{480} = \frac{2^6 \times 3}{2^5 \times 3 \times 5} = \frac{2}{5},$$

en supprimant les facteurs communs 2^5 et 3.

104. Fraction irréductible. — On dit qu'une fraction est *irréductible*, ou qu'elle est *réduite à sa plus simple expression*, lorsqu'elle ne peut être simplifiée.

Si une fraction est irréductible, ses deux termes sont premiers entre eux; car s'ils admettaient un diviseur commun, la fraction pourrait être simplifiée en supprimant ce facteur commun.

105. Réduction d'une fraction. — *Pour réduire une fraction à sa plus simple expression, on peut décomposer les deux termes en facteurs premiers et supprimer tous les facteurs communs.*

Soit, par exemple, la fraction $\dfrac{264}{1020}$. On a :

$$264 = 2^3 \times 3 \times 11 ; \qquad 1020 = 2^2 \times 3 \times 5 \times 17 ;$$

$$\frac{264}{1020} = \frac{2^3 \times 3 \times 11}{2^2 \times 3 \times 5 \times 17} = \frac{2 \times 11}{5 \times 17} = \frac{22}{85} .$$

On peut aussi diviser les deux termes de la fraction par leur p. g. c. d.

§ 3. — *Réduction au même dénominateur.*

106. Première méthode. — *Réduire des fractions au même dénominateur*, c'est trouver des fractions respectivement égales ayant le même dénominateur.

Soient les fractions $\dfrac{5}{8}$, $\dfrac{11}{12}$, $\dfrac{2}{9}$.

En multipliant les deux termes de chacune d'elles par les dénominateurs des autres, on obtient des fractions respectivement égales :

$$\frac{5 \times 12 \times 9}{8 \times 12 \times 9}, \frac{11 \times 8 \times 9}{12 \times 8 \times 9}, \frac{2 \times 8 \times 12}{9 \times 8 \times 12} .$$

et ces fractions ont le même dénominateur.

Par conséquent, *on peut réduire plusieurs fractions au même dénominateur en multipliant les deux termes de chacune d'elles par le produit des autres dénominateurs.*

107. Deuxième méthode. — Le procédé précédent est généralement trop long, et il vaut mieux chercher un multiple commun des dénominateurs, de préférence le p. p. c. m.

On peut alors appliquer la règle suivante :

RÈGLE. — *Pour réduire plusieurs fractions au même dénominateur, on les réduit d'abord à leur plus simple expression, on cherche ensuite un multiple commun des dénominateurs, de préférence le p. p. c. m., puis on divise ce multiple par chaque dénominateur, et l'on multiplie les deux termes de chaque fraction par le quotient correspondant.*

Considérons, par exemple, les fractions *irréductibles*

$$\frac{5}{8}, \quad \frac{11}{12}, \quad \frac{2}{9}.$$

Tout multiple commun des nombres 8, 12 et 9, comme 144, par exemple, peut être pris pour dénominateur commun, car on peut écrire :

$$144 = 8 \times 18 = 12 \times 12 = 9 \times 16,$$

et

$$\frac{5}{8} = \frac{5 \times 18}{8 \times 18} = \frac{90}{144};$$

$$\frac{11}{12} = \frac{11 \times 12}{12 \times 12} = \frac{132}{144};$$

$$\frac{2}{9} = \frac{2 \times 16}{9 \times 16} = \frac{32}{144}.$$

En prenant pour dénominateur commun le p. p. c. m. 72 des nombres 8, 12 et 9, on a :

$$\frac{5}{8} = \frac{5 \times 3^2}{2^3 \times 3^2} = \frac{45}{72};$$

$$\frac{11}{12} = \frac{11 \times 2 \times 3}{2^2 \times 3 \times 2 \times 3} = \frac{66}{72};$$

$$\frac{2}{9} = \frac{2 \times 2^3}{3^2 \times 2^3} = \frac{16}{72}.$$

108. Comparaison des fractions. — On dit que deux fractions sont *inégales* lorsqu'elles mesurent des grandeurs inégales de même espèce, l'unité étant la même ; la plus grande est celle qui mesure la plus grande grandeur.

1° *Si deux fractions ont le même dénominateur, la plus grande est celle qui a le plus grand numérateur.* Car si deux fractions, $\frac{5}{11}$ et $\frac{3}{11}$ par exemple, ont le même dénominateur, elles mesurent des longueurs qui contiennent respectivement 5 fois et 3 fois le 11e de l'unité ; la première est donc supérieure à la seconde.

2° *Si les deux fractions n'ont pas le même dénominateur, on peut les réduire au même dénominateur, et l'on est ramené au cas précédent.* Soit à comparer les fractions

$$\frac{2}{3}, \quad \frac{5}{8} \quad \text{et} \quad \frac{7}{12}.$$

Ces fractions réduites au même dénominateur sont

$$\frac{16}{24}, \quad \frac{15}{24} \quad \text{et} \quad \frac{14}{24} ;$$

elles sont donc rangées dans l'ordre décroissant.

3° *Si les deux fractions ont le même numérateur, la plus grande est celle qui a le plus petit dénominateur.* Soient par exemple les fractions $\frac{11}{7}$ et $\frac{11}{5}$: elles mesurent des longueurs qui contiennent respectivement 11 fois le 7e et 11 fois le 5e de l'unité ; la première est donc plus petite que la seconde, car le 7e de l'unité est plus petit que le 5e.

109. Comparaison d'une fraction avec l'unité. — *Une fraction est plus petite ou plus grande que 1 suivant que son numérateur est inférieur ou supérieur à son dénominateur ;* car une fraction dont le numérateur égale le dénominateur a une valeur égale à 1.

Si le numérateur est divisible par le dénominateur, la fraction égale le quotient du numérateur par le dénominateur. Car la fraction $\frac{36}{9}$, par exemple, égale le quotient 4 de 36 par 9, puisque la longueur égale aux $\frac{36}{9}$ de l'unité, contient 4 fois les 9 neuvièmes de l'unité, ou 4 fois l'unité.

Inversement, on peut remplacer un entier par une fraction. Ainsi, le nombre entier 4 égale la fraction $\frac{4 \times 9}{9}$, ou $\frac{36}{9}$; on peut aussi le considérer comme égal à $\frac{4}{1}$.

REMARQUE. — Si l'on ajoute un même nombre aux deux termes d'une fraction, on obtient une fraction plus voisine de l'unité que la première :

1° Soit la fraction $\frac{5}{7}$ inférieure à l'unité; ajoutons 3 à chacun de ses termes : nous avons $\frac{5+3}{7+3}$ ou $\frac{8}{10}$, qui est aussi inférieure à l'unité.

A $\frac{5}{7}$ il manque $\frac{2}{7}$ pour valoir l'unité; à $\frac{8}{10}$, il manque $\frac{2}{10}$, c'est-à-dire moins qu'à la première. La deuxième fraction est donc plus proche que la première de l'unité, elle est plus grande que la première.

2° Soit la fraction $\frac{11}{8}$ supérieure à l'unité; ajoutons 2 à chacun de ses termes : nous obtenons $\frac{11+2}{8+2}$ ou $\frac{13}{10}$, qui est aussi supérieure à l'unité.

La fraction $\frac{11}{8}$ surpasse l'unité de $\frac{3}{8}$; la fraction $\frac{13}{10}$ surpasse l'unité de $\frac{3}{10}$, c'est-à-dire de moins que

la première ; la deuxième fraction est donc plus voisine que la première de l'unité, elle est plus petite que
la première.

Exercices.

286. — Écrire en chiffres les fractions : un quinzième ; trois quarts ;
dix treizièmes ; cinquante tiers ; cent un millièmes.

287. — Écrire en toutes lettres les fractions :

$$\frac{3}{8} \; ; \; \frac{7}{11} \; ; \; \frac{22}{49} \; ; \; \frac{41}{88} \; ; \; \frac{301}{500} \; ; \; \frac{1003}{4100}.$$

288. — Simplifier les fractions :

$$\frac{8}{12} \; ; \; \frac{600}{960} \; ; \; \frac{210}{336} \; ; \; \frac{742}{1007}.$$

289. — Réduire à leur plus simple expression les fractions :

$$\frac{581}{838} \; ; \; \frac{924}{1386} \; ; \; \frac{1270}{3302}.$$

290. — Diverses méthodes pour réduire des fractions au même
dénominateur. Application aux cas suivants :

1er cas : $\dfrac{2}{3}$, $\dfrac{3}{5}$, $\dfrac{6}{7}$;

2° cas : $\dfrac{2}{3}$, $\dfrac{3}{4}$, $\dfrac{5}{12}$;

3e cas : $\dfrac{2}{25}$, $\dfrac{7}{15}$, $\dfrac{5}{6}$.

291. — Réduire les fractions suivantes au plus petit dénominateur
commun, en expliquant l'opération :

$$\frac{2}{3} \; , \; \frac{12}{45} \; , \; \frac{1}{2}.$$

292. — $\quad \dfrac{1}{12} \; , \; \dfrac{1}{3} \; , \; \dfrac{1}{8} \; , \; \dfrac{1}{4} \; , \; \dfrac{1}{5}.$

293. — $\quad \dfrac{4}{9} \; , \; \dfrac{5}{8} \; , \; \dfrac{7}{12} \; , \; \dfrac{2}{15}.$

294. — $\quad \dfrac{6}{8} \; , \; \dfrac{15}{18} \; , \; \dfrac{28}{10}$

295. — Réduire les fractions suivantes au plus petit dénominateur commun, en expliquant l'opération :

$$\frac{2}{3}, \quad \frac{7}{12}, \quad \frac{3}{8}, \quad \frac{13}{24}.$$

296. —
$$\frac{1}{2}, \quad \frac{1}{6}, \quad \frac{12}{70}, \quad \frac{1}{12}, \quad \frac{1}{30}.$$

297. —
$$\frac{5}{12}, \quad \frac{6}{21}, \quad \frac{7}{9}, \quad \frac{25}{42}, \quad \frac{13}{32}.$$

298. —
$$\frac{3}{4}, \quad \frac{5}{6}, \quad \frac{8}{10}, \quad \frac{9}{30}, \quad \frac{1}{12}.$$

299. — Comparer les fractions :

$$\frac{32}{49} \text{ et } \frac{41}{60} ;$$
$$\frac{16}{21} \text{ et } \frac{23}{30}.$$

300. — Ranger, par ordre de grandeur, les fractions :

$$\frac{3}{4}, \quad \frac{7}{8}, \quad \frac{13}{15}, \quad \frac{25}{28}.$$

301. — Démontrer que si l'on ajoute l'unité à chacun des termes de la fraction $\frac{5}{7}$, cette fraction augmente.

CHAPITRE II

OPÉRATIONS SUR LES FRACTIONS

§ 1. — *Addition des fractions.*

110. Somme. — On appelle *somme* de plusieurs fractions la fraction qui mesure la grandeur obtenue en réunissant les grandeurs de même espèce qui sont mesurées par les fractions données.

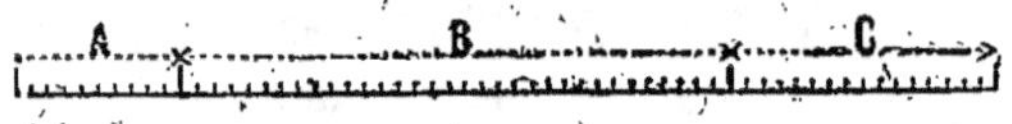

FIG. 2.

Soit à ajouter les fractions $\frac{5}{12}$, $\frac{11}{8}$ et $\frac{2}{3}$. Considérons les longueurs A, B, C respectivement égales aux $\frac{5}{12}$, $\frac{11}{8}$ et $\frac{2}{3}$ de l'unité. Plaçons ces longueurs l'une à la suite de l'autre ; la mesure de la longueur obtenue, en conservant la même unité, est la somme des fractions données.

En réduisant ces fractions au même dénominateur, on obtient les fractions $\frac{10}{24}$, $\frac{33}{24}$ et $\frac{16}{24}$. La longueur totale contient le 24e de l'unité $(10 + 33 + 16)$ fois ; sa mesure est donc $\frac{10 + 33 + 16}{24}$.

Il en résulte la règle suivante :

RÈGLE. — *Pour ajouter plusieurs fractions, on les*

*réduit au même dénominateur, si ce n'est déjà fait,
puis on prend pour numérateur la somme des numérateurs et pour dénominateur le dénominateur commun.*

111. Nombres fractionnaires. — On appelle plus par-
ticulièrement *nombre fractionnaire* un nombre qui est
la somme d'un entier et d'une fraction moindre que 1.

Ainsi, la somme $7 + \frac{2}{3}$, qu'on écrit aussi $7\frac{2}{3}$, est un
nombre fractionnaire.

*On peut remplacer un nombre fractionnaire par une
fraction ;* il suffit pour cela de remplacer l'entier par
une fraction ayant même dénominateur que celle qui
l'accompagne, et d'ajouter ces deux fractions ; on a
(**108**) :

$$7 + \frac{2}{3} = \frac{7 \times 3}{3} + \frac{2}{3} = \frac{21 + 2}{3} = \frac{23}{3}.$$

On peut aussi *remplacer une fraction plus grande
que 1 par un nombre fractionnaire.* Soit, par exemple,
la fraction $\frac{48}{5}$. Le quotient de 48 par 5 est 9, le reste
est 3 ; on peut donc écrire :

$$\frac{48}{5} = \frac{5 \times 9 + 3}{5} = \frac{5 \times 9}{5} + \frac{3}{5} = 9 + \frac{3}{5}.$$

On dit que 9 est l'*entier contenu dans la fraction* $\frac{48}{5}$.
D'après le raisonnement précédent, *l'entier contenu
dans une fraction est le quotient du numérateur par le
dénominateur ; la fraction qu'il faut ajouter à l'entier
a pour numérateur le reste de la division et pour
dénominateur le diviseur.*

112. Addition des nombres fractionnaires. — Soit à
ajouter des entiers et des fractions ou des nombres

fractionnaires. Cherchons, par exemple, la somme

$$2 + \frac{7}{8} + 6 + \frac{2}{5} + \frac{13}{4}.$$

On peut remarquer que $\frac{13}{4}$ égale $3 + \frac{1}{4}$, puis ajouter les fractions

$$\frac{7}{8}, \quad \frac{2}{5}, \quad \frac{1}{4},$$

qui, réduites au même dénominateur 40, sont :

$$\frac{35}{40}, \quad \frac{16}{40}, \quad \frac{10}{40},$$

et dont la somme égale $\frac{61}{40}$, ou $1 + \frac{21}{40}$. La somme cherchée est donc :

$$2 + 6 + 3 + 1 + \frac{21}{40}, \quad \text{ou } 12\,\frac{21}{40}.$$

RÈGLE. — *Pour ajouter des entiers et des fractions ou des nombres fractionnaires, on extrait d'abord, s'il y a lieu, les entiers contenus dans les fractions, puis on ajoute les fractions, on extrait l'entier de cette somme et on l'ajoute aux autres entiers ; on joint enfin cette somme à la fraction qui reste après l'extraction de l'entier.*

§ 2. — Soustraction des fractions.

113. Différence. — On appelle *différence* de deux fractions la fraction qu'il faut ajouter à la plus petite pour obtenir la plus grande.

Lorsque les fractions ont le même dénominateur, comme $\frac{7}{11}$ et $\frac{3}{11}$, leur différence s'obtient en retranchant les numérateurs et en conservant le dénominateur, car la somme de $\frac{7-3}{11}$ et de $\frac{3}{11}$ égale $\frac{7}{11}$.

Lorsque les fractions n'ont pas le même dénominateur, on est ramené au cas précédent, après avoir réduit les fractions au même dénominateur.

Ainsi, la différence entre $\frac{11}{24}$ et $\frac{5}{16}$ égale $\frac{22}{48} - \frac{15}{48}$, ou $\frac{22 - 15}{48}$, ou encore $\frac{7}{48}$.

RÈGLE. — *Pour retrancher une fraction d'une autre, on réduit ces fractions au même dénominateur, si ce n'est déjà fait; on retranche les numérateurs et l'on prend pour dénominateur le dénominateur commun.*

114. Différence de nombres fractionnaires. — 1° Soit à retrancher $\frac{5}{9}$ d'un entier 4. La différence égale

$$3 + 1 - \frac{5}{9}, \text{ ou } 3 + \frac{4}{9}.$$

2° Soit à retrancher $2\frac{4}{9}$ de $8\frac{5}{6}$. On a :

$$\left(8 + \frac{5}{6}\right) - \left(2 + \frac{4}{9}\right) = 8 - 2 + \frac{5}{6} - \frac{4}{9}$$
$$= 6 + \frac{15}{18} - \frac{8}{18}$$
$$= 6 + \frac{7}{18}.$$

3° Soit à retrancher $2\frac{4}{9}$ de $8\frac{1}{6}$. On peut écrire :

$$\left(8 + \frac{1}{6}\right) - \left(2 + \frac{4}{9}\right) = 7 + \frac{7}{6} - 2 - \frac{4}{9}$$
$$= 5 + \frac{21}{18} - \frac{8}{18}$$
$$= 5 + \frac{13}{18}.$$

On voit qu'en remplaçant $8 + \frac{1}{6}$ par $7 + \frac{7}{6}$, on est ramené au cas précédent.

RÈGLE. — *Pour trouver la différence de deux nombres fractionnaires, on retranche séparément les entiers et les fractions, et, si cette dernière soustraction est impossible, on diminue le premier entier de 1, qu'on ajoute à la première fraction.*

§ 3. — *Multiplication des fractions.*

115. Produit par un entier. — On appelle *produit d'une fraction par un nombre entier* la somme d'autant de fractions égales au multiplicande qu'il y a d'unités dans le multiplicateur.

Ainsi, le produit de $\frac{7}{9}$ par 4 est la somme de 4 fractions égales à $\frac{7}{9}$. Ce produit égale $\frac{7+7+7+7}{9}$, ou $\frac{7 \times 4}{9}$. D'où la règle :

RÈGLE. — *Le produit d'une fraction par un nombre entier s'obtient en multipliant le numérateur de la fraction par ce nombre, sans changer le dénominateur.*

116. Cas particulier. — Dans le cas particulier où le multiplicateur divise le dénominateur de la fraction, *on peut diviser le dénominateur par le multiplicateur.* Ainsi, le produit de $\frac{7}{12}$ par 4 est $\frac{7 \times 4}{12}$, ou $\frac{7}{12 : 4}$, ou $\frac{7}{3}$.

Il en résulte que si l'on multiplie une fraction par son dénominateur, on obtient pour produit le numérateur.

117. Remarque. — Lorsqu'on multiplie une fraction par un nombre entier, on dit qu'on rend cette fraction ce *nombre de fois plus grande.*

D'après ce qu'on vient de voir **(115, 116)**, *si l'on*

multiplie le numérateur d'une fraction, ou si l'on divise exactement son dénominateur, par un nombre entier, on rend la fraction ce nombre de fois plus grande.

Lorsqu'une fraction $\frac{21}{8}$ est 7 fois plus grande que la fraction $\frac{3}{8}$, on dit que la fraction $\frac{3}{8}$ est 7 fois *plus petite* que la fraction $\frac{21}{8}$; on dit aussi qu'elle est le 7° de $\frac{21}{8}$.

Le 7° d'une fraction $\frac{3}{11}$ s'obtient en multipliant le dénominateur par 7, car le produit de $\frac{3}{11 \times 7}$ par 7 est $\frac{3 \times 7}{11 \times 7}$, ou $\frac{3}{11}$.

Par conséquent, *si l'on multiplie le dénominateur d'une fraction, ou si l'on divise exactement son numérateur par un nombre entier, on rend la fraction ce nombre de fois plus petite.*

118. Produit par une fraction. — Le *produit* d'un nombre entier ou d'une fraction appelé *multiplicande*, par une fraction appelée *multiplicateur*, est une fraction formée avec le multiplicande comme le multiplicateur est formé avec l'unité.

Ainsi, le produit de $\frac{5}{8}$ par $\frac{3}{11}$ est égal à 3 fois le 11° de $\frac{5}{8}$, puisque $\frac{3}{11}$ mesure une grandeur égale à 3 fois le 11° de l'unité.

Or le 11° de $\frac{5}{8}$ est $\frac{5}{8 \times 11}$ (117) et 3 fois le 11° de $\frac{5}{8}$ égale $\frac{5 \times 3}{8 \times 11}$ (115). D'où la règle suivante :

RÈGLE. — *Le produit de deux fractions est la fraction qui a pour numérateur le produit des numérateurs et pour dénominateur le produit des dénominateurs.*

119. Produit d'un entier par une fraction. — Le produit d'un entier 8 par une fraction $\frac{3}{5}$, égale 3 fois le 5ᵉ de 8, ou 3 fois $\frac{8}{5}$, ou encore $\frac{8 \times 3}{5}$. D'où la règle suivante :

RÈGLE. — *Le produit d'un entier par une fraction est la fraction obtenue en multipliant le numérateur par le nombre et en conservant le dénominateur.*

Cette règle est la même que la précédente, pourvu que l'on considère le nombre entier comme une fraction de dénominateur 1. La règle du n° **118** convient donc à tous les cas.

120. Produit de deux nombres fractionnaires. — Pour faire le produit de deux nombres fractionnaires, le plus simple est de les réduire en fractions.

Ainsi, l'on a :

$$\left(2 \, \frac{7}{9}\right) \times \left(5 \, \frac{3}{8}\right) = \frac{18 + 7}{9} \times \frac{40 + 3}{8}$$

$$= \frac{25 \times 43}{9 \times 8} = \frac{1\,075}{72} = 14 + \frac{67}{72}.$$

121. Produit de plusieurs fractions. — Le produit de plusieurs fractions s'obtient en multipliant la première par la seconde, le produit obtenu par la troisième, et ainsi de suite, jusqu'à ce qu'on ait pris tous les facteurs.

Ainsi, le produit $\frac{5}{8} \times \frac{3}{4} \times \frac{2}{9}$ égale $\frac{5 \times 3 \times 2}{8 \times 4 \times 9}$.

Par conséquent, *le produit de plusieurs fractions s'obtient en multipliant ces fractions terme à terme.*

Le produit précédent simplifié égale $\frac{5}{8 \times 2 \times 3}$, ou encore $\frac{5}{48}$.

122. Théorème. — *Le produit de plusieurs facteurs ne dépend pas de l'ordre des facteurs.*

Car, si l'on change l'ordre des facteurs du produit $\frac{5}{8} \times \frac{3}{4} \times 7 \times \frac{2}{9}$, et si l'on prend, par exemple, $\frac{3}{4} \times \frac{2}{9} \times \frac{5}{8} \times 7$, les deux produits sont égaux aux fractions $\frac{5 \times 3 \times 7 \times 2}{8 \times 4 \times 9}$, $\frac{3 \times 2 \times 5 \times 7}{4 \times 9 \times 8}$, et ces fractions sont égales, comme ayant les termes respectivement égaux (**41**).

123. Puissance. — La puissance d'une fraction se définit comme celle d'un nombre entier.

Ainsi, la 4e puissance de $\frac{7}{9}$ est le produit de 4 facteurs égaux à $\frac{7}{9}$. Ce produit égale $\frac{7 \times 7 \times 7 \times 7}{9 \times 9 \times 9 \times 9}$, ou $\frac{7^4}{9^4}$.

Par conséquent, *on élève une fraction à une certaine puissance en élevant les deux termes de cette fraction à cette puissance.*

§ 4. — *Division des fractions.*

124. Quotient. — On appelle *quotient* d'un entier ou d'une fraction, qu'on nomme *dividende*, par un entier ou une fraction, qu'on nomme *diviseur*, un nombre dont le produit par le diviseur égale le dividende.

Soit à diviser $\frac{5}{8}$ par $\frac{3}{14}$. Si nous appelons $\frac{a}{b}$ le quotient, nous aurons, d'après la définition :

$$\frac{3}{14} \times \frac{a}{b} = \frac{5}{8} ;$$

en multipliant par 14 et en divisant par 3 ces deux nombres égaux, nous aurons :

$$\frac{a}{b} = \frac{5 \times 14}{8 \times 3} = \frac{5}{8} \times \frac{14}{3};$$

ce qui montre que le quotient ne peut avoir d'autre valeur que $\frac{5}{8} \times \frac{14}{3}$.

Ce nombre est bien le quotient, puisque son produit par $\frac{3}{14}$ égale $\frac{5 \times 14 \times 3}{8 \times 3 \times 14}$, ou $\frac{5}{8}$. Il en résulte la règle suivante :

RÈGLE. — *Le quotient d'une fraction par une fraction est le produit de la fraction dividende par la fraction diviseur renversée.*

REMARQUE. — Si l'on appelle *inverse* d'un nombre *a*, un nombre tel que son produit par *a* égale 1, on voit que l'inverse d'une fraction $\frac{5}{8}$ est la fraction renversée $\frac{8}{5}$; la règle précédente peut alors s'énoncer ainsi : *Le quotient d'une fraction par une fraction est le produit de la première par l'inverse de la seconde.*

125. Cas particulier. — La règle s'applique encore si l'on remplace l'une des fractions par un entier ; il suffit, en effet, de considérer l'entier comme une fraction de dénominateur 1.

Ainsi, le quotient de $\frac{5}{8}$ par 6 est $\frac{5}{8} \times \frac{1}{6}$, ou $\frac{5}{8 \times 6}$, car le produit de $\frac{5}{8 \times 6}$ par 6 est (**115**) $\frac{5 \times 6}{8 \times 6}$, ou $\frac{5}{8}$.

Si le numérateur est divisible par le nombre, il suffit de le diviser par ce nombre et de conserver le dénominateur.

Ainsi, le quotient de $\frac{15}{8}$ par 3 est $\frac{5}{8}$, puisque le produit de $\frac{5}{8}$ par 3 égale $\frac{15}{8}$.

Par conséquent, *le quotient d'une fraction par un nombre entier s'obtient en multipliant le dénominateur par l'entier sans changer le numérateur, ou, si c'est possible, en divisant le numérateur par ce nombre sans changer le dénominateur.*

126. Remarque. — Le quotient d'un entier 4 par un entier 7 est la fraction $\frac{4}{7}$, puisque le produit de $\frac{4}{7}$ par 7 égale 4 (116).

Donc, *une fraction est le quotient de son numérateur par son dénominateur.*

Si le numérateur est divisible par le dénominateur, le quotient est un nombre entier. Ainsi, la fraction $\frac{48}{8}$ égale 6.

127. Division de nombres fractionnaires. — Si l'on veut diviser des nombres fractionnaires, on les réduit en fractions et on applique la règle du n° **124**.

Ainsi, soit à diviser $4\frac{3}{8}$ par $3\frac{1}{4}$. Le quotient est le produit de $\frac{32+3}{8}$ par l'inverse de $\frac{12+1}{4}$; ce quotient égale $\frac{35}{8} \times \frac{4}{13}$, ou $\frac{35}{26}$.

Exercices.

302. — Ajouter les fractions :

$$\frac{3}{4}, \quad \frac{5}{7} \text{ et } \frac{4}{9} ; \qquad \frac{4}{15}, \quad \frac{1}{6} \text{ et } \frac{3}{4} ;$$

$$\frac{1}{4}, \quad \frac{3}{8}, \quad \frac{7}{10} \text{ et } \frac{9}{20}.$$

303. — Faire les additions suivantes :

$$\frac{3}{4} + \frac{5}{8} + \frac{7}{12} + \frac{1}{6} \; ; \qquad \frac{3}{14} + \frac{11}{21} + \frac{68}{168} \, .$$

304. — $\dfrac{2}{15} + \dfrac{3}{20} + \dfrac{4}{25} + \dfrac{7}{30} \; ; \; \dfrac{7}{15} + \dfrac{9}{20} + \dfrac{12}{25} + \dfrac{380}{600} \, .$

305. — Extraire les entiers contenus dans les fractions :

$$\frac{28}{5} \; ; \; \frac{136}{7} \; ; \; \frac{261}{15} \; ; \; \frac{354}{27} \; ; \; \frac{5\,128}{431} \, .$$

306. — Réduire en fractions :

$$7 + \frac{3}{5} \; ; \qquad 9 + \frac{10}{21} \; ; \qquad 48 + \frac{11}{60} \; ; \qquad 542 + \frac{63}{125} \, .$$

307. — Réduire $16 + \dfrac{17}{28}$ en une seule fraction. — Expliquez l'opération. L'expression obtenue est-elle simplifiable ou non ? — Pourquoi ?

308. — Faire les additions suivantes :

$$4 + \frac{3}{4} + 5 + \frac{7}{6} + 8 + \frac{25}{12} \; ; \quad 2 + \frac{1}{5} + \frac{22}{15} + 9 + \frac{11}{20} \, .$$

309. — Ajouter :

$$4\,\frac{1}{3} , \; 3\,\frac{5}{12} \; \text{et} \; 7\,\frac{11}{18} \; ; \qquad 3\,\frac{4}{5} , \; 2\,\frac{6}{7} \; \text{et} \; 5 .$$

310. — Une personne qui a dépensé 8 f. $\dfrac{3}{4}$, puis 3 f. $\dfrac{2}{5}$, puis 5 f. $\dfrac{1}{2}$, possède encore 14 francs. Quelle somme avait-elle ?

311. — On a vendu successivement 4 m. $\dfrac{5}{6}$, 3 m. $\dfrac{2}{3}$, 6 m., 5 m. $\dfrac{3}{4}$ d'une même étoffe dont il reste 12 m. $\dfrac{3}{5}$. Quelle était la longueur de cette pièce d'étoffe ?

312. — Un ouvrier fait un ouvrage en 10 jours, un deuxième ouvrier ferait le même ouvrage en 12 jours et un troisième le ferait en 15 jours. Quelle partie de l'ouvrage les 3 ouvriers travaillant ensemble feront-ils en un jour ?

313. — Une fontaine donne 8 l. $\dfrac{4}{5}$ d'eau en une minute ; une autre en donne 3 l. $\dfrac{2}{5}$ de plus en une minute. Elles coulent ensemble dans un même bassin et remplissent en une minute $\dfrac{1}{200}$ de la capacité de ce bassin. Calculer cette capacité.

314. — Effectuer les soustractions suivantes :

$$\frac{7}{8} - \frac{5}{12}\,; \quad \frac{7}{15} - \frac{3}{20}\,; \quad \frac{17}{81} - \frac{8}{63}.$$

315. — Retrancher :

$$3\frac{7}{8} \text{ de } 9\frac{11}{12}\,; \quad 2\frac{5}{6} \text{ de } 4\frac{1}{3}\,; \quad 3\frac{20}{21} \text{ de } 8\frac{5}{28}.$$

316. — Faire la soustraction suivante et expliquer l'opération :

$$7\frac{3}{4} - 4\frac{5}{6}.$$

317. — Le plus grand nombre d'une soustraction est $28\frac{5}{9}$, et la [illegible] est $19\frac{10}{12}$. Quel est le petit nombre ?

318. — Une pièce d'étoffe avait 47 m $\frac{1}{3}$. On en a vendu d'abord 15 m $\frac{3}{8}$, puis 12 m $\frac{7}{12}$. Combien en reste-t-il ?

319. — D'un tonneau qui contenait 228 litres de vin, on a tiré successivement 36 l $\frac{2}{5}$, 28 l $\frac{3}{4}$, 21 l $\frac{7}{10}$. Quelle quantité de vin reste-t-il dans ce tonneau ?

320. — Effectuer les calculs suivants :

$$6 + 3\frac{2}{5} - 3\frac{9}{10}\,; \quad 7 - [illegible]\,; \quad 3\frac{8}{9} + 5\frac{11}{18}.$$

321. — Effectuer les calculs suivants :

$$8\frac{2}{7} - \left(3\frac{8}{9} - 2\frac{5}{21}\right);$$

$$\left(7\frac{6}{11} + 2\frac{5}{7}\right) - \left(\frac{3}{4} + 3\right) + \left(5 - 3\frac{2}{7}\right).$$

322. — Effectuer les multiplications suivantes :

$$\frac{7}{8} \times 10\,; \quad \frac{3}{15} \times 64\,; \quad \frac{35}{105} \times \frac{7}{[illegible]}\,; \quad \frac{425}{638} \times \frac{8}{[illegible]}.$$

323. — Rendre 7 fois plus petites, ou 5 fois plus grandes les fractions :

$$\frac{5}{6}, \quad \frac{8}{15}, \quad \frac{3}{35}, \quad \frac{10}{21}.$$

324. — Effectuer les produits :

$$\frac{3}{4} \times \frac{8}{15} \times \frac{21}{15} \times \frac{5}{7}\,; \quad \frac{7}{18} \times \frac{4}{15} \times \frac{9}{14} \times \frac{5}{[illegible]}.$$

325. — Prendre les $\dfrac{5}{7}$ des $\dfrac{3}{4}$ de 28; les $\dfrac{2}{3}$ des $\dfrac{5}{6}$ de $\dfrac{7}{15}$.

326. — Effectuer les calculs suivants :

$$\left(4 + \frac{5}{11}\right) \times \left(3 + \frac{2}{7}\right); \quad \left(5 + \frac{7}{16}\right) \times \left(11 + \frac{1}{3}\right).$$

327. — Quel est le prix de 6 m. $\dfrac{3}{4}$ d'étoffe à raison de 9 f. $\dfrac{3}{5}$ le mètre ?

328. — Un négociant qui a revendu une marchandise 650 francs a réalisé un bénéfice qui est les $\dfrac{5}{8}$ du prix d'achat. Quel est le prix d'achat ?

329. — Deux enfants ont ensemble 96 plumes. Le nombre des plumes du plus grand est les $\dfrac{7}{9}$ du nombre des plumes du plus petit. Combien chaque enfant a-t-il de plumes ?

330. — Après avoir dépensé les $\dfrac{2}{3}$ des $\dfrac{4}{7}$ de ce que je possédais, il me reste encore 26 francs. Quelle est la somme que je possédais ?

331. — Un voyageur a 90 kilomètres à faire. Le premier jour, il en fait les $\dfrac{2}{5}$, le deuxième jour il fait les $\dfrac{2}{3}$ du reste, et il achève son voyage le troisième jour. Combien de kilomètres a-t-il parcourus chaque jour ?

332. — Un fonctionnaire débute avec un traitement de 1 500 francs. Il subit pour la retraite une retenue du premier douzième de son traitement, plus une retenue de $\dfrac{1}{20}$ du reste de ce traitement. Quelle somme ce fonctionnaire a-t-il reçue pendant sa première année de service ?

333. — Effectuer les calculs suivants :

1° $\left(\dfrac{5}{8} \times \dfrac{2}{3} - \dfrac{1}{5}\right) + \left(\dfrac{7}{12} - \dfrac{3}{8} \times \dfrac{1}{4}\right);$

2° $\dfrac{5}{6} \times \dfrac{3}{7} + 4 \times \dfrac{4}{7} - \dfrac{2}{3} \times \left(2 - \dfrac{3}{7}\right).$

334. — Effectuer les divisions suivantes :

$$\frac{3}{11} : 4; \quad 8 : \frac{5}{7}; \quad \frac{14}{25} : \frac{2}{5}; \quad \frac{40}{81} : \frac{8}{27}.$$

335. — $\quad\quad 3\,\dfrac{2}{5} : 2\,\dfrac{1}{3} \;;\quad 4\,\dfrac{1}{5} : 2\,\dfrac{5}{8}.$

336. — En $\frac{2}{3}$ de jour, un ouvrier fait les $\frac{4}{15}$ de son ouvrage ; combien de jours mettra-t-il pour faire l'ouvrage entier ?

337. — Une vis avance de $\frac{4}{5}$ de millimètre par tour. Combien doit-elle faire de tours pour avancer de 43ᵐᵐ $\frac{3}{4}$?

338. — 3ᵏˢ $\frac{3}{8}$ d'une marchandise ont coûté 45 francs. Combien coûte le kilogramme de cette marchandise ?

339. — En combien de temps une fontaine qui donne 3 l. $\frac{4}{5}$ d'eau par minute remplira-t-elle un récipient de 45 l. $\frac{1}{8}$ de capacité ?

340. — Un marchand a acheté 10 m. $\frac{3}{5}$ d'une étoffe au prix de 225 f. $\frac{1}{4}$. Quel est le prix du mètre de cette étoffe ?

341. — Additionner les fractions $\frac{4}{6}$, $\frac{30}{75}$, $\frac{9}{11}$, $\frac{6}{18}$, $\frac{15}{16}$, et diviser leur somme par la fraction $\frac{33}{41}$.

342. — Effectuer les calculs suivants :

1° $\left(\frac{6}{7} - \frac{2}{3}\right) \times 2 + \frac{4}{5} : \frac{1}{2} + \frac{3}{5}$;

2° $\frac{3}{4} + \frac{1}{2} \times \left(\frac{2}{3} - \frac{2}{9}\right) + \frac{1}{5} : \left(\frac{4}{9} - \frac{1}{3}\right)$.

Problèmes sur les fractions.

343. — La population de l'Asie est les $\frac{13}{7}$ de celle de l'Europe et celle de l'Afrique est les $\frac{3}{..}$ de celle de l'Europe. On demande quelle est la population de l'Afrique, sachant que celle de l'Asie est de 390 247 000 habitants.

344. — Un négociant déclaré en faillite ne peut donner que 33 pour 100 à ses créanciers. S'il avait 5 400 francs de plus, il pourrait payer les $\frac{3}{5}$ de ce qu'il doit. Combien doit-il ? Combien lui reste-t-il en caisse ?

345. — Un commerçant prend dans sa caisse, pour payer une traite, les $\frac{3}{11}$ de ce qu'il y avait. Il y met ensuite 1 280 francs qu'il reçoit ; enfin il en retire les $\frac{2}{5}$ de ce qu'il y a pour faire un placement. La caisse renfermant alors 3 264 francs, on demande quelle somme il y avait au début ?

346. — Partager une somme de 9 711 francs entre 4 personnes, de manière que la deuxième ait les $\frac{3}{4}$ de ce qu'a la première, la troisième les $\frac{5}{6}$ de ce qu'a la deuxième, et la quatrième les $\frac{8}{11}$ de ce qu'a la troisième.

347. — Un négociant est établi pour 3 ans. Pendant la première année son capital s'est accru de ses $\frac{3}{7}$. Pendant la deuxième année, il a diminué du huitième de ce qu'il était à la fin de la première année. Enfin le bénéfice réalisé pendant la troisième année a égalé le douzième du capital primitif. Sachant qu'au bout des 3 ans l'avoir du commerçant s'est élevé à 224 000 francs, on demande de calculer : 1° le capital primitif ; 2° le capital à la fin de la première et à la fin de la seconde année.

348. — Un père de famille laisse un vignoble en héritage à ses trois fils. L'aîné doit en avoir les $\frac{2}{5}$, le cadet les $\frac{2}{3}$ du reste. Sachant que la part du troisième fils est de 30 hectares, calculer la superficie totale du vignoble et la part des deux premiers fils.

349. — Un père fait, à titre de partage anticipé, donation de ses biens à ses deux fils. Au premier il attribue $\frac{1}{3}$ de sa fortune ; au deuxième 2 000 francs de plus qu'au premier ; il se réserve 20 000 francs. Déterminer la fortune du donateur et la part donnée à chaque enfant.

350. — Partager 5 450 francs entre 3 personnes, de manière que la deuxième ait 300 francs plus les $\frac{3}{5}$ de la part de la première et la troisième les $\frac{2}{3}$ de la part de la deuxième, moins 50 francs.

351. — Un jardin et un pré ont été achetés pour un prix total de 4 900 francs. Le jardin vaut les $\frac{5}{9}$ du pré. Dites la valeur du pré et celle du jardin.

352. — Quelle heure est-il lorsque ce qui s'est écoulé de la journée est les $\frac{3}{5}$ de ce qui reste à s'écouler ?

353. — Deux personnes ont un égal revenu. La première économise chaque année $\frac{1}{5}$ de son revenu. La seconde dépense 600 francs de plus, par an, que la première, et, au bout de 3 ans, s'est endettée de 1 140 francs. Combien ont-elles de revenu ?

354. — Un ouvrier fait 8 m. $\frac{4}{5}$ d'ouvrage en deux jours ; un deuxième ouvrier fait 15 m. $\frac{5}{12}$ en 3 jours. On demande combien ces deux ouvriers réunis font de mètres d'ouvrage en 12 jours ?

355. — Un marchand ayant acheté une certaine quantité de marchandises, en a vendu $\frac{1}{4}$ avec 20 p. 100 de bénéfice, les $\frac{2}{5}$ avec 10 p. 100 de bénéfice et le reste avec 5 p. 100 de perte. Il a réalisé un bénéfice de 58 francs. Quelle somme avait-il dépensée pour son achat ?

356. — Un marchand vend les $\frac{3}{8}$ d'une pièce de drap avec un bénéfice de 16 francs ; les $\frac{3}{5}$ du reste avec un bénéfice de 10 p. 100, et le reste avec une perte de 3 p. 100. Il réalise ainsi un bénéfice de 46 francs. Combien lui coûtait la pièce de drap ?

357. — Un domestique infidèle tire, d'un tonneau plein contenant 150 litres, une cruche de 15 litres de vin pur, et pour qu'on ne s'aperçoive pas de ce vol, il y verse 15 litres d'eau. Il renouvelle cette opération une deuxième fois, puis une troisième. Quelle quantité de vin pur reste-t-il alors dans le tonneau ?

CHAPITRE III

NOMBRES DÉCIMAUX

§ 1. — *Définition, numération des nombres décimaux.*

128. Fractions décimales. — On appelle *fraction décimale* une fraction dont le dénominateur est une puissance de 10, comme 10, 100, 1000....

Considérons une fraction décimale $\frac{34\,627}{1000}$. On peut écrire :

$$\frac{34\,627}{1\,000} = \frac{34\,000 + 600 + 20 + 7}{1\,000}$$

$$= \frac{34\,000}{1\,000} + \frac{600}{1\,000} + \frac{20}{1\,000} + \frac{7}{1\,000}$$

$$= 34 + \frac{6}{10} + \frac{2}{100} + \frac{7}{1\,000}.$$

La fraction considérée est donc la somme de 34 unités, 6 dixièmes, 2 centièmes, 7 millièmes. Elle peut s'écrire 34,627, en faisant représenter des unités au chiffre qui précède la virgule, des *dixièmes* au suivant, des *centièmes* au suivant.... La fraction ainsi écrite est un *nombre décimal.*

On considère les dixièmes, les centièmes... comme formant de nouveaux ordres d'unités, qu'on appelle ordres *décimaux. Chaque unité d'un ordre décimal en vaut dix de l'ordre immédiatement inférieur.*

Le nombre entier s'appelle la *partie entière*; le nombre formé par les chiffres décimaux est la *partie décimale*.

129. Numération des nombres décimaux. — *1° Pour écrire une fraction décimale sous forme de nombre décimal, on sépare à droite du numérateur, au moyen d'une virgule, autant de chiffres qu'il y a de zéros au dénominateur.*

Ainsi, l'on peut écrire :

$$\frac{423}{100} = 4,23; \qquad \frac{328}{1000} = 0,328; \qquad \frac{43}{10000} = 0,0043.$$

2° Pour lire un nombre décimal, on énonce la partie entière, puis la partie décimale qu'on fait suivre du nom des unités représentées par le dernier chiffre.

Ainsi, le nombre 4,27 s'énonce 4 unités 27 centièmes; le nombre 0,328 s'énonce 328 millièmes.

130. Remarque. — *On ne change pas un nombre décimal en écrivant ou en supprimant des zéros à la droite de ce nombre.*

Ainsi, les nombres 7,4 et 7,400 sont égaux, car le second égale $\frac{7400}{1000}$, ou $\frac{74}{10}$, ou encore 7,4.

Il en résulte qu'on peut toujours supposer que les parties décimales ont le même nombre de chiffres en écrivant un nombre suffisant de zéros à la droite des nombres qui n'ont pas assez de chiffres décimaux.

Pour comparer deux nombres décimaux, il suffit de leur donner le même nombre de chiffres décimaux et de comparer les entiers obtenus en supprimant la virgule.

Ainsi, 7,4 est inférieur à 8,26, parce que 740 est inférieur à 826.

131. Déplacement de la virgule. — 1º *Lorsque, dans un nombre décimal, on déplace la virgule de* 1, 2, 3... *rangs vers la droite, on multiplie ce nombre par* 10, 100, 1 000....

Ainsi, le nombre 741,8 égale 7,418 $\times$ 100 ; car on peut écrire :

$$741,8 = \frac{7418}{10} = \frac{7418 \times 100}{1\,000} = \frac{7\,418}{1\,000} \times 100 = 7,418 \times 100.$$

2º *Lorsque, dans un nombre décimal, on déplace la virgule de* 1, 2, 3... *rangs vers la gauche, on divise ce nombre par* 10, 100, 1 000....

Car si l'on déplace la virgule de deux rangs vers la gauche, le nombre 741,8 devient 7,418, qui est cent fois plus petit, puisqu'on a :

$$741,8 = 7,418 \times 100.$$

§ 2. — Opérations sur les nombres décimaux.

132. Définitions. — Les opérations sur les nombres décimaux se définissent comme les opérations sur les fractions, puisque les nombres décimaux sont des fractions particulières.

Nous allons rappeler ces définitions, en les appliquant aux nombres décimaux.

1º La *somme* de plusieurs nombres décimaux est un nombre qui contient autant d'unités et de parties décimales de l'unité que tous ces nombres réunis.

2º La *différence* de deux nombres décimaux est un nombre tel qu'ajouté au plus petit, il donne le plus grand.

3º Le *produit* d'un nombre décimal par un nombre entier est la somme d'autant de nombres égaux au multiplicande qu'il y a d'unités dans le multiplicateur.

Le *produit* d'un nombre décimal, appelé *multipli-*

cande, par un nombre décimal, appelé *multiplicateur*, est un nombre formé avec le multiplicande comme le multiplicateur est formé avec l'unité.

4° Le *quotient exact* d'un nombre décimal, appelé *dividende*, par un nombre décimal, appelé *diviseur*, est un nombre tel que son produit par le diviseur égale le dividende.

133. Addition. — Soit à ajouter les nombres 3,87, 2,683 et 0,9. En prenant le même nombre de chiffres décimaux, ces nombres peuvent s'écrire 3,870, 2,683 et 0,900 ; leur somme égale (3 870 + 2 683 + 900) millièmes, ou 7 453 millièmes, ou encore 7,453. Cette somme peut s'obtenir en ajoutant les unités de même ordre, comme si les nombres étaient entiers.

$$\begin{array}{r} 3870 \\ 2683 \\ 900 \\ \hline 7453 \end{array} \qquad \begin{array}{r} 3,87 \\ 2,683 \\ 0,9 \\ \hline 7,453 \end{array}$$

Dans la pratique, on applique la règle suivante :

RÈGLE. — *Pour ajouter des nombres décimaux, on les écrit les uns sous les autres, de manière que les chiffres représentant des unités de même ordre se trouvent dans une même colonne, puis on fait la somme des nombres ainsi disposés, comme s'ils étaient entiers, et l'on écrit une virgule au-dessous des virgules des nombres.*

134. Soustraction. — Soit à retrancher 2,683 de 3,27. La différence, en millièmes, égale 3270 — 2683, ou 587 ; cette différence est donc 0,587. L'opération se dispose comme on l'a indiqué ci-contre.

$$\begin{array}{r} 3,27 \\ 2,683 \\ \hline 0,587 \end{array}$$

RÈGLE. — *Pour retrancher un nombre décimal d'un autre, on écrit le plus petit sous le plus grand de façon que les chiffres représentant des unités de même ordre se correspondent, puis on retranche ces nombres, comme* s'ils étaient entiers, et l'on place une virgule sous les virgules des nombres donnés.

135. Multiplication. — Soit à multiplier 3,27 par 2,683. On peut écrire :

$$3,27 \times 2,683 = \frac{327}{100} \times \frac{2\,683}{1\,000} = \frac{327 \times 2\,683}{100\,000}$$

$$= \frac{877\,341}{100\,000} = 8,77341.$$

Le produit est donc un nombre ayant autant de chiffres décimaux qu'il y en a dans les deux facteurs, et qui s'obtient en multipliant ces nombres comme s'ils étaient entiers.

$$\begin{array}{r} 2,683 \\ 3,27 \\ \hline 18781 \\ 5366 \\ 8049 \\ \hline 8,77341 \end{array}$$

Preuve par 9.   **Règle.** — *Pour faire le produit de deux nombres décimaux, on les multiplie comme s'ils étaient entiers, et l'on sépare à la droite du produit autant de chiffres décimaux qu'il y en a dans les deux facteurs.*

136. Division. — Le quotient d'un nombre décimal par un autre nombre décimal n'est généralement pas un nombre décimal. Ainsi, le quotient de 2,683 par 3,27 est $\dfrac{2683}{1000} \times \dfrac{100}{327}$, ou $\dfrac{2683}{3270}$.

On peut alors chercher des valeurs approchées du quotient.

137. Quotient à 1 près. — Le *quotient à 1 près* par défaut d'un nombre, appelé *dividende*, par un autre appelé *diviseur*, est le plus grand nombre entier tel que son produit par le diviseur soit contenu dans le dividende.

1º Soit à trouver le quotient à 1 près d'un nombre

décimal 4 352,86 par un *nombre entier* 57. Si q désigne ce quotient, on doit avoir :

$$57 \times q \leq 4\,352,86 < 57 \times (q + 1).$$

Comme q est entier, $57 \times q$ l'est aussi, et on peut remplacer la 1re inégalité par la suivante :

$$57 \times q \leq 4\,352 ;$$

de sorte que

$$57 \times q \leq 4\,352 < 57 \times (q + 1);$$

$$\begin{array}{c|c} 4352,86 & 57 \\ 362 & \overline{76} \\ 20 & \end{array}$$ ce qui montre que q est le quotient, à 1 près de 4 352 par 57.

Par conséquent, *le quotient à 1 près par défaut d'un nombre décimal par un nombre entier s'obtient en prenant le quotient à 1 près de la partie entière du dividende par le diviseur.*

2° Soit encore à trouver le quotient à 1 près d'un nombre décimal 43,5286 par un *nombre décimal* 0,57.

Si q désigne ce quotient, on doit avoir :

$$0,57 \times q \leq 43,5286 < 0,57 \times (q + 1);$$

d'où en multipliant par 100 :

$$57 \times q \leq 4\,352,86 < 57 \times (q + 1);$$

ce qui montre que q n'est autre chose que le quotient à 1 près de 4 352,86 par le nombre *entier* 57.

Le même raisonnement s'applique si le dividende est entier.

RÈGLE. — *Pour trouver le quotient, à une unité près par défaut, d'un nombre décimal par un autre, on supprime la virgule dans le diviseur et on la déplace dans le dividende d'autant de rangs vers la droite qu'il y a de chiffres décimaux dans le diviseur, en complétant au besoin par des zéros, puis on fait la division de la partie entière du dividende par le diviseur rendu entier.*

138. **Quotient approché à 0,1, 0,01... près.** — On appelle *quotient approché à* 0,1, 0,01, 0,001... *près* par défaut de deux nombres, le plus grand nombre décimal ayant 1, 2, 3... chiffres décimaux tel que son produit par le diviseur soit contenu dans le dividende.

Soit, par exemple, à trouver le quotient à 0,01 près par défaut de 32,5786 par 4,7. Si l'on appelle n le quotient cherché rendu entier, on a :

$$4,7 \times \frac{n}{100} \leqq 32,5786 < 4,7 \times \frac{n+1}{100},$$

d'où, en multipliant par 100,

$$4,7 \times n \leqq 3257,86 < 4,7 \times (n+1).$$

Il en résulte que n est le quotient à 1 près de 3257,86 par 4,7. Or, ce quotient s'obtient en divisant 32578 par 47 (**137**, 2°), ce qui donne 693 ; le quotient cherché est donc 6,93.

Dans la pratique, on rend le diviseur entier en déplaçant la virgule dans le dividende d'autant de rangs vers la droite qu'il y a de chiffres décimaux dans le diviseur, puis on divise les nombres comme s'ils étaient entiers, en plaçant une virgule lorsqu'on abaisse le premier chiffre décimal et en s'arrêtant lorsqu'on a obtenu au quotient le nombre de chiffres décimaux demandé.

$$\begin{array}{l|l} 325,786 & 47 \\ 437 & \overline{6,93} \\ 148 & \\ 7 & \end{array}$$

RÈGLE. — *Pour trouver le quotient à* 0,1, 0,01... *près par défaut d'un nombre décimal par un autre, on rend le diviseur entier en supprimant la virgule, qu'on déplace dans le dividende d'autant de rangs à droite qu'il y a de chiffres décimaux dans le diviseur, en complétant au besoin le dividende par des zéros. On divise ensuite comme si les nombres étaient entiers, on place une virgule au quotient quand on abaisse le premier chiffre décimal du dividende, et l'on continue l'opération jusqu'à ce qu'on ait assez de chiffres décimaux, en suppléant au besoin par des zéros aux chiffres du dividende qui manquent.*

$$
\begin{array}{r|l}
267,4 & 839 \\
1570 & \overline{0,318} \\
7310 & \\
598 &
\end{array}
$$

Ainsi, pour trouver le quotient à 0,001 près de 2,674 par 8,39, on divise 267,4 par 839, ce qui donne 0,318.

REMARQUE. — Les diverses règles qui précèdent s'appliquent si certains des nombres sont entiers, car tout nombre entier peut être considéré comme un nombre décimal dont tous les chiffres décimaux sont des zéros : par exemple $13 = 13,000$.

§ 3. — *Conversion des fractions ordinaires en fractions décimales.*

139. Possibilité de la conversion. — *Convertir une fraction ordinaire en fraction décimale, c'est chercher une fraction décimale qui lui soit égale.*

Cette fraction s'obtient, quand elle existe, en divisant le numérateur par le dénominateur. Ainsi, l'on a :

$$
\frac{3}{8} = 0,375, \qquad \frac{43}{25} = 1,72.
$$

Cette conversion est possible lorsque le dénominateur de la fraction supposée irréductible ne contient pas d'autres facteurs premiers que 2 et 5 ; car on peut alors multiplier les deux termes par une puissance de 2 ou de 5 telle que le dénominateur devienne une puissance de 10. Ainsi, l'on a :

$$
\frac{3}{8} = \frac{3 \times 5^3}{2^3 \times 5^3} = \frac{3 \times 125}{10^3} = 0,375 ;
$$

$$
\frac{43}{250} = \frac{43 \times 2^2}{5^2 \times 10 \times 2^2} = \frac{43 \times 4}{10^3} = 0,172.
$$

On voit qu'on peut convertir une telle fraction ordinaire en nombre décimal en multipliant le numérateur par une puissance de 2 ou de 5, et en prenant un nombre de chiffres décimaux égal à la plus haute puissance de 2 ou de 5 dans le dénominateur.

Exercices.

358. — Écrire en chiffres les nombres décimaux suivants :
Quinze unités, huit dixièmes ;
Quatre unités, cinquante-quatre millièmes ;
Neuf unités, quarante-huit mille six cent cinquante-quatre millionièmes ;
Huit mille quatre cent soixante-quinze dix-millièmes ;
Six mille deux cent quatre-vingt-sept cent-millièmes ;
Quatre-vingt-neuf millionièmes ;
Quarante-sept dixièmes ;
Huit cent vingt-cinq centièmes.

359. — Écrire en toutes lettres les nombres décimaux suivants :
42,6 ; 150,046 ; 3,14159265 ; 12,00864 ; 6,05008 ; 0,52847 ; 0,000823452.

360. — Écrire sous forme de nombres décimaux les fractions :
$$\frac{81}{100}, \quad \frac{19}{10\,000}, \quad \frac{17}{100\,000}, \quad \frac{359}{10\,000}, \quad \frac{427}{10}, \quad \frac{3\,511}{100}, \quad \frac{65\,423}{1\,000}.$$

361. — Écrire, sous forme de fractions ordinaires qu'on simplifiera s'il y a lieu, les nombres décimaux suivants :
0,7 ; 0,042 ; 0,01425 ; 0,0008 ; 41,0025 ; 8,4624.

362. — Multiplier par 100 les nombres suivants :
5,6748 ; 0,057326 ; 0,068 ; 3,45 ; 7,2 ; 146.

363. — Diviser par 100 les nombres suivants :
458,2 ; 3259,048 ; 18,94 ; 6,053 ; 0,029 ; 453 ; 8.

364. — Faire les additions suivantes :
67,083 + 8,056 + 124,6517 + 5,934 + 154,8 ;
85,074 + 132,54 + 8,2516 + 0,62 + 27,8 + 6,253 ;
0,6857 + 0,056 + 2,6 + 0,0741 + 8,962 + 3,404 + 0,47532.

365. — Un commerçant a reçu, dans une journée : 252^f,45 ; 324 f. ; 126^f,75 ; 253^f,15 ; 68^f,85 ; 75 f. ; 148^f,35 ; 91^f,60. Combien a-t-il reçu en tout ?

366. — Un marchand a vendu 25^m,32 de drap pour 198^f,85 ; puis 43^m,65 pour 327^f,40 ; 32 mètres pour 250^f,35 et 18^m,60 pour 145 francs.

Quelle quantité de drap a-t-il vendue en tout et quelle somme totale a-t-il reçue ?

367. — Quel est le poids total de 3 caisses dont la 1ʳᵉ pèse 42ᵏˢ,35, la 2ᵉ 3ᵏˢ,46 de plus que la 1ʳᵉ et la 3ᵉ 2ᵏˢ,37 de plus que la 2ᵉ ?

368. — Faire les soustractions suivantes :
165,4837 — 21,64 ; 12,428 — 0,78562 ; 0,30054 — 0,073216 ; 43 — 0,7512.

369. — Un ouvrier a gagné 358 francs. Il a reçu trois acomptes, le 1ᵉʳ de 85ᶠ,40, le 2ᵉ de 118ᶠ,75 et le 3ᵉ de 72ᶠ,50. Combien lui est-il dû encore ?

370. — Trois associés se sont partagé les bénéfices d'une entreprise. Le 3ᵉ a reçu 238ᶠ,35 de moins que le 2ᵉ et le deuxième a reçu 174ᶠ,80 de moins que le 1ᵉʳ dont la part s'élève à 632ᶠ,45. Quel est le bénéfice total ?

371. — Un entrepreneur a présenté un mémoire de 1 253ᶠ,40, sur lequel il a accepté une réduction de 88ᶠ,75 ; de plus il a déjà reçu un acompte de 483ᶠ,50. Combien doit-il recevoir ?

372. — On a 100 caisses contenant chacune 12ᵏˢ,75 de marchandises, dont on a vendu 834ᵏˢ,5. Combien en reste-t-il ?

373. — Partager 4 548ᶠ,50 entre deux personnes de manière que la première ait 328ᶠ,70 de moins que la seconde.

374. — Faire les multiplications suivantes :
42,328 × 632 ;   0,948 × 48 ;   8,256 × 3200.

375. — 14,56 × 0,385 ; 527,09 × 2,405 ; 154 × 0,029 ; 736 × 5,02.

376. — Combien coûteront les vitres d'une maison neuve, qui a 16 fenêtres de chacune 8 carreaux, le prix d'un carreau étant de 0ᶠ,65 ?

377. — Une lampe brûle par heure 0ᵏˢ,032 d'huile à 1ᶠ,25 le kilogramme. Cette lampe reste allumée 6 heures par jour. Quelle est la dépense qu'elle occasionne pour un mois de 31 jours ?

378. — Une marchande a fait confectionner 5 douzaines de chemises avec de la toile qui lui coûte 1ᶠ,85 le mètre. L'ouvrière qui les fait reçoit 28ᶠ,50 par douzaine de chemises. Quel est le prix de revient de ces chemises, si pour chacune d'elles on emploie 2ᵐ,60 de toile ?

379. — Un marchand a mélangé 54 litres de vin à 0ᶠ,65 le litre et 138ˡ,5 de vin à 0ᶠ,55 le litre. Il revend le litre de mélange 0ᶠ,70. Quel bénéfice a-t-il réalisé ?

380. — Un ouvrier gagne par jour de travail 4ᶠ,25, et dépense chaque jour 2ᶠ,85. Combien peut-il économiser dans une année de 365 jours, sachant qu'il ne travaille pas pendant les 52 dimanches de l'année et pendant 5 autres jours de fêtes légales ?

381. — Expliquer la théorie de la preuve par 9 de la multiplication sur l'exemple suivant : 3,526 × 2,517. Comment ferait-on la preuve par 4, et pourquoi la preuve par 9 est-elle préférable ?

382. — Effectuer les divisions suivantes :

$$37,44 : 72 ; \qquad 4\,257,76 : 208 ; \qquad 51835,61 : 3800.$$

383. —

$$30815,625 : 312,5 ; \qquad 9288,6 : 1,356 ;$$
$$0,452504 : 18,32 ; \qquad 1486,62 : 5400.$$

384. — Effectuer les divisions suivantes en évaluant le quotient à une unité près :

$$56847,12 : 37 ; \qquad 4354,28 : 63,5 ; \qquad 954,7 : 0,037.$$

385. — Effectuer les divisions suivantes, en évaluant le quotient à 0,1 près.

$$680 : 19 ; \qquad 43,5834 : 7,83 ; \qquad 7.5632 : 0,186.$$

386. — Effectuer les divisions suivantes, en évaluant le quotient à 0,01 près :

$$253 : 72 ; \qquad 4,937 : 0,62 ; \qquad 36,49 : 0,078.$$

387. — Effectuer les divisions suivantes, en évaluant le quotient à 0,001 près :

$$54,9658 : 14 ; \qquad 198,3 : 34 ; \qquad 59,28 : 2,618.$$

388. — Diviser :

$$4,786 \text{ par } 0,1 ; \qquad 0,4534 \text{ par } 0,01 ; \qquad 48,6 \text{ par } 0,001.$$

389. — Deux ouvriers font ensemble, en 16 jours, un travail pour lequel ils ont reçu une somme totale de 154f,40. Le plus jeune étant payé 4f,25, on demande ce qui revient à chacun et le prix de la journée du plus âgé.

390. — Une pile de planches, qui a une hauteur de 1m,25, a été achetée 57f,50. Chaque planche a une épaisseur de 0m,025. Quelle est la valeur d'une planche ?

391. — Une personne a dépensé, pour la nourriture de sa famille, 3f,60 par jour pendant les 300 premiers jours de l'année. De combien doit-elle réduire sa dépense journalière pendant les 65 autres jours, pour que la dépense totale de l'année ne dépasse pas 1 288 francs ?

392. — Un marchand avait acheté 1 000 assiettes à raison de 18 francs le cent. Dans le transport, il s'en casse 75. Combien doit-il revendre chacune des assiettes qui lui restent pour réaliser sur son marché un bénéfice de 51f,25 ?

393. — Un marchand avait acheté 250 mètres d'étoffe. Il en a vendu 165 mètres pour 797f,50 et le reste à 5f,50 le mètre. Il gagne ainsi, en moyenne, 0f,94 par mètre. Quel était le prix d'achat du mètre ?

394. — On achète chez un libraire 12 exemplaires d'un ouvrage dont le prix marqué au catalogue est 3f,75. Le libraire fait une remise de 10 p. 100 et, de plus, donne gratuitement un treizième exemplaire. A combien revient chaque exemplaire ?

395. — 8 personnes devaient payer une somme de 372 francs ; plusieurs d'entre elles n'ayant pu payer, les autres ont dû donner chacune 27^f,90 de plus que leur part. Quel est le nombre des personnes qui n'ont pu payer ?

396. — On a payé 131^f,60 pour deux pièces de toile de même qualité, coûtant 1^f,60 le mètre. La 1re pièce a 13^m,25 de plus que la 2e. Quelle est la longueur de chaque pièce ?

397. — Partager 4 625 francs entre deux personnes, de manière que la 2e ait 3 fois autant que la 1re.

398. — Un marchand revend, pour 676^f,60, des marchandises sur lesquelles il réalise un bénéfice qui est les $\frac{16}{100}$ du prix d'achat. Quel est ce prix d'achat ?

399. — Un sac de café vert a produit 32^{ks},8 de café grillé. Quel était le poids de ce café vert, si l'on admet que pendant la torréfaction, le café a perdu les $\frac{17}{100}$ de son poids ?

400. — Effectuer les calculs suivants :
$$16,98 + 6,12 \times 0,425 \times 3,5 - 4,7 \times 0,035 ;$$
$$6,5892 \times 7,5 + 13,572 : 0,9 - 56 : 1,6.$$

401. —
$$(7,62 \times 0,65 - 3,48) : 0,05 + 24,9 \times 0,53 ;$$
$$62,45 \times 0,14 - 5,72 \times (1,546 - 0,27) + 26,46 : 2,7.$$

402. — Par quelle fraction décimale faut-il multiplier un nombre pour le diminuer des $\frac{2}{5}$ de sa valeur ?

403. — Par quelle fraction décimale faut-il diviser un nombre pour l'augmenter des $\frac{5}{11}$ de sa valeur ?

404. — Simplifier l'expression suivante et calculer sa valeur à 0,001 près :
$$\frac{16 \times 450 \times 28 \times 306}{124 \times 49 \times 75}$$

405. — Simplifier l'expression suivante et calculer sa valeur à 0,01 près :
$$\frac{4,725 \times 42 \times 16,8 \times 2,5}{3,22 \times 0,54 \times 35}$$

406. — Calculer, à un cent-millième près, la valeur de l'expression :
$$3 + \cfrac{1}{7 + \cfrac{1}{16}}$$

407. — Calculer, à 0,001 près, la valeur de l'expression :

$$\frac{\dfrac{11}{7} + \dfrac{4}{5} - \dfrac{3}{4} \times \dfrac{2}{7}}{\left(6 - \dfrac{3}{5}\right) \times \dfrac{2}{7}}.$$

408. — Calculer, à 0,001 près, la valeur de l'expression :

$$\frac{\left(\dfrac{3}{5} + 4{,}15 - 3\,\dfrac{1}{8}\right) \times 2{,}54}{7\,\dfrac{3}{4} - 6{,}12}$$

Problèmes sur les nombres décimaux.

409. — Un marchand achète du savon à 112f,50 les 100 kilogrammes ; combien doit-il revendre le kilogramme au détail pour réaliser un bénéfice de 19 p. 100.

410. — Un cafetier achète du café en grains qu'il paie 4f,80 le kilogramme. Sur une tasse de café qu'il vend 0f,30 il gagne 0f,16. On demande quel est le poids de café moulu qu'il emploie pour faire une tasse, sachant qu'il fournit 0f,05 de sucre par tasse et que le café brûlé et moulu perd 20 p. 100 de son poids primitif.

411. — Une famille, composée du père, de la mère et de deux enfants, va de Paris à Toulon en wagon de 1re classe et paie en tout, pour ce voyage, 286f,15. Le père, qui est militaire, paie quart de place, et l'un des enfants âgé de moins de sept ans paie demi-place. Trouver la distance de Paris à Toulon, sachant que le prix d'une place en 1re classe est de 0f,112 par personne et par kilomètre.

412. — Un marin veut calculer la distance qui le sépare du point où une torpille fait explosion. Il note 9 secondes $\frac{1}{2}$ entre l'instant où il entend le bruit de l'explosion transmis par l'eau et celui où il entend le bruit de l'explosion transmis par l'air. Sachant que, dans les conditions de température où se trouvent l'air et l'eau, la vitesse du son est de 340 mètres par seconde dans l'air, et de 1430 mètres par seconde dans l'eau, on demande de déterminer cette distance.

413. — On a acheté pour 92f,64 deux fûts de vin de même qualité dont l'un contient 60 litres de plus que l'autre. On retire du plus petit 224 bouteilles de vin, revenant chacune à 0f,18. On demande : 1° le prix du litre ; 2° la contenance de chaque fût ; 3° la capacité d'une bouteille.

414. — Une marchande a déboursé 85f,60 pour l'achat de deux mottes de beurre, la première à 1f,25, et la deuxième à 1f,40 le demi-kilogramme. Elle revend la première 2f,80 le kilogramme et la deuxième 3f,15. Calculer son bénéfice, sachant que la première pèse 3k,5 de plus que l'autre.

415. — Un cultivateur donne 15 litres d'huile et 5f,55 en argent pour avoir 4m,50 de drap. S'il avait donné 6l,6 d'huile de plus sans donner d'argent, il aurait eu 5 mètres de drap. Calculer le prix du litre d'huile et celui du mètre de drap.

416. — Trois personnes se partagent une somme de 1470f,75, de manière que la part de la 1re égale les $\frac{5}{7}$ de celle de la 2e, et que la part de la 2e égale les $\frac{8}{9}$ de celle de la 3e. Quelle est la part de chaque personne ?

417. — Une personne a acheté du vin à 0f,85 le litre et de la bière à 0f,35 le litre. Le nombre des litres de bière dépasse de 60 le nombre des litres de vin, et la somme payée pour la bière est inférieure de 35 francs à la somme payée pour le vin. Quel est le nombre de litres de vin achetés par cette personne ?

418. — Un ouvrier et un apprenti travaillent chez le même patron. Au bout d'une semaine de 6 jours de travail, l'ouvrier reçoit 4 fois autant que l'apprenti, moins 7f,50. Sachant que la différence totale des salaires est 19f,50, on demande quels sont le prix de la journée de l'ouvrier et le prix de la journée de l'apprenti.

419. — On a acheté 2 pièces d'étoffe de qualités différentes : on a payé pour la 1re 309f,40 et pour la 2e, dont le mètre coûte 1f,25 de moins que le mètre de la 1re, 179f,80. Trouver le nombre de mètres de chaque étoffe, sachant que la somme des prix d'un mètre de chaque étoffe est 15f,75.

420. — Des ouvriers qui travaillent ensemble sont répartis en 3 équipes, dont la 1re comprend 5 ouvriers de plus que la 2e, et celle-ci 5 ouvriers de plus que la 3e. Les ouvriers de la 1re équipe sont payés à raison de 3f,15 par homme et par jour ; ceux de la 2e à raison de 3f,75 et ceux de la 3e à raison de 4f,50. La totalité des salaires s'élève, au bout d'une semaine de 6 jours de travail, à 936 francs. Combien y a-t-il d'ouvriers dans chaque équipe ?

421. — Un voyageur de commerce dont les appointements sont de 1825 francs par an, reçoit une indemnité de 9f,50 par jour de tournée et un bénéfice de 1,5 p. 100 sur les commissions qu'il prend. Dans une tournée où le total des commissions s'est élevé à 24 000 francs et où la dépense quotidienne a été de 16f,50 il a économisé 284 francs. Combien de jours cette tournée a-t-elle duré ?

422. — Un libraire fait imprimer un ouvrage de 40 feuilles. Il donne pour la composition, la correction des épreuves et le tirage, 46 francs par feuille. Le papier coûte 12 francs la rame de 500 feuilles et le cartonnage 0f,44 l'exemplaire. De plus, les annonces ont coûté 60 francs. Combien le libraire devra-t-il vendre d'exemplaires pour gagner 1 250 francs, si l'exemplaire est vendu 4 francs ?

423. — Un éditeur publie un ouvrage de 22 feuilles ; il donne au compositeur 38 francs par feuille et au correcteur 6 francs par feuille. Le papier coûte 12f,50 la rame de 500 feuilles et le cartonnage 0f,28 par exemplaire ; les droits dus à l'auteur sont de 800 francs et il a été dépensé 215 francs en annonces ; combien l'éditeur doit-il vendre la douzaine d'exemplaires pour gagner 1 500 francs, le tirage étant de 6 000 exemplaires ?

424. — Un libraire achète à un éditeur 286 volumes marqués au catalogue la moitié à 1f,20 l'un, l'autre moitié à 1f,80. L'éditeur ne fait payer que 12 volumes sur 13 ; il accorde en outre une remise de 30 p. 100 sur le prix du catalogue, et un escompte de 2 p. 100 sur la facture, qui est payée comptant. Le libraire livre tous ces volumes à une commune avec une remise de 10 p. 100 sur le prix du catalogue. Sachant que le libraire a payé les frais de port s'élevant à 15 francs, on demande combien il a gagné pour 100 dans cette opération.

425. — En revendant une pièce d'étoffe à raison de 3f,80 les $\frac{2}{3}$ de mètre, on fait un bénéfice total de 48f,40. En la revendant au prix de 3f,15 les $\frac{3}{4}$ de mètre, on fait une perte de 24f,80. Quelle est la longueur de la pièce et quel est son prix d'achat ?

426. — Un propriétaire allait vendre son blé et son vin lorsqu'il apprend que le prix du blé s'est élevé de 1f,50 par hectolitre, tandis que le prix du vin a subi une baisse de 4f,50 par hectolitre. Au lieu de vendre tout son blé et tout son vin, ce qui lui ferait perdre 630 francs, il vend son blé et les $\frac{2}{9}$ de son vin, et il retire de cette vente la somme qu'il en aurait retirée aux anciens prix. Combien ce propriétaire avait-il d'hectolitres de blé et d'hectolitres de vin ?

427. — Une personne achète une pièce d'étoffe à 6f,30 le mètre. Elle en revend les $\frac{5}{7}$ avec un bénéfice de 15 p. 100 et le reste avec une perte de 2 p. 100 sur le prix d'achat. Le total des deux ventes lui procure néanmoins un bénéfice de 63f,90. Combien avait-elle acheté cette pièce ? Combien a-t-elle revendu le tout ? Quelle était la longueur de la pièce ?

428. — Un négociant vend une pièce d'étoffe dans les conditions suivantes : 1° les $\frac{2}{7}$ de la pièce à 2f,45 le mètre ; 2° le tiers du reste à 2f,80 le mètre ; 3° enfin ce qui reste à 2f,10 le mètre. — Sachant que ce dernier coupon était de 16 mètres et que le négociant a fait, dans l'ensemble de ces ventes, un bénéfice de 12 p. 100 sur le prix d'achat, on demande quel était son prix d'acquisition total.

429. — Un ouvrier a travaillé 45 jours chez deux patrons ; le premier lui a donné 5^f,25 par jour et le deuxième 6^f,20 par jour. Combien de jours a-t-il travaillé chez chaque patron, s'il a gagné en tout 252^f,40 ?

430. — De Paris à Lyon, le prix des places en 1re classe est de 56^f,80 et en 2e classe de 38^f,25. Un train composé de 634 voyageurs des deux classes a occasionné une recette de 28 016^f,15. Combien y avait-il de voyageurs de chaque classe ?

431. — Une marchande a 120 pêches de deux qualités. Elle voulait vendre à raison de 0^f,15 pièce celles de la première et à raison de 0^f,10 pièce celles de la seconde ; mais elle trouve à vendre toutes ses pêches à raison de 0^f,25 les deux, et elle reçoit ainsi 0^f,50 de moins que si elle avait vendu ses pêches séparément. Combien avait-elle de pêches de chaque qualité ?

432. — Un marchand a deux qualités de café dont le poids total est de 1 000 kilogrammes. La première qualité lui a coûté 5^f,50 le kilogramme, et la deuxième 4^f,20 le kilogramme. Il revend le tout 5 537 francs et réalise ainsi un bénéfice de 16 $\frac{2}{3}$ p. 100 sur le prix d'achat. On demande quel est le poids de café de chaque qualité.

433. — Dans un atelier, le salaire d'une femme est les $\frac{3}{4}$ de celui d'un homme et le salaire d'un enfant est les $\frac{5}{9}$ de celui d'une femme. 12 hommes, 8 femmes, 6 enfants, ont été payés en tout 110^f,70. Quel est le salaire de chacun ?

434. — On emploie dans un atelier 36 ouvriers, hommes, femmes et enfants. Le nombre des hommes est double de celui des femmes et celui-ci est les $\frac{5}{3}$ du nombre des enfants. La journée d'un homme vaut 1^f,75 de plus que celle d'une femme et 3^f,25 de plus que celle d'un enfant. Le salaire total, pour 6 journées de travail de ces 36 ouvriers s'élevant à 750 francs, on demande : 1° le nombre des ouvriers de chaque catégorie ; 2° le prix de la journée pour chaque sorte d'ouvriers.

435. — Deux personnes se sont partagé une certaine somme, de manière que la part de la première soit le triple de celle de la seconde. La première augmente son avoir de $\frac{2}{5}$ de sa valeur, et la seconde perd $\frac{1}{5}$ du sien. Il reste alors à la seconde 1 440^f,70 de moins qu'à la première. Quelle est la somme que ces personnes se sont partagée?

436. — On a acheté 3 pièces d'étoffe dont la longueur totale est $142^m,1$. Si la première était diminuée du tiers de sa longueur, la deuxième du quart de sa longueur et la troisième du cinquième de sa longueur, les trois pièces auraient exactement la même longueur. Quelle est la longueur de chaque pièce?

437. — Une personne avait $75^f,60$ dans sa bourse. Elle dépense une partie de cette somme. Si elle en avait dépensé le double, plus les $\frac{2}{5}$ de ce qu'elle a rapporté, il ne lui serait rien resté. Combien a-t-elle dépensé?

438. — Un marchand a acheté 300 hectolitres de vin de trois qualités différentes. Le nombre d'hectolitres de la deuxième qualité est les $\frac{2}{3}$ de celui de la première et le nombre d'hectolitres de la troisième qualité est la demi-somme de ceux de la première et de la deuxième. S'il vend l'hectolitre de la deuxième qualité $2^f,75$ de moins que celui de la première et celui de la troisième $2^f,55$ de moins que celui de la deuxième, il reçoit autant que s'il vendait les 300 hectolitres au prix unique de 22 francs l'hectolitre. Combien a-t-il d'hectolitres de chaque qualité, et quel est le prix de vente correspondant d'un hectolitre?

439. — Une mère et sa fille travaillent dans un atelier de couture. La première fait 3 mètres d'ouvrage par jour et la deuxième en fait 2 mètres. Au bout de 36 jours, pendant lesquels la mère a travaillé régulièrement, tandis que la fille a perdu 2 jours $\frac{1}{2}$, celle-ci reçoit $47^f,15$ de moins que sa mère. Combien le mètre d'ouvrage est-il payé?

440. — Un vase renferme $0^l,75$ d'eau salée. On retire les $\frac{2}{5}$ de la solution qu'on remplace par de l'eau. On prend $0^l,32$ de la nouvelle solution qu'on fait évaporer, ce qui donne $34^g,56$ de sel. Quel poids de sel renfermait la solution primitive?

441. — Une personne a acheté, dans une vente, 1 mètre de drap et $3^m,5$ de toile pour $10^f,35$; puis elle prend dans les mêmes conditions 10 mètres de drap et 15 mètres de toile pour $71^f,50$. Combien a-t-elle payé le mètre de drap et le mètre de toile?

442. — Un particulier a payé une première fois $3^f,65$ pour 3 kilogrammes de pain et 5 litres de vin consommés en une semaine. Une autre fois il a payé, dans les mêmes conditions, $5^f,35$ pour 5 kilogrammes de pain et 7 litres de vin. Quels sont les prix du kilogramme de pain et du litre de vin?

443. — Une personne achète 3 mètres de toile et 4 mètres de drap pour $25^f,35$; une autre personne achète 5 mètres de toile et

6 mètres de drap pour 38f,65. Combien doit une troisième personne qui achète, dans les mêmes conditions, 4 mètres de toile et 3m,5 de drap?

444. — Une personne prend, pour aller de Paris à Marseille, 2 billets de 2e classe et 3 billets de 3e classe qui lui coûtent ensemble 257f,80. Au retour, elle prend 3 billets de 2e classe et 2 billets de 3e classe qui lui coûtent ensemble 280f,45. Sachant que le prix d'un billet de 2e classe dépasse celui d'un billet de 3e de 0f,02625 par kilomètre, on demande quel est le prix de chaque billet de 2e et de 3e classe, et quelle est la distance de Paris à Marseille.

CHAPITRE IV

RACINE CARRÉE

§ 1. — *Définitions*.

140. Carré et racine carrée. — On sait que le *carré* d'un nombre est le produit de ce nombre par lui-même.

Lorsqu'un nombre est le carré d'un autre, on dit qu'il est *carré parfait*; ainsi 49, $\frac{9}{25}$, carrés de 7 et de $\frac{3}{5}$, sont des carrés parfaits.

On appelle *racine carrée* d'un nombre a, qui est carré parfait, le nombre dont le carré égale a. Cette racine s'indique au moyen du signe $\sqrt{}$, qu'on nomme *radical*, et qu'on énonce : *racine carrée de*. Ainsi l'on a :

$$\sqrt{64} = 8, \qquad \sqrt{0{,}81} = 0{,}9.$$

141. Racine carrée approchée à 1 près. — On appelle *racine carrée approchée à 1 près par défaut*, ou simplement *racine carrée* d'un nombre, le plus grand nombre entier tel que son carré soit contenu dans le nombre donné.

Ainsi, la racine carrée de $52{,}6$ est 7, parce que le carré de 7, ou 49, est contenu dans $52{,}6$, tandis que le carré de 8, ou 64, est supérieur à $52{,}6$.

On appelle *reste* de la racine carrée d'un nombre, la différence entre ce nombre et le carré de sa racine carrée.

Ainsi, le reste de la racine carrée de 52,6 est 52,6 — 49, ou 3,6.

Lorsqu'un nombre est carré parfait, il est égal au carré de sa racine carrée ; alors le reste est nul, et l'on dit que la racine carrée est *exacte*.

§ 2. — *Racine carrée des nombres entiers.*

142. **Racine carrée d'un nombre entier.** — 1° Si le nombre est *moindre que 100*, sa racine carrée n'a qu'un chiffre, et ce chiffre s'obtient immédiatement, quand on connaît les carrés des 9 premiers nombres, carrés qui sont : 1, 4, 9, 16, 25, 36, 49, 64, 81.

Ainsi, la racine carrée de 67 est 8, puisque le carré de 8 est contenu dans 67, tandis que le carré de 9 ne l'est pas. Le reste de cette racine est 67 — 64, ou 3.

2° Si le nombre est *compris entre 100 et 10 000*, sa racine carrée a deux chiffres, puisqu'elle est comprise entre 10 et 100, dont les carrés sont 100 et 10000.

Soit, par exemple, le nombre 5462. La racine carrée de 54 est 7, et l'on a :

$$7^2 \leq 54, \qquad \overline{70}^2 \leq 5\,400 < 5\,462,$$
$$8^2 \geq 55, \qquad \overline{80}^2 \geq 5\,500 > 5\,462 ;$$

d'où il résulte :

$$\overline{70}^2 < 5\,462 < \overline{80}^2,$$

ce qui montre que la racine cherchée est au moins égale à 70 et inférieure à 80 ; son premier chiffre est donc 7.

Par conséquent, *le nombre des dizaines de la racine carrée égale la racine carrée du nombre des centaines du nombre donné.*

Si l'on appelle u le chiffre des unités, la racine cherchée sera $70 + u$ et le carré de $70 + u$ ne devra pas dépasser le nombre 5462.

Or, ce carré égale (50) :

$$\overline{70}^2 + 2 \times 70 \times u + u^2,$$

et l'on doit avoir :

$$2 \times 70 \times u + u^2 = 5462 - \overline{70}^2.$$

Le produit de u par 140 doit être contenu dans 5462—4900, ou 562 ; le nombre u est donc au plus égal au quotient de 562 par 140, ou au quotient de 56 par 14, c'est-à-dire à 4. Pour voir si u égale 4, on forme la somme $140 \times 4 + 4^2$, ou le produit 144×4, qui égale 576, et l'on regarde si ce nombre est contenu dans 562 ; comme cela n'a pas lieu, le nombre 4 est trop fort, et il faut essayer de même le chiffre 3.

Pour cela, on forme le nombre $140 \times 3 + 3^2$, ou 143×3, qui égale 429 ; puisque ce nombre peut se retrancher de 562, le chiffre 3 convient.

$$
\begin{array}{c|cc}
5462 & 73 & \\
\hline
562 & 144 & 143 \\
133 & 4 & 3 \\
\hline
& 576 & 429
\end{array}
$$

La racine cherchée est 73 ; le reste de la racine est 562 — 429, ou 133. L'opération se dispose comme on l'a indiqué ci-contre.

3° Soit à extraire la racine carrée d'un nombre 546 217 plus grand que 10 000. Nous allons d'abord montrer que *le nombre des dizaines de la racine égale la racine des centaines du nombre*.

En effet, la racine carrée de 5 462 étant 73, on a :

$$\overline{73}^2 \leqq 5462, \qquad \overline{730}^2 \leqq 546\,200 < 546\,217$$

et

$$\overline{74}^2 \geqq 5463, \qquad \overline{740}^2 \geqq 546\,300 > 546\,217 ;$$

d'où il résulte :

$$\overline{730}^2 < 546\,217 < \overline{740}^2.$$

La racine cherchée est au moins égale à 730, et elle est inférieure à 740 ; le nombre de ses dizaines est 73.

On démontre comme précédemment (2°) que le

chiffre des unités est au plus égal au quotient de $546217 - \overline{730}^2$, ou 13317, par le double de 730, ou 1460. Ce quotient 9 convient si le produit de 1469 par 9, ou 13221, est contenu dans 13317, ce qui a lieu. La racine cherchée est donc 739; le reste est 96.

546217	739	
562	143	1469
13317	3	9
96	429	13221

L'opération se dispose comme on l'a indiqué, et l'on applique la règle suivante :

RÈGLE. — *Pour extraire la racine carrée d'un nombre entier, on le partage en tranches de deux chiffres, à partir de la droite ; on extrait la racine de la première tranche à gauche, ce qui donne le premier chiffre de la racine. On soustrait de la première tranche le carré du premier chiffre de la racine, on abaisse la seconde tranche, et l'on divise le nombre obtenu en négligeant le dernier chiffre par le double du chiffre trouvé à la racine ; le quotient est le deuxième chiffre de la racine ou un chiffre trop fort. Pour essayer ce chiffre, on le place à la droite du double de la partie trouvée à la racine, et l'on multiplie le nombre obtenu par ce chiffre ; si le produit peut se retrancher du nombre formé par le premier reste suivi de la seconde tranche, il convient ; sinon, on essaie de même le chiffre inférieur d'une unité, et ainsi de suite, jusqu'à ce que la soustraction soit possible.*

A la droite du second reste, on abaisse la troisième tranche, et l'on divise le nombre obtenu en négligeant le dernier chiffre par le double de la partie trouvée à la racine, ce qui donne le troisième chiffre ou un chiffre trop fort, et ainsi de suite, jusqu'à ce qu'on ait abaissé toutes les tranches.

143. **Exemple.** — Cherchons la racine carrée de 71 536. En partageant le nombre en tranches de deux

chiffres, et en extrayant la racine de la première tranche 7, on trouve le premier chiffre 2 de la racine. Il faut ensuite retrancher de 7 le carré de 2, ce qui donne 3, et écrire à la suite la tranche suivante 15, puis diviser 31 par 4, ce qui donne 7 pour quotient.

$$
\begin{array}{r|lll}
71536 & 267 & & \\
315 & \multicolumn{3}{l}{\rule{6cm}{0.4pt}} \\
276 & 47 & 46 & 527 \\
\cline{1-1}
3936 & 7 & 6 & 7 \\
3689 & \overline{329} & \overline{276} & \overline{3689} \\
\cline{1-1}
247 & & &
\end{array}
$$

Pour essayer 7, on multiplie 47 par 7, et, comme le produit 329 dépasse 315, on essaie ensuite 6 en multipliant 46 par 6 ; le produit 276 pouvant se retrancher de 315, le chiffre 6 convient. En retranchant 276 de 315, on obtient 39 pour reste.

Le quotient par 52 du nombre 393, obtenu en abaissant à la droite du reste la dernière tranche, et en supprimant le dernier chiffre à droite, est 7 ; ce chiffre convient parce que le produit de 527 par 7, qui égale 3689, peut se retrancher de 3936. Le reste 247 de cette soustraction est le reste de la racine carrée. La racine cherchée est 267.

144. Remarque. — Pour obtenir le double de la partie trouvée à la racine, 26, par exemple, il suffit d'ajouter 46 et 6, c'est-à-dire *de faire la somme du nombre qu'on vient de calculer et du chiffre par lequel on l'a multiplié.*

145. Preuve de la racine carrée. — Pour faire la preuve de la racine carrée, on ajoute le reste au carré de la racine ; on doit ainsi obtenir le nombre.

Le reste ne doit pas dépasser le double de la racine ; car si l'on appelle a la racine carrée du nombre n, le reste doit être inférieur à la différence $(a+1)^2 - a^2$, qui égale $2a + 1$; il est donc au plus égal à $2a$.

$$
\begin{array}{r}
739 \\
739 \\
\hline
6651 \\
2217 \\
5173 \\
\hline
546121 \\
96 \\
\hline
546217
\end{array}
$$

La racine carrée de 546.217 est 739, le reste est 96 (**142**). Pour faire la preuve, on fait le carré de 739, qui est 546121, et l'on ajoute 96 à ce carré ; on retrouve ainsi le nombre 546 217. Le reste 96 est inférieur au double de la racine.

146. Preuve par 9. — On peut chercher les restes par 9 de la racine carrée et du reste, faire le carré du premier reste et ajouter le second ; le reste par 9 de cette somme égale le reste par 9 du nombre donné.

Ainsi, la racine carrée de 71 536 est 267, le reste est 247. On doit avoir :

$$71\,536 = \overline{267}^2 + 247 = (m.\,9 + 6)^2 + (m.\,9 + 4)$$
$$= m.\,9 + 36 + 4 = m.\,9 + 4 ;$$

or, le reste de la division de 71 536 par 9 est bien 4.

RÈGLE. — *On fait la preuve par 9 de la racine carrée en cherchant le reste par 9 de la racine, en élevant ce reste au carré et en ajoutant le reste par 9 du reste de la racine ; la somme divisée par 9 doit donner le même reste que le nombre.*

§3. — *Racine carrée des nombres fractionnaires.*

147. Racine carrée d'un nombre fractionnaire. — Pour avoir la racine carrée à 1 près d'un nombre fractionnaire ou décimal, il suffit d'extraire la racine de la partie entière.

Soit, en effet, à extraire la racine à 1 près du nombre 728,43. La racine carrée de 728 est 26 ; le carré de 26 est contenu dans 728, il est donc inférieur à 728,43 ; le carré de 27 est au moins égal à 729, il est donc supérieur à 728,43. Par conséquent, la racine cherchée est 26.

RÈGLE. — *Pour extraire la racine carrée à 1 près d'un nombre fractionnaire ou décimal, il suffit d'extraire la racine carrée à 1 près de la partie entière de ce nombre.*

148. Racine carrée à 0,1, 0,01… près. — Cherchons, par exemple, la racine carrée à 0,01 près du nombre 728,35, c'est-à-dire *le plus grand nombre décimal terminé par des centièmes, tel que son carré se trouve contenu dans le nombre.*

Si l'on appelle n la racine cherchée rendue entière, la racine cherchée est $\dfrac{n}{100}$; son carré $\dfrac{n^2}{10\,000}$ est au plus égal à 728,35 ; donc n^2 est au plus égal à 728,35 $\times$ 10 000, ou à 7 283 500. On voit de même que $(n+1)^2$ est supérieur à 7 283 500. Donc n est la racine carrée à 1 près de ce nombre. Cette racine est 2698 ; la racine cherchée est 26,98.

Cette racine peut s'obtenir en extrayant d'abord la racine de la partie entière, puis en abaissant deux chiffres décimaux et en plaçant une virgule après la partie entière de la racine, et en continuant l'opération jusqu'à ce qu'on ait assez de chiffres décimaux à la racine.

728,35	26,98		
328	46	529	5388
52 35	6	9	8
4 7400	276	4761	43104
4296			

Règle. — *Pour extraire la racine carrée d'un nombre entier ou décimal à 0,1, 0,01… près, on fait comme s'il était entier, en prenant un nombre de chiffres décimaux double de celui qu'on veut avoir à la racine, et en plaçant une virgule à la racine quand on abaisse la première tranche de chiffres décimaux.*

Exercices.

445. — Extraire, à une unité près, les racines carrées des nombres suivants : 23 ; 32 ; 35 ; 50 ; 68 ; 71 ; 87 ; 92.

446. — 625 ; 759 ; 983 ; 1 247 ; 3 529 ; 6 741 ; 8 223.

447. — 57 284 ; 82 096 ; 128 164 ; 257 361 ; 548 250 ; 931 637.

448. — 5 562 074 ; 41 971 645 ; 187 859 632 ; 7 667 162 543 ; 8 465 134 251.

449. — Extraire, à un millième près, les racines carrées des nombres suivants :

132,5462936 ; 1,455 ; 648,2927 ; 43,27725 ; 3,14159265.

450. — 0,36592531 ; 0,0543 ; 0,0013 ; 0,000481 ; 0,11684.

451. — Calculer, avec 5 décimales :

$$\sqrt{2}\,;\quad \sqrt{3}\,;\quad \sqrt{5}\,;\quad \sqrt{11}\,;\quad \sqrt{15}.$$

452. — Extraire, à un dix-millième près, les racines carrées des fractions suivantes :

$$\frac{5}{8}\,;\quad \frac{4}{7}\,;\quad \frac{6}{11}\,;\quad \frac{4}{35}\,;\quad \frac{11}{64}.$$

453. — Trouver la racine carrée exacte, et si elle n'existe pas, la racine carrée à un centième près des nombres :

10 ; 100 ; 1 000 ; 10 000 ; 100 000 ; 1 000 000.

454. — Trouver la racine carrée exacte, et, si elle n'existe pas, la racine carrée à un dix-millième près, des nombres :

0,1 ; 0,01 ; 0,001 ; 0,0001 ; 0,00001 ; 0,000001.

455. — Effectuer les calculs suivants :

$$\sqrt{16 \times 9 \times 64}\,;\quad \sqrt{25 \times 144 \times 21}\,;\quad \sqrt{2^4 \times 5^6 \times 3^2}\,;\quad \sqrt{2^6 \times 3^5 \times 5^6}.$$

456. — Calculer avec 3 décimales :

$$\sqrt{2 + \sqrt{2}}\,,\quad \sqrt{2 - \sqrt{3}}.$$

457. — Extraction de la racine carrée. Raisonner sur le nombre 74 529.

458. — Extraire la racine carrée, à 0,001 près, par défaut du nombre 875 425.

459. — Sachant que la moyenne géométrique de deux nombres est la racine carrée de leur produit, trouver la moyenne géométrique des nombres 875 et 1 715.

460. — Combien y a-t-il de carrés parfaits depuis 20 163 jusqu'à 135 341 ?

461. — Calculer deux nombres sachant que l'un est le double de l'autre et que la somme de leurs carrés est 3 920.

462. — Le produit de deux nombres est 5 776, et l'un de ces nombres est quadruple de l'autre ; quels sont ces nombres ?

463. — On multiplie un nombre par son cinquième et l'on obtient 32 805. Quel est ce nombre ?

464. — On prend successivement les $\frac{4}{7}$ et les $\frac{2}{9}$ d'un nombre. On multiplie l'un par l'autre les deux nombres ainsi obtenus et l'on a pour produit 149,15. Quel est, à 0,001 près, le nombre qu'on a pris ?

465. — Quel nombre faut-il ajouter au carré de 23 pour obtenir le carré de 24 ?

466. — La différence entre les carrés de deux nombres entiers consécutifs est 127. Quels sont ces deux nombres ?

467. — Trouver deux nombres pairs consécutifs, sachant que la différence de leurs carrés est 692.

468. — La somme des carrés de deux nombres est 23 354 et la différence de leurs carrés 8 904 ; trouver ces deux nombres.

469. — La somme de deux nombres est 68 et la différence de leurs carrés 1 496. Quels sont ces deux nombres ?

470. — Trouver deux nombres entiers consécutifs sachant que leur produit égale 135 056.

471. — Trouver un nombre qui, augmenté de son carré, devient 2 862.

472. — Trouver un nombre tel que son carré le surpasse de 16 256.

473. — Un jardinier veut planter des arbustes en carré plein ; s'il met un certain nombre d'arbustes par rangée, il lui en reste 14 ; mais pour pouvoir en mettre un de plus par rangée, il lui en manque 9. De combien d'arbustes dispose-t-il ?

474. — Un colonel veut ranger son régiment en carré plein. S'il met un certain nombre d'hommes sur chaque côté du carré, il lui reste 31 hommes ; s'il place un homme de plus sur chaque côté du carré, il lui manque 54 hommes. De combien d'hommes se compose le régiment ?

(On trouvera d'autres exercices à la fin du chapitre III du livre III.)

LIVRE III
Système métrique

CHAPITRE PREMIER
NOTIONS DE GÉOMÉTRIE

149. Définitions. — On appelle *volume* une portion de l'espace ; *surface*, ce qui sépare un volume du reste de l'espace ; *ligne*, l'intersection de deux surfaces ; *point*, l'intersection de deux lignes.

150. Lignes. — On distingue plusieurs espèces de lignes : 1° la *ligne droite* (fig. 3), dont un fil tendu offre

Fig. 3.	Fig. 4.	Fig. 5.
Ligne droite.	Ligne brisée.	Ligne courbe.

l'image ; 2° la *ligne brisée* (fig. 4), qui est formée de lignes droites ; 3° la *ligne courbe* (fig. 5), qui n'est ni droite ni brisée.

151. Plan. — Un *plan* est une surface telle que toute droite s'y trouve entièrement contenue dès qu'elle y a deux points. La surface d'une table, celle d'une glace, donnent l'image du plan.

Nous ne considérons d'abord que des figures tracées sur un plan, ou des *figures planes*.

152. Circonférence. — La ligne courbe la plus simple est la *circonférence* (fig. 6) ; c'est une ligne plane fermée dont tous les points sont à égale distance d'un point, situé dans son plan, appelé *centre*.

Toute droite OA qui joint le centre à un point de la circonférence est un *rayon*. Toute droite AB passant par le centre et limitée à la circonférence est un *diamètre* (fig. 6).

On appelle *arc* une portion de la circonférence. La circonférence se divise en 360 *degrés* ; le degré se divise en 60 *minutes*, et la minute en 60 *secondes*. On évalue les arcs en degrés, minutes et secondes.

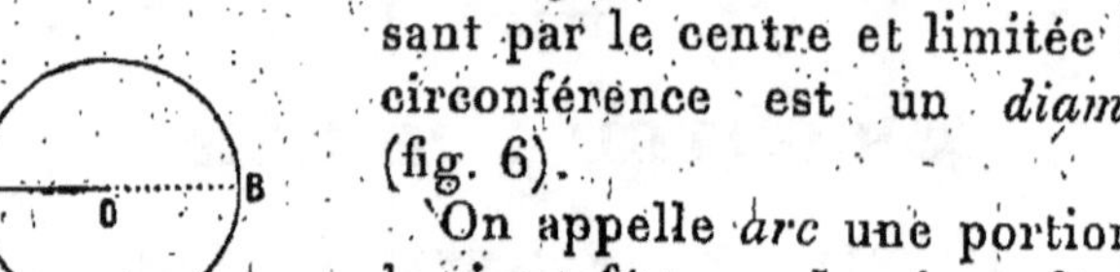

FIG. 6. — Circonférence.

On appelle *cercle* l'aire limitée par la circonférence. On dit souvent, à tort, cercle au lieu de circonférence.

153. Angles. — Un *angle* (fig. 7) est la figure formée par deux droites qui partent d'un même point, appelé *sommet*; les deux droites sont les *côtés*. On désigne l'angle que forment les droites OA, OB par AOB.

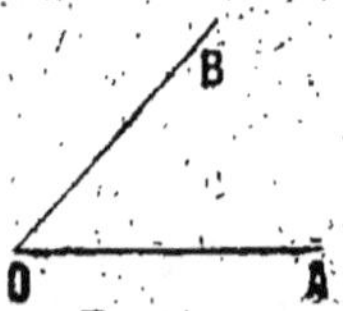

Lorsqu'une droite OC fait des angles égaux avec une droite AB, on dit qu'elle est *perpendiculaire* à cette droite. Si une droite OD fait des angles inégaux avec la droite AB, on dit qu'elle est *oblique* à cette droite (fig. 8).

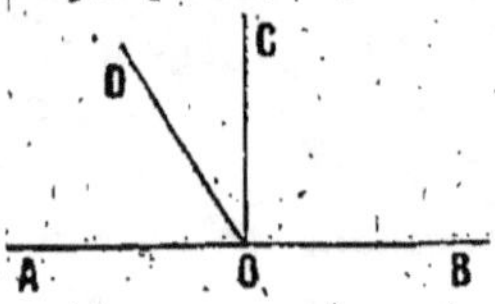

FIG. 7.

Un angle AOC est *droit* lorsque ses deux côtés sont perpendiculaires. On démontre que *tous les angles droits sont égaux*, c'est-à-dire peuvent coïncider.

FIG. 8.

On dit qu'un angle est *aigu* ou *obtus*, suivant qu'il est plus petit ou plus grand qu'un angle droit ; ainsi, l'angle AOD est aigu, tandis que l'angle BOD est obtus.

On divise l'angle droit en 90 *degrés* ; le degré en 60 *minutes*, et la minute en 60 *secondes*.

154. Polygones. — On appelle *polygone* une figure formée par une ligne brisée fermée (fig. 9). Les droites

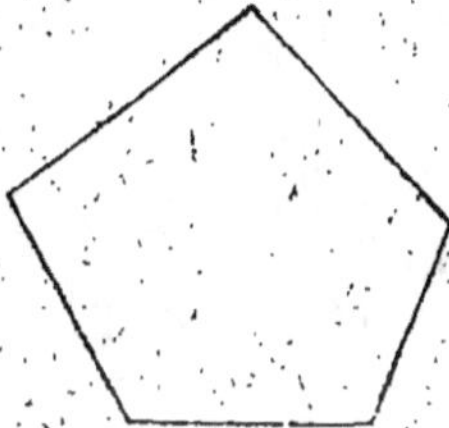

FIG. 9. — Polygone.

FIG. 10. — Triangle.

qui forment le polygone sont les *côtés* ; les extrémités des côtés sont les *sommets* du polygone.

FIG. 11. — Triangle isocèle.

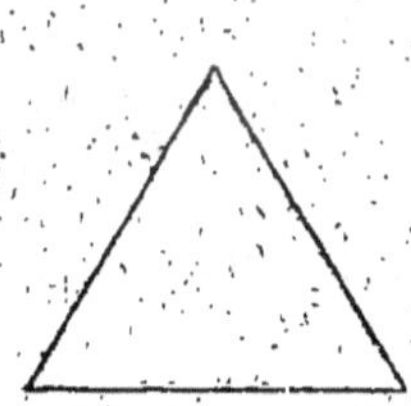

FIG. 12. — Triangle équilatéral.

FIG. 13. — Triangle rectangle.

On appelle *triangle* (fig. 10) un polygone de trois côtés.

Un triangle est *isocèle* (fig. 11), s'il a deux côtés égaux ; *équilatéral* (fig. 12), s'il a ses trois côtés égaux ; *rectangle* (fig. 13), s'il a un angle droit.

155. Droites parallèles. — On dit que deux droites d'un

plan sont *parallèles* (fig. 14) lorsqu'elles ne se rencontrent pas, à quelque distance qu'on les prolonge.

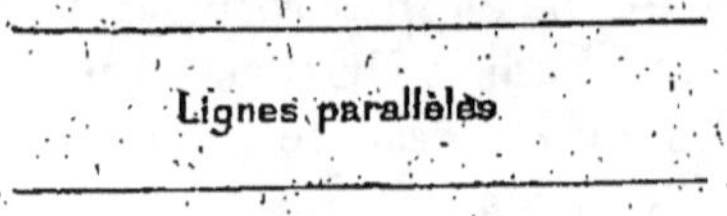

Lignes parallèles.

FIG. 14.

Deux parallèles sont partout également distantes.

La *distance* d'un point à une droite est la longueur de la perpendiculaire abaissée de ce point sur la droite.

156. Quadrilatères. — On appelle *quadrilatère* (fig. 15) un polygone de quatre côtés.

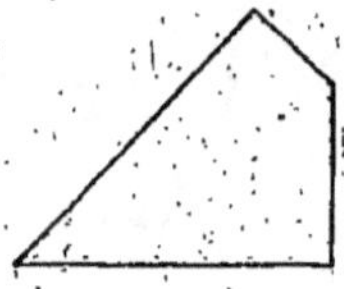

On appelle *trapèze* (fig. 16) un quadrilatère qui a deux côtés opposés parallèles ; ces côtés sont les *bases*, et la distance des bases s'appelle la *hauteur* du trapèze.

FIG. 15. — Quadrilatère.

On appelle *parallélogramme* (fig. 17)

FIG. 16. — Trapèze.

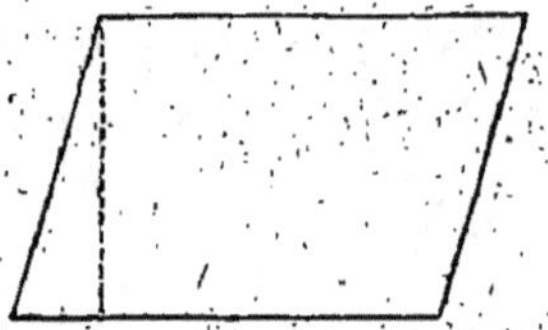

FIG. 17. — Parallélogramme.

un quadrilatère dans lequel les côtés opposés sont parallèles.

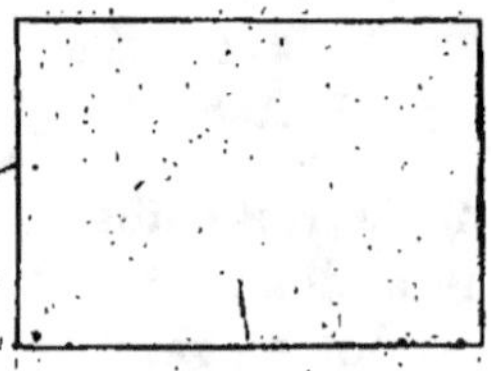

FIG. 18. — Rectangle.    FIG. 19. — Losange. 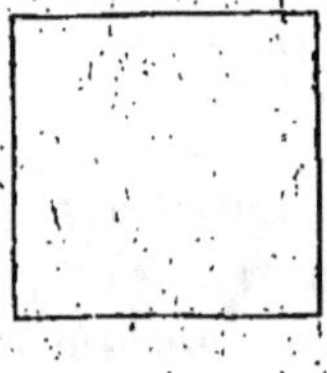   FIG. 20. — Carré.

On appelle *rectangle* (fig. 18) un quadrilatère dont

les quatre angles sont droits ; c'est un parallélogramme
qui a ses angles droits.

On appelle *losange* (fig. 19) un quadrilatère qui a ses
côtés égaux ; c'est un parallélogramme dont les côtés
sont égaux.

On appelle *carré* (fig. 20) un quadrilatère qui a ses
côtés égaux et ses angles droits.

157. Figures de l'espace. — Une droite est *perpendiculaire* à un plan quand elle est perpendiculaire à
toutes les droites du plan.

La *distance* d'un point à un plan est la longueur de
la perpendiculaire abaissée du point sur le plan.

Deux plans sont *parallèles* quand ils ne peuvent se
rencontrer. *Deux plans parallèles sont partout également distants.*

Ainsi, les faces opposées d'une planche sont des plans
parallèles.

158. Polyèdres. — On appelle *polyèdre* un corps
limité par des polygones. Ces polygones se nomment
les *faces ;* leurs côtés sont les *arêtes,*
et leurs sommets sont les *sommets*
du polyèdre.

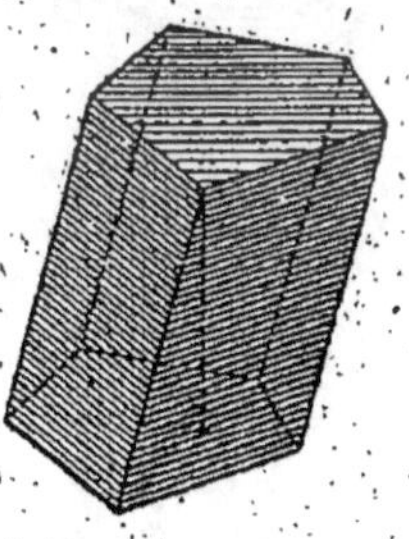

159. Prisme. — On appelle *prisme*
(fig. 21) un polyèdre dont deux faces
opposées sont des polygones égaux,
qui ont les côtés égaux respectivement parallèles et dont les autres
faces, ou *faces latérales,* sont des

FIG. 21. — Prisme.

parallélogrammes. Les polygones égaux sont les *bases ;*
la distance des bases est la *hauteur.*

160. Parallélépipède. — On appelle *parallélépipède*
un prisme dont les bases sont des parallélogrammes.

Un parallélépipède est *rectangle* (fig. 22) lorsque ses six faces sont des rectangles.

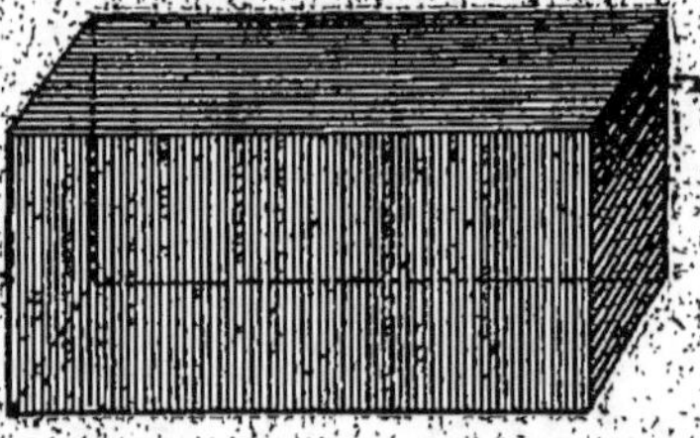

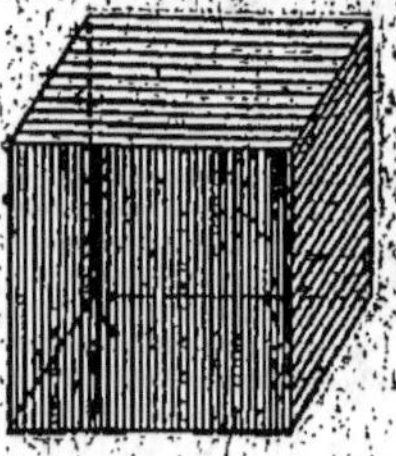

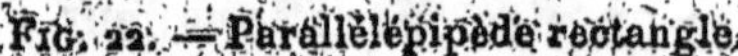

Fig. 22. — Parallélépipède rectangle.   Fig. 23. — Cube.

On appelle *cube* (fig. 23) un parallélépipède dont les six faces sont des carrés.

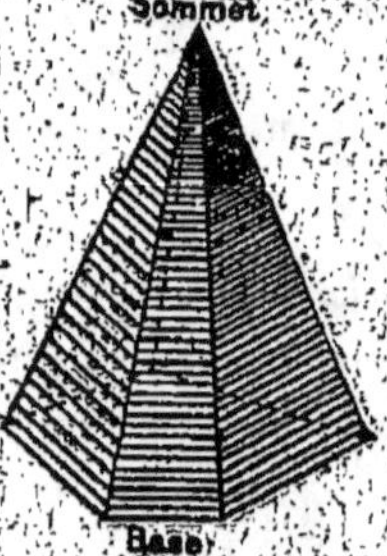

Fig. 24. — Pyramide.

161. Pyramide. — On appelle *pyramide* (fig. 24) un polyèdre dont l'une des faces, qu'on nomme *base*, est un polygone, et dont les autres faces, qu'on nomme *faces latérales*, sont des triangles ayant un sommet commun. Ce point s'appelle le *sommet* de la pyramide ; la distance du sommet au plan de la base est la *hauteur*.

Le solide obtenu en coupant une pyramide par un plan parallèle à la base et en détachant la petite pyramide est un *tronc de pyramide*.

162. Cylindre. — On appelle *cylindre droit* (fig. 25) un solide analogue au prisme, dont les bases sont des cercles égaux, ayant leurs centres sur une même perpendiculaire à leurs plans.

Fig. 25. — Cylindre.

163. Cône. — On appelle *cône droit* (fig. 26) un solide analogue à la pyramide, dont la base est un cercle ayant son centre sur la perpendiculaire menée par le sommet à la base. Cette perpendiculaire est la *hauteur* du cône.

Si l'on coupe un cône par un plan parallèle à la base, le solide compris entre la section et la base est un *tronc de cône*.

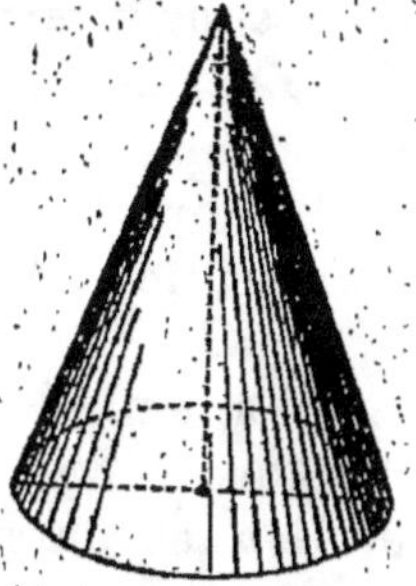

Fig. 26. — Cône.

164. Sphère. — On appelle *sphère* (fig. 27) un corps rond limité par une surface dont tous les points sont à la même distance d'un point appelé *centre*. La distance du centre à la surface est le *rayon* de la sphère.

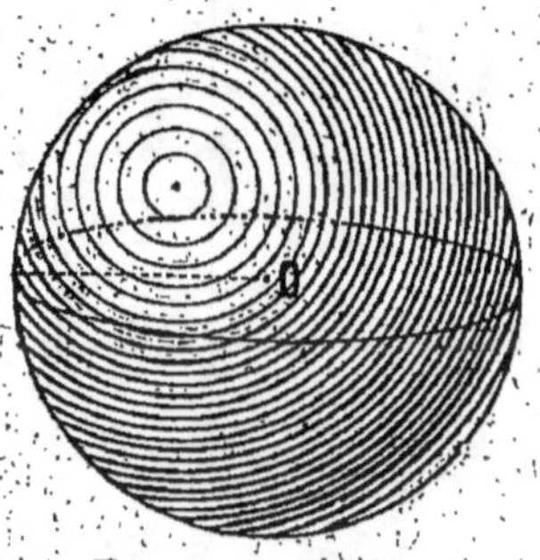

Fig. 27. — Sphère.

165 Terre. — La *terre* a à peu près la forme d'une sphère. Les plus hautes montagnes et les plus grandes profondeurs des mers sont comparables aux granulations d'une orange. La terre tourne autour d'un axe PP' (fig. 28) appelé *ligne des pôles*. Les points où cet axe coupe la surface de la terre sont l'un le *pôle nord* et l'autre le *pôle sud*.

On appelle *méridien* tout cercle PMP' d'intersection de la terre et d'un plan passant par les pôles.

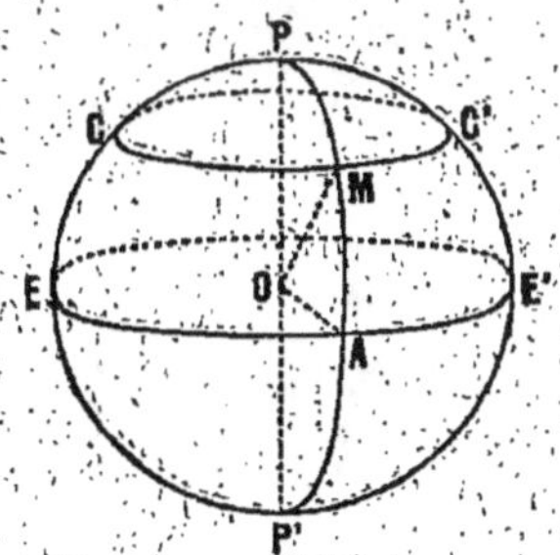

Fig. 28.

On appelle *parallèle* le cercle d'intersection CMC′ de la sphère terrestre et d'un plan perpendiculaire à la ligne des pôles. On appelle *équateur* le parallèle EAE′ qui a son centre au centre de la terre.

On appelle *latitude* d'un lieu M la mesure de l'arc de méridien AM de ce lieu compris entre l'équateur et le lieu M.

On appelle *longitude* d'un lieu M la mesure du plus petit arc d'équateur EA compris entre le méridien PMP′ du lieu et un méridien PEP′ pris pour origine. En France, le méridien origine adopté est celui qui passe par l'Observatoire de Paris.

CHAPITRE II

SYSTÈME MÉTRIQUE

§ 1. — *Généralités.*

166. Notions historiques. — Les mesures employées en France avant la Révolution de 1789 variaient d'une province à l'autre, et les différentes unités n'avaient pas entre elles des rapports simples.

Pour obvier à ces inconvénients, l'Assemblée constituante décréta, le 9 mai 1790, la création d'un système de mesures qui fût *stable, uniforme, simple* et *universel*, c'est-à-dire susceptible d'être adopté par toutes les nations.

Une commission nommée par l'Académie des sciences, et comprenant Borda, Lagrange, Laplace, Monge et Condorcet, décida de rattacher l'unité fondamentale aux dimensions de la terre, afin d'assurer la *fixité* du système et de permettre son adoption par tous les pays. Elle décida que le système serait *décimal*, afin que les calculs fussent plus simples.

Elle choisit pour unité fondamentale l'unité de longueur, qui devait être une fraction du méridien terrestre. Pour calculer la longueur du méridien, on se servit des mesures faites en 1737 au Pérou, par Bouguer, La Condamine et Godin, et, en 1739, en Laponie, par Maupertuis et Clairaut. Dès 1792, Delambre et Méchain furent chargés de vérifier ces mesures et d'en faire de nouvelles. Ils mesurèrent l'arc de méridien compris entre Dunkerque et Barcelone, de 1792 à 1799. Ils trouvèrent pour le quart du méridien terrestre une longueur de 5 130 740 toises, la toise ayant la longueur d'une tige de fer à 16° 1/4 déposée aux Archives.

Le 18 germinal an III (7 avril 1795), la Convention décréta que la dix-millionième partie du quart du méridien terrestre serait adoptée comme unité de longueur, sous le nom de *mètre*, et elle fixa un mètre provisoire, d'après les mesures déjà faites. Deux étalons en platine ayant la longueur du mètre définitif furent déposés aux Archives nationales, le 4 messidor an VII (22 juin 1799).

On fit dériver toutes les autres unités du mètre, et l'ensemble du système fut adopté le 2 novembre 1801.

Les anciennes mesures furent rendues facultatives, avec quelques modifications, par décret du 8 février 1812. La loi du 4 juillet 1837 a proscrit ces anciennes mesures, à partir du 1er janvier 1840, sous les peines portées au Code pénal (art. 470).

Le système métrique est maintenant obligatoire dans 25 pays : Allemagne, Autriche, Belgique, Brésil, Bulgarie, Chili, Colombie, Danemark, Équateur, Espagne, France, Grèce, Hongrie, Italie, Mexique, Norvège, Pays-Bas, Pérou, Portugal, République Argentine, Roumanie, Serbie, Suède, Suisse et Venezuela. Il est facultatif dans les pays suivants : Egypte, Etats-Unis d'Amérique, Grande-Bretagne et ses colonies (Canada, Australie, Nouvelle-Zélande...), Japon, Russie et Turquie.

Un congrès scientifique tenu à Paris en 1881 a fait dériver les unités mécaniques et physiques des unités fondamentales du système métrique.

Enfin, la loi du 11 juillet 1903, complétée par le décret du 28 juillet 1903, a remplacé celles du 18 germinal an III et du 19 frimaire an VIII fixant les unités principales du système métrique.

Un *Bureau international* installé près de Paris, au *pavillon de Breteuil*, dans le parc de Saint-Cloud, est chargé de conserver les prototypes internationaux du mètre et du kilogramme, et de vérifier les nouveaux prototypes.

167. Remarque. — Le système adopté est dit *métrique*, parce qu'il a pour base le mètre ; *décimal*, parce que les unités secondaires sont de dix en dix fois plus grandes ou plus petites ; *légal*, parce qu'il est seul prescrit par la loi.

On a choisi le mètre égal à la dix-millionième partie du

quart du méridien terrestre, parce que cette longueur en est
la fraction décimale qui se rapproche le plus de la toise,
puisqu'elle en est à peu près la moitié. Si l'on avait pris la
dix-millionième partie du demi-méridien terrestre, le mètre
aurait été à peu près égal à une toise.

168. Unités. — On choisit une unité principale pour
chaque espèce de grandeur ; on prend le *mètre* pour
les longueurs, le *mètre carré* pour les surfaces, le
mètre cube pour les volumes, le *kilogramme* pour les
poids, le *litre* pour les capacités, le *franc* pour les
monnaies.

Les *unités secondaires*, appelées *multiples* et *sous-
multiples* de l'unité principale, sont 10, 100... fois
plus grandes ou plus petites que cette unité.

Les noms des multiples se forment en plaçant devant
le nom de l'unité principale les mots : *déca, hecto,
kilo, myria*, tirés du grec, et qui signifient : *dix, cent,
mille, dix mille.*

Les noms des sous-multiples se forment en plaçant
devant le nom de l'unité principale les mots : *déci,
centi, milli*, tirés du latin, et qui signifient : *dixième,
centième, millième.*

Ainsi, le *kilomètre* vaut mille mètres, le *décilitre*
vaut un dixième du litre.

169. Mesures réelles. — La loi autorise la fabrication du *double* et de la *moitié* de l'unité principale
et de chaque unité secondaire.

Les instruments de mesure doivent être présentés
chaque année au *vérificateur des poids et mesures* qui
appose un poinçon officiel.

§ 2. — *Mesures de longueur.*

170. Unité. — L'unité de longueur est le *mètre*, qui est la longueur, à la température de zéro, du prototype international (fig. 29) en platine iridié, déposé au pavillon de Breteuil, à Sèvres, près Paris.

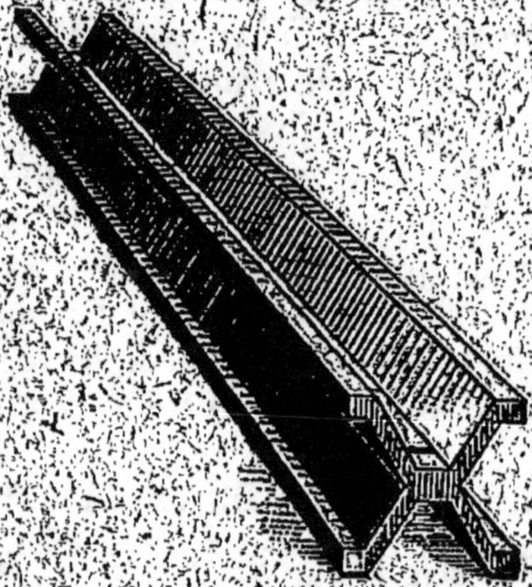

La copie n° 8 de ce prototype est l'étalon légal pour la France.

La longueur du mètre est *très approximativement* la dix-millionième partie du quart du méridien terrestre, longueur qui a été pendant longtemps prise pour définition du mètre.

Fig. 29. — Mètre international.

Les mesures d'arc de méridien faites à la fin du XVIIIe siècle ne pouvaient avoir la même précision qu'aujourd'hui; d'autre part, il y eut une légère erreur dans les calculs de Delambre et Méchain; aussi la longueur du mètre n'est pas exactement la dix-millionième partie du quart du méridien terrestre. D'après des mesures plus précises faites par Biot et Arago, puis par le général Perrier, la longueur du quart du méridien terrestre est d'environ 10002000 mètres. Le mètre légal serait donc trop court d'environ 2 dixièmes de millimètre.

174. Mesures légales. — Les mesures légales et leurs abréviations se trouvent dans le tableau suivant:

NOMS	VALEURS	ABRÉVIATIONS
Myriamètre	Dix mille mètres.	Mm.
Kilomètre	Mille mètres.	km.
Hectomètre	Cent —	hm.
Décamètre	Dix —	dam.
Mètre	Unité.	m.
Décimètre	Dixième de mètre.	dm.
Centimètre	Centième —	cm.
Millimètre	Millième —	mm.

On emploie quelquefois le mot *mégamètre* pour désigner un million de mètres, et le mot *micron*, qu'on représente par μ (mu), pour désigner la millionième partie du mètre.

172. Changement d'unités. — On passe facilement d'une unité à une autre en multipliant ou en divisant par 10, 100... ce qui revient à déplacer la virgule d'un certain nombre de rangs vers la droite ou vers la gauche.

Ainsi, une longueur de 3^{km},857 égale 385^{dam},7.

173. Mesures effectives. — Pour les mesures agraires et l'arpentage, on emploie comme unité le décamètre, qui est la longueur de la *chaîne d'arpenteur* (fig. 30). Cette chaîne est formée de 50 chaînons de 2 décimètres chacun, les deux chaînons extrêmes portant une poignée dont la longueur est comprise dans celle du chaînon. On emploie aussi des décamètres ayant la forme d'un ruban d'acier terminé par des poignées.

Fig. 30. — Chaîne d'arpenteur.

Pour mesurer les étoffes, on emploie des *doubles mètres* ou des *mètres*, qui sont des règles de bois. On se sert aussi de rubans de toile cirée ou de toile (fig. 31).

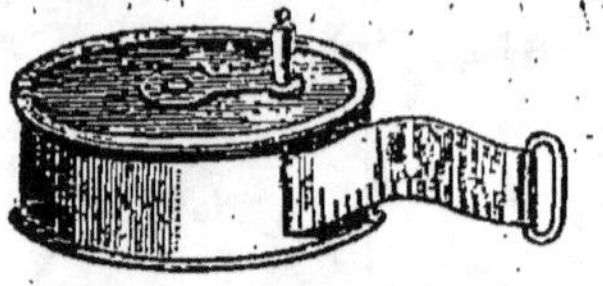

FIG. 31. — Mètre à ruban.

Les ouvriers en bâtiment se servent de la *roulette*, qui est un ruban de 10 mètres enroulé dans une boîte en cuir ou en cuivre, et du *mètre pliant* (fig. 32), qui est composé de dix réglettes en bois ou en cuivre de 1 décimètre de longueur, divisées

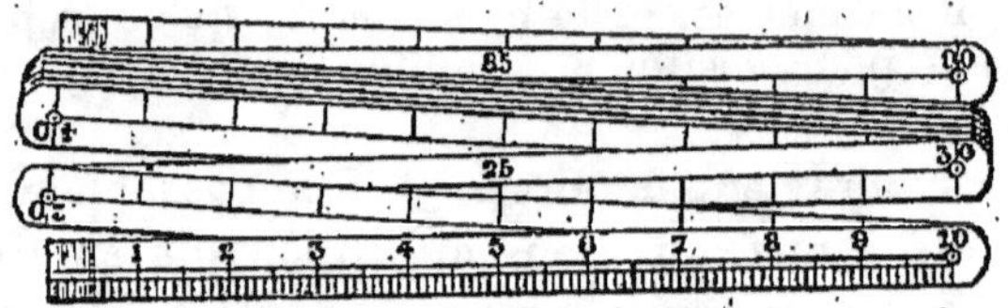

FIG. 32. — Mètre pliant.

chacune en 10 centimètres, et en 100 millimètres pour la première réglette.

Les dessinateurs emploient le *décimètre* et le *double décimètre*, qui sont des règles taillées en biseau, portant des divisions en millimètres et demi-millimètres ; ces règles sont en bois, en cuivre, en os ou en ivoire.

174. Mesures itinéraires. — Pour les mesures itinéraires, on emploie le *kilomètre*. Sur les routes, on place des bornes de kilomètre en kilomètre, et, entre deux bornes kilométriques, on place 9 bornes plus petites qui marquent les hectomètres.

On appelle quelquefois *lieue métrique* la distance de 4 kilomètres, qui diffère peu de l'ancienne lieue de poste, dont la valeur était de 3 898 mètres.

En géographie, on emploie la *lieue terrestre*, qui est le

25° d'un degré du méridien, ou le 25° de 111 111ᵐ,111, c'est-à-dire 4 444ᵐ,44.

175. Mesures marines. — En marine, on emploie des unités particulières : 1° la *lieue marine*, qui est le 20° d'un degré du méridien, ou 5 555ᵐ,55 ; 2° le *mille marin*, qui est la longueur d'un arc d'une minute, ou le tiers de la lieue marine ; sa valeur est de 1851ᵐ,8, ou 1852 mètres ; 3° le *nœud marin*, qui est le 120° du mille marin ou la longueur de l'arc d'une demi-seconde de méridien ; sa valeur est de 15ᵐ,43.

Pour évaluer la vitesse d'un navire, on se sert d'un instrument appelé *loch* (fig. 33).

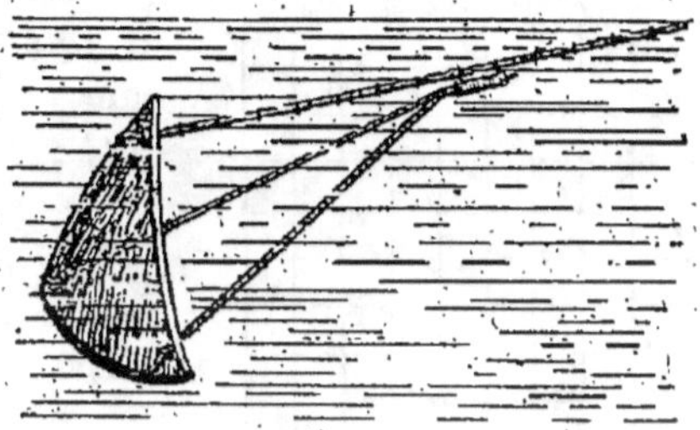

Fig. 33. — Loch.

Le loch se compose d'une pièce de bois, appelée *bateau*, ayant la forme d'un triangle sphérique équilatéral lesté à deux de ses sommets, et fixée à une corde qui s'enroule sur un tour placé à l'arrière du navire. Cette corde porte des nœuds colorés en rouge, qui sont distants de 14ᵐ,62, au lieu de 15ᵐ,43, parce que le loch ne reste pas fixe.

Le loch est lancé à la mer, et le nombre de nœuds qui passent dans la main pendant une demi-minute, ou le 120° d'une heure, est aussi le nombre de milles marins que parcourt le navire en une heure.

Ainsi, lorsqu'on dit qu'un navire file 21 nœuds, cela signifie que dans une demi-minute la corde du loch se déroule d'une longueur égale à 21 fois 14ᵐ,62, et l'on en conclut que dans une heure le navire parcourt 21 milles marins, ou 38ᵏᵐ,892.

§ 3. — *Mesures de surface.*

176. Unités. — L'unité principale des mesures de surface est le *mètre carré* (fig. 34), qui est un carré ayant un mètre de côté.

Cette unité se désigne par m^2 ; autrefois, on la désignait par *mq*.

Les unités secondaires sont des carrés ayant pour côtés les unités secondaires de longueur.

Les multiples sont le *décamètre carré*, qui est un carré ayant 1 décamètre de côté ; l'hectomètre carré, qui est un carré ayant 1 hectomètre de côté, etc.

Les sous-multiples sont le *décimètre carré*, qui est un carré ayant 1 décimètre de côté ; le *centimètre carré*...

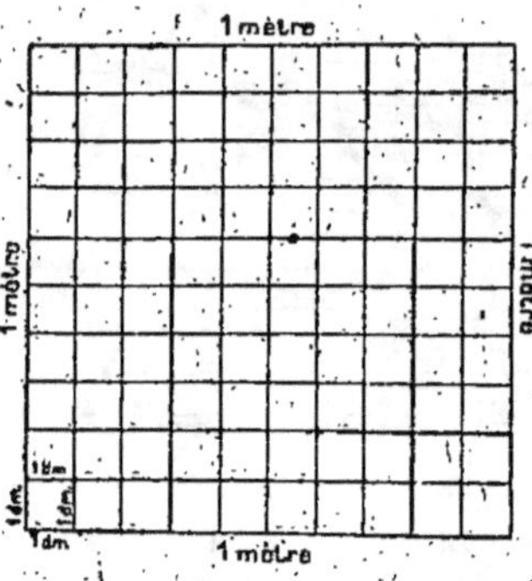

Fig. 34. — Mètre carré.

177. Changement d'unités. — Considérons un mètre carré ; divisons chaque côté en 10 décimètres, et, par les points de division, menons des parallèles aux côtés ; nous formons ainsi cent décimètres carrés, puisque nous avons dix tranches contenant chacune dix décimètres carrés (fig. 34).

Il en résulte que *les unités de surface sont de 100 en 100 fois plus grandes ou plus petites.*

Les multiples et sous-multiples ont donc les valeurs indiquées dans le tableau suivant :

Décamètre carré (dam²)	100 mètres carrés
Hectomètre carré (hm²)	10 000 —
Kilomètre carré (km²)	1 000 000 —
Myriamètre carré (Mm²)	100 000 000 —
Décimètre carré (dm²)	$\dfrac{1}{100}$ de mètre carré
Centimètre carré (cm²)	$\dfrac{1}{10\,000}$ —
Millimètre carré (mm²)	$\dfrac{1}{1\,000\,000}$ —

Pour faire un changement d'unités, il faut multiplier ou diviser par 100, 10 000,... ce qui revient à déplacer la virgule d'un nombre *pair* de rangs.

Ainsi, une surface de 7^{hm2},856 égale 78 560 mètres carrés.

On doit remarquer que pour lire un nombre représentant une surface, il faut toujours avoir un nombre pair de chiffres décimaux, en complétant au besoin par un zéro.

Ainsi, le nombre 314^{m2},857 s'énonce 314 mètres carrés 8570 centimètres carrés.

178. Mesures agraires. — Pour évaluer l'étendue d'un terrain ou la superficie d'un champ, on emploie une unité particulière appelée *are*, qui vaut 100 mètres carrés.

Les unités secondaires sont *l'hectare*, qui vaut 100 ares, ou 10 000 mètres carrés, et le *centiare*, qui vaut un centième d'are, ou un mètre carré.

On désigne l'hectare par *ha*, l'are par *a*, et le centiare par *ca* ou m^2.

On peut facilement convertir une mesure agraire en une mesure de surface; il suffit de remarquer que le centiare vaut 1 mètre carré, l'are un décamètre carré et l'hectare un hectomètre carré.

Ainsi, une superficie de 4^{ha},382 égale 43 820 mètres carrés.

§ 4. — *Mesures de volume.*

179. Unités. — L'unité principale des mesures de volume est le *mètre cube* (fig. 35), qui est un cube ayant un mètre de côté.

Cette unité se désigne par m^3; autrefois, on la désignait par *mc*.

Les unités secondaires sont des cubes dont les arêtes

ont pour longueurs les unités secondaires de longueur. Ainsi, le *décimètre cube* est un cube dont chaque arête vaut 1 décimètre.

180. Changement d'unités. — Nous allons montrer que *les unités de volume sont de 1 000 en 1 000 fois plus grandes ou plus petites.*

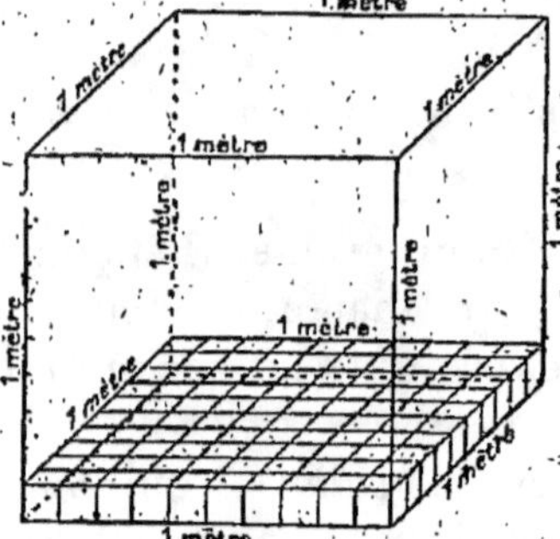

Fig. 35. — Mètre cube.

Pour cela, nous considérons, par exemple, un mètre cube ; la base contient 100 décimètres carrés, et le mètre cube contient 10 tranches de 100 décimètres cubes, ou 1000 décimètres cubes (fig. 35).

Le décimètre cube est donc le $\dfrac{1}{1\,000}$ du mètre cube ;

le centimètre cube est le $\dfrac{1}{1\,000\,000}$ du mètre cube ; le millimètre cube est le $\dfrac{1}{1\,000\,000\,000}$ du mètre cube.

Pour lire un nombre représentant un volume, il faut avoir soin de partager la partie décimale en tranches de trois chiffres, en complétant au besoin par un ou deux zéros.

Ainsi, le nombre $7^{m^3},21$ s'énonce 7 mètres cubes 210 décimètres cubes.

Pour écrire un nombre représentant un volume, il faut avoir soin d'écrire trois chiffres pour chaque unité secondaire.

Ainsi, le nombre 7 mètres cubes 21 décimètres cubes 8 centimètres cubes s'écrit $7^{m^3},021\,008$.

Pour faire un changement d'unités, il faut multiplier ou diviser par 1 000 ou une puissance de 1 000, ce qui revient à déplacer la virgule de 3, 6 ou 9 rangs.

181. Mesure des bois. — Pour mesurer les bois de chauffage, on prend pour unité le *stère* (fig. 36), qui vaut un mètre cube.

Le stère a un multiple : le *décastère*, qui vaut 10 stères, et un sous-multiple : le *décistère*, qui vaut $\frac{1}{10}$ de stère.

Fig. 36. — Stère.

On représente le décastère par *das*, le stère par *s* ou m^3, le décistère par *ds*.

Le stère (fig. 36) est constitué par deux châssis formés d'une poutre horizontale, appelée *sole*, et de deux *montants* verticaux soutenus par deux *contrefiches*, situés à 1 mètre de distance et ayant 1 mètre de longueur. Chaque châssis a donc une surface de 1 mètre carré, et si l'on met des bûches de 1 mètre de longueur, le volume du bois sera de 1 mètre cube.

Actuellement, on vend généralement le bois de chauffage au poids et non au stère.

§ 5. — *Mesures de poids.*

182. Unités. — L'unité de poids ou de *masse* est le *kilogramme*; c'est le poids ou la masse du prototype international en platine iridié, qui est déposé au pavillon de Breteuil, à Sèvres, près Paris.

La copie n° 35 de ce prototype, déposée aux Archives nationales, est l'étalon légal pour la France.

La masse du kilogramme est très approximativement celle de 1 décimètre cube d'eau à son maximum de densité, qui a d'abord servi à définir le kilogramme.

La *masse* d'un corps dépend de la quantité de matière qu'il contient ; son *poids* est l'action que la pesanteur exerce sur lui. En un même lieu, ces deux grandeurs sont proportionnelles l'une à l'autre ; aussi, dans le langage courant, le mot *poids* est-il employé dans le sens de *masse*.

183. Remarque. — Avant 1903, on prenait pour unité de poids le gramme, qui était le poids d'un centimètre cube d'eau distillée, à son maximum de densité, pesé dans le vide, à Paris et au niveau de la mer.

Il fallait prendre de l'eau distillée, parce que l'eau naturelle renferme des impuretés, qui modifient son poids. On a pris l'eau à son maximum de densité, qui a lieu vers 4°, car la densité varie avec la température. Il fallait faire la pesée à Paris et la ramener au niveau de la mer, parce que l'action de la pesanteur varie avec la latitude et avec l'altitude.

Enfin, les pesées devaient être ramenées à ce qu'elles auraient été dans le vide, car un corps pesé dans un gaz ou dans un liquide éprouve de la part du gaz ou du liquide une poussée de bas en haut égale au poids du gaz ou du liquide déplacé par le corps, d'après le principe d'Archimède.

184. Unités secondaires. — Les unités secondaires et leurs abréviations sont indiquées dans le tableau suivant :

NOMS	VALEURS	ABRÉVIATIONS
Tonne	Mille kilogrammes.	t.
Quintal métrique. .	Cent —	q.
Kilogramme. . . .	Unité.	kg.
Hectogramme . . .	Dixième de kilogramme.	hg.
Décagramme . . .	Centième —	dag.
Gramme	Millième —	g.
Décigramme. . . .	Dixième de gramme.	dg.
Centigramme . . .	Centième —	cg.
Milligramme . . .	Millième —	mg.

On emploie aussi pour les pesées d'une grande précision, le *microgramme*, qui est la millième partie du milligramme, et qu'on représente par δ (delta).

185. Poids effectifs. — On emploie trois sortes de poids :

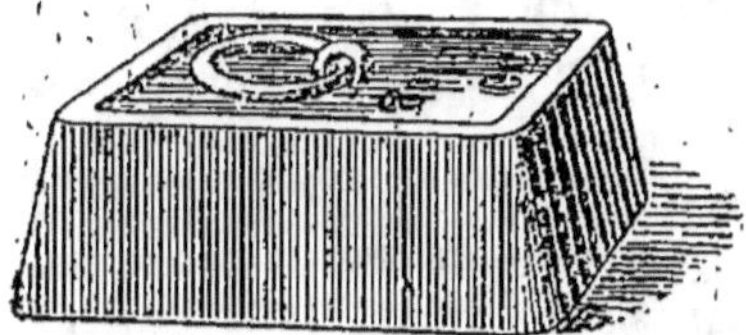

FIG. 37. — Poids lourd.

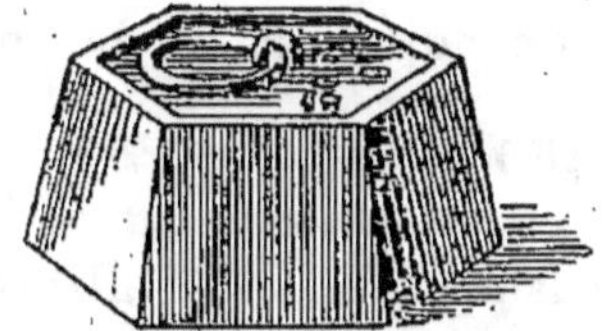

FIG. 38. — Poids moyen.

1º Les gros poids, en fonte, qui ont les valeurs suivantes :

demi-hectogramme.	demi-kilogramme.	5 kilogrammes.
hectogramme.	kilogramme.	10 —
2 hectogrammes.	2 kilogrammes.	20 —
		50 —

Les poids de 50 kilogrammes et de 20 kilogrammes ont à peu près la forme de troncs de pyramide à bases rectangulaires (fig. 37) ; les autres ont la forme de troncs de pyramide à bases hexagonales (fig. 38).

2º Les poids moyens, en laiton, qui sont ceux de :

1 g.	10 g.	100 g.	1 kg.	10 kg.
2 —	20 —	200 —	2 —	20 —
5 —	50 —	500 —	5 —	

FIG. 39. — Poids en laiton.

Ils ont la forme d'un cylindre surmonté d'un bouton (fig. 39).

3º Les poids légers, en laiton, en aluminium, en

nickel, en argent ou en platine, qui sont les suivants :

Fig. 40.
Poids léger.

1 mg.	1 cg.	1 dg.
2 —	2 —	2 —
5 —	5 —	5 —

Ils ont la forme de lames carrées à coins coupés, l'un des coins étant relevé, pour qu'on puisse saisir le poids avec une pince (fig. 40).

186. Pesées. — Pour faire une pesée, on se sert de *balances*. On place dans un plateau des poids marqués de façon à faire équilibre au corps placé dans l'autre plateau.

Dans les pesées de précision, on emploie la méthode de la *double pesée*, qui consiste à faire équilibre au corps placé dans un plateau au moyen d'une *tare* en grenaille de plomb, placée dans l'autre plateau, puis à rétablir l'équilibre en remplaçant le corps par des poids marqués.

Pour les pesées ordinaires, on se sert d'une boîte qui comprend les poids suivants :

1 poids de 1 gramme.	2 poids de 100 grammes.
2 — 2 grammes.	1 — 200 —
1 — 5 —	1 — 500 —
2 — 10 —	2 — 1 kilog.
1 — 20 —	1 — 2 —
1 — 50 —	1 — 5 —

§ 6. — *Mesures de capacité.*

187. Unités. — Pour mesurer le volume occupé par les liquides ou les grains, on prend pour unité le *litre*, qui est le volume occupé par un kilogramme d'eau à son maximum de densité et sous la pression atmosphérique normale.

Le volume d'un litre est *très approximativement* égal à un décimètre cube.

188. Unités secondaires. — Les unités secondaires
et leurs abréviations se trouvent dans le tableau suivant :

NOMS	VALEURS	ABRÉVIATIONS
Kilolitre	Mille litres.	kl.
Hectolitre	Cent —	hl.
Décalitre.	Dix —	dal.
Litre	Unité.	l.
Décilitre.	Dixième de litre.	dl.
Centilitre	Centième —	cl.
Millilitre	Millième —	ml.

On emploie aussi, dans les mesures de grande précision,
le *microlitre*, qui est le millième du millilitre, et qu'on désigne par λ (lambda).

189. Changement d'unités. — On passe facilement
d'une unité à une autre en suivant la loi décimale, et
l'on peut convertir en mètres cubes, en remplaçant
1 litre par 1 décimètre cube.

Ainsi, un volume de $8^l,53$ égale
$0^{m3},00853$, ou $8\,530$ centimètres
cubes.

190. Mesures effectives. — Pour
le commerce en gros des liquides,
on emploie cinq grandes mesures
en cuivre, tôle ou fonte, ayant la
forme de cylindres dont la hauteur
égale le diamètre. La série va de
l'hectolitre au demi-décalitre.

Fig. 41. — Mesure
en étain.

Pour le commerce au détail, les mesures effectives
des liquides sont des cylindres en étain, dont la hauteur CD est double du diamètre AB (fig. 41), et munis

d'une anse. Pour l'huile et le lait, les mesures sont des cylindres en fer-blanc, dont la hauteur égale le diamètre.

Ces mesures vont du centilitre au double litre, en comprenant les moitiés et les doubles des unités secondaires.

Pour les grains et les légumes, on emploie des vases cylindriques en chêne, avec garniture de fer ; ces cylindres ont une hauteur égale au diamètre (fig. 42).

Fig. 42. — Mesure en bois.

La série comprend 11 mesures allant du demi-décilitre à l'hectolitre, en passant par les doubles et les moitiés des unités secondaires.

191. Relation entre les poids et les volumes. — Le poids d'une certaine quantité d'eau et son volume se correspondent d'une manière simple.

Le gramme est le poids d'un centimètre cube d'eau ;

Le kilogramme est le poids d'un litre ou d'un décimètre cube d'eau ;

La tonne est le poids d'un mètre cube d'eau.

Le poids d'un corps, en kilogrammes, s'obtient en multipliant le nombre qui exprime son volume, en litres, par sa *densité* ou son *poids spécifique*, qui est la mesure en kilogrammes du poids du litre de ce corps.

EXEMPLE. — *Trouver le poids d'une pierre dont le volume est de $3^{m^3},4$, la densité étant* 2,5.

Le poids de cette pierre est, en tonnes, $3,4 \times 2,5 = 8^t,5$, ou 8500 kilogrammes.

§ 7. — *Monnaies.*

192. Unité. — On a pris pour unité de monnaie le *franc*, qui est la valeur d'une pièce pesant cinq grammes, formée d'un alliage d'argent et de cuivre au titre de 0,9. On écrit abréviativement *f*, pour franc.

Le titre d'un alliage est le quotient du nombre qui exprime le poids du métal fin par le nombre qui exprime le poids total de l'alliage. Le titre de la pièce d'argent de 1 franc est maintenant 0,835.

Le franc n'a pas de multiple ; il a deux sous-multiples qui sont : le *décime*, valant $0^f,1$, et le *centime*, valant $0^f,01$.

On énonce seulement les francs et les centimes. Ainsi, une somme de $4^f,7$ s'énonce 4 francs 70 centimes, ou simplement 4 francs 70.

193. Monnaie d'or. — Les monnaies d'or sont des alliages d'or et de cuivre, au titre de 0,900.

Il y a cinq pièces d'or, dont les valeurs sont :

5 f.,   10 f.,   20 f.,   50 f.,   100 f.

Les pièces de 5 francs, 50 francs et 100 francs sont rares. Il existe aussi des pièces de 40 francs ; mais on n'en frappe plus.

Le poids des pièces d'or est, à valeur égale, *quinze fois et demie moindre* que celui des pièces d'argent. Ainsi, le poids d'une pièce d'or de 100 francs est, en grammes, $\dfrac{5 \times 100}{15,5} = \dfrac{1\,000}{31}$, ou $32^g,258$.

194. Monnaie d'argent. — Il y a cinq pièces d'argent, dont les valeurs sont :

$0^f,20$, $0^f,50$,   1 f.,   2 f.,   5 f.

Les pièces de $0^f,20$ ont été retirées de la circulation.

Toutes les pièces d'argent étaient au titre de 0,900 ; mais pour éviter jadis la spéculation, on décida, en 1864 et 1866, de prendre 0,835 pour titre de ces pièces, à l'exception de la pièce de 5 francs.

Les pièces de $0^f,50$, 1 franc, 2 francs, forment la *monnaie divisionnaire*.

Les pièces d'argent de la Belgique, de la Suisse et de la Grèce ont cours en France, par suite d'une convention monétaire conclue en 1865. Il en était de même, avant 1893, pour l'Italie, dont les pièces d'argent de 5 francs sont seules admises depuis cette époque.

195. Monnaie de nickel. — Il y a une pièce en nickel pur, qui vaut $0^f,25$; elle a été créée en 1903 et modifiée en 1904 : elle pèse 7 grammes.

196. Monnaie de bronze. — Il y a quatre pièces de bronze, dont les valeurs sont :

$$0^f,10, \qquad 0^f,05, \qquad 0^f,02, \qquad 0^f,01.$$

Elles sont formées d'un alliage contenant 95 parties de cuivre, 4 d'étain et 1 de zinc.

A valeur égale, la monnaie de bronze pèse 20 fois plus que la monnaie d'argent. Comme le gramme d'argent vaut $0^f,20$, le gramme de bronze vaut 1 centime.

197. Valeur réelle des pièces de monnaies. — Les pièces d'or ont leur vraie valeur ; mais il n'en est pas de même des autres pièces.

Les pièces d'argent avaient autrefois la valeur marquée ; mais le prix de l'argent a diminué de plus de moitié. Ainsi, le kilogramme d'argent pur qui devrait valoir $222^f,22$ vaut environ 100 francs. Le pouvoir libératoire des pièces d'argent, autres que celles de 5 francs est fixé à 50 francs.

Les pièces de bronze, ou *billon*, n'ont pas la valeur marquée ; aussi, peut-on refuser en paiement une somme en billon supérieure à 5 francs.

La frappe des monnaies n'est pas libre ; elle se fait à Paris, à l'Hôtel des Monnaies, pour la France. Autrefois, elle se faisait aussi dans d'autres villes (Bordeaux, Marseille, Lyon...).

L'État et les particuliers acceptent certaines pièces d'or de Monaco, d'Autriche-Hongrie, de Russie et d'Espagne, ainsi que celles d'Italie, de Belgique, de Suisse et de Grèce.

La valeur du kilogramme d'or est de 3 100 francs ; celle du kilogramme d'argent est soumise à des fluctuations journalières qui, actuellement, s'écartent peu de 100 francs.

198. Tableau des monnaies. — La loi fixe le poids, le titre et le diamètre des pièces de monnaie. A cause des difficultés de fabrication, elle autorise un léger écart entre les données légales et le poids ou le titre réels ; c'est la *tolérance*. Ces nombres se trouvent dans le tableau suivant :

PIÈCES		TITRE	TOLÉRANCE	POIDS	TOLÉRANCE	DIAMÈTRE
				g.		mm.
Or	100	0,900	0,001	32,25806	0,001	35
	50			16,12903	0,001	28
	20			6,45161	0,002	24
	10			3,22580	0,002	19
	5			1,61290	0,003	17
Argent.	5	0,900	0,002	25	0,003	37
	2			10	0,005	27
	1	0,835	0,003	5	0,005	23
	0,50			2,5	0,007	18
	0,20			1	0,010	16
Nickel	0,25	1		7		24
	0,10					
Bronze	0,05	0,95 Cuiv.	0,01	10	0,010	30
	0,02	0,04 Étain		5	0,010	25
	0,01	0,01 Zinc	0,005	2	0,015	20
				1	0,015	15

199. Billets de banque. — Pour faciliter les paiements, la Banque de France est autorisée à mettre en circulation des billets, sur lesquels la valeur est inscrite.

Ces billets sont de 50, 100, 500 et 1 000 francs.

La Banque de France doit avoir en réserve une certaine quantité de monnaies ou de lingots d'or et d'argent en rapport avec le nombre des billets en circulation, dont le montant est de plus de 5 milliards de francs.

On peut toujours échanger, à la Banque, un billet contre de la monnaie d'or ou d'argent.

Exercices.

475. — Sur quelles bases repose le système métrique actuellement employé en France ? Quels avantages le système métrique présente-t-il sur l'ancien système de mesures ?

476. — Combien le kilomètre vaut-il de décamètres, de centimètres, de décimètres ?

477. — Quelle fraction de l'hectomètre égale un décimètre, un millimètre, un décamètre ?

478. — Écrire les nombres suivants en prenant le mètre pour unité, puis les additionner :

$$2^{km}8^{dam} \; ; \; 6^{hm}24^{m} \; ; \; 4\,317^{mm} \; ; \; 9^{dm} \; ; \; 4^{dam}25^{mm} \; ; \; 5^{m}14^{cm}.$$

479. — Écrire les nombres suivants en prenant le kilomètre pour unité, puis les additionner :

$$2\,847^{m},52 \; ; \; 425^{hm},6 \; ; \; 3^{Mm},458 \; ; \; 18^{dam},07 \; ; \; 9\,653^{dm} \; ; \; 764^{m}.$$

480. — Énumérer les mesures effectives de longueur ; sous quelles formes sont-elles employées ?

481. — Méchain et Delambre ont trouvé que la longueur du quart du méridien terrestre est de 5 130 740 toises. Exprimer la longueur d'une toise en prenant le mètre pour unité.

482. — En mesurant la longueur d'une route à l'aide d'une chaîne d'arpenteur trop longue de 4 centimètres, on a trouvé $43^{km},75$. Quelle est la vraie longueur de cette route ?

483. — Sur les deux côtés d'une route longue de $13^{km},6$ on veut planter des arbres distants de 8 mètres. Combien emploiera-t-on d'arbres si l'on en met un au commencement et un à la fin de chaque rangée ?

484. — En partant de la définition du mètre (il s'agit de l'ancienne définition), calculer la longueur du mille marin et celle de la lieue marine, sachant qu'il faut 3 milles marins pour faire une lieue marine, et qu'on compte 20 lieues marines par degré.

485. — Combien de kilomètres à l'heure fait un navire qui file 18 nœuds ? Comment détermine-t-on cette vitesse ?

486. — Combien l'hectomètre carré vaut-il de mètres carrés, de décamètres carrés, de centimètres carrés ?

Combien le kilomètre carré vaut-il d'ares, de centiares, d'hectares ?

487. — Quelle fraction du décamètre carré égale un décimètre carré, un centiare, un centimètre carré ?

Quelle fraction de l'hectomètre carré égale un are, un mètre carré, un centiare ?

488. — Combien un dixième de mètre carré vaut-il de décimètres carrés, de centimètres carrés ?

Combien un centième de mètre carré vaut-il de centimètres carrés ?

489. — Écrire les nombres suivants en prenant le mètre carré pour unité, puis les additionner :

$$3^{dam^2}4^{m^2}58^{dm^2} \; ; \; 25\,328^{dm^2} \; ; \; 34^{hm^2}48^{m^2} \; ; \; 4^{km^2}35^{dam^2} \; ; \; 48^{dm^2}29^{cm^2} \; ;$$
$$64^{dam^2}53^{dm^2}.$$

490. — Écrire les nombres suivants en prenant l'hectare pour unité, puis les additionner :

$$357^{hm^2},25 \; ; \; 148\,325^{dm^2} \; ; \; 43^{a},29 \; ; \; 4^{m^2},642 \; ; \; 0^{Mm^2},00387 \; ; \; 0^{km^2},4563.$$

491. — Paris occupe une superficie de 7 802 hectares. Exprimer cette superficie en mètres carrés, en kilomètres carrés. Sa population est de 2 714 068 habitants ; quel est le nombre moyen d'habitants par hectomètre carré ?

492. — Un terrain de $5^{ha}45^{ca}$ estimé $0^f,85$ le mètre carré a été échangé contre un terrain de $452^a,53$. Combien vaut l'are de ce dernier terrain ?

493. — Un terrain vaut $2^f,90$ le mètre carré. Combien paiera-t-on une parcelle de $1^{ha}49^a25^{ca}$.

Quel est le rapport de l'are et celui de l'hectare au kilomètre carré ?

494. — Combien le mètre cube vaut-il de centimètres cubes, de millimètres cubes ?

Combien le décimètre cube vaut-il de millimètres cubes ?

495. — Combien un dixième de mètre cube vaut-il de décimètres cubes ? Combien un centième de mètre cube vaut-il de centimètres cubes ? Combien un millième de mètre cube vaut-il de millimètres cubes ?

496. — Combien le décastère vaut-il de décistères, de décimètres cubes, de dixièmes de mètre cube ?

Quelle fraction du stère représentent 25 centimètres cubes ?

497. — Écrire les nombres suivants en prenant le mètre cube pour unité, puis les additionner :

$$1\,345^{cm^3}\;;\; 42^{dm^3}\;;\; 3^{das}8^{s}\;;\; 38\,518^{mm^3}\;;\; 5^{s}8^{ds}\;;\; 48^{ds}.$$

498. — Faire les soustractions suivantes, et exprimer les résultats en décimètres cubes :

$$9^{s},48 - 3^{ds},3\;;\; 3^{das},67 - 12^{s},4.$$

499. — Un marchand a acheté 126 décastères de bois, pour la somme de 10 710 francs. Il les a revendus à raison de $9^{f},25$ le mètre cube. Quel est son bénéfice ?

500. — Un stère de bois coûte $12^{f},25$; mais l'espace vide entre les bûches est de 240 décimètres cubes. Quel est le prix de 100 kilogrammes de ce bois si le décimètre cube pèse $0^{kg},85$?

501. — Combien le kilogramme vaut-il de décagrammes, de centigrammes, de milligrammes ?

502. — Quelle fraction de l'hectogramme égale un décigramme, un milligramme ?

503. — Écrire les nombres suivants, en prenant le kilogramme pour unité, puis les additionner :

$$328^{hg},5\;;\; 8^{Mg}45^{s}\;;\; 128^{dag}\;;\; 1\,465^{dg}\;;\; 4\,834^{cg}\;;\; 3^{ks}49^{s}.$$

504. — Écrire les nombres suivants en prenant le gramme pour unité, puis les additionner :

$$38^{dag},4\;;\; 5\,148^{dg}\;;\; 2^{ks}58^{s}\;;\; 0^{Mg},127\;;\; 12\,427^{cg}\;;\; 282^{hg}.$$

505. — Énumérer les différentes séries de mesures effectives de poids, en indiquant leur forme, la matière dont elles sont formées et leurs usages respectifs.

506. — Quels poids doit-on mettre dans le plateau d'une balance ordinaire pour faire les pesées suivantes :

$$45^{g}\;;\; 64^{g}\;;\; 132^{g}\;;\; 389^{g}\;;\; 2^{hg},4\;;\; 4^{ks},7.$$

507. — Combien pèsent les volumes suivants d'eau pure : $3^{m^3},45$; 18^{dm^3} ; 435^{cm^3} ? — Quel volume d'eau pure faut-il pour peser 4 tonnes ; 5 quintaux ; 34^{ks} ; $8^{Mg},5$; 487^{g} ; 382^{mg} ?

508. — Combien paiera-t-on pour transporter 128 438 kilogrammes de houille à une distance de $78^{km},4$, si l'on paie $0^{f},30$ par tonne et par myriamètre ?

509. — Un vase plein de lait pèse $6^{kg},86$; vide il pèse $1^{kg},24$. Quelle est la capacité de ce vase ? La densité du lait est $1,03$.

510. — La densité du fer étant $7,78$, calculer le poids d'une barre de fer dont le volume est $25^{dm^3},4$.

511. — Un bloc de glace qui pèse 2 quintaux $\dfrac{1}{3}$ a un volume de $253^{dm^3},6$. Quelle est la densité de la glace ?

512. — Un bloc de marbre pesant $72^{kg},278$, plongé dans un vase complètement rempli d'eau, fait écouler $25^{dm^3},45$ de liquide. Quelle est la densité de ce marbre ?

513. — Combien l'hectolitre vaut-il de décilitres, de doubles décalitres, de demi-litres, de centilitres ?

514. — Comparer le décilitre et le décimètre cube, le centilitre et le centimètre cube, le millilitre et le millimètre cube.

515. — Quel est le poids de l'eau pure qui remplit un vase dont la capacité est :

$$3^l,8 \; ; \; 2^{dal},4 \; ; \; 128^{cl} \; ; \; 3^{hl} \; ; \; 12^{hl},08 \; ; \; 32^{dl} ?$$

516. — Écrire les nombres suivants en prenant le litre pour unité, puis les additionner :

$$4{,}8^{dal} \; ; \; 232^{cl} \; ; \; 28^{doubles\ dal} \; ; \; 435^{cm^3} \; ; \; 18^{hl},53 \; ; \; 3^{m^3},48.$$

517. — Énumérer les différentes mesures effectives de capacité en indiquant leur forme, la matière dont elles sont formées et leurs usages respectifs.

518. — Établir les relations qui existent entre les mesures de volume, de capacité et de poids en prenant l'eau pure comme terme de comparaison.

519. — Un vigneron fournit à un cultivateur 3 pièces de vin de 228 litres à 32 francs l'hectolitre et accepte, en échange, du blé à $15^f,20$ l'hectolitre. Combien en reçoit-il de doubles décalitres ?

520. — Un cultivateur vend 15 hectolitres de blé à raison de $3^l,75$ le double décalitre, et achète, avec le produit de cette vente, un jardin de $2^a,5$. A combien revient le mètre carré de ce jardin ?

521. — Quelle est la somme en monnaie d'argent qui pèse autant que 4 030 francs en monnaie d'or ?

522. — Quel est le poids total d'une somme composée de 1 085 francs en or, $256^f,50$ en argent, et $3^f,75$ en monnaie de bronze ?

523. — Quelle est, en monnaie de nickel, la somme qui, mise dans le plateau d'une balance, fait équilibre à un poids de $1^{kg},652$?

524. — On met $3^{kg},725$ dans l'un des plateaux d'une balance. Quelle somme faudrait-il mettre dans l'autre plateau pour rétablir l'équilibre : 1° en monnaie d'argent ; 2° en monnaie de bronze ?

525. — Quelle somme en or monnayé faudrait-il placer sur l'un des plateaux d'une balance pour faire équilibre à un corps de densité égale à 8,8 et d'un volume de 62$^{cm^3}$,5 ?

526. — Quelle est la quantité de cuivre qui entre dans la composition d'une somme de 5 270 francs : 1° en monnaie d'or ; 2° en pièces d'argent de 5 francs ; 3° en pièces d'argent de 2 francs ?

527. — Quelles sont les quantités de cuivre, d'étain et de zinc, qui entrent dans la composition d'une somme de 43^f,75 en monnaie de bronze ?

528. — Combien pourrait-on faire de pièces de 50 centimes avec l'argent pur contenu dans 120 pièces de 5 francs ? Quelle quantité de cuivre faudrait-il lui ajouter ?

529. — Trouver la densité de l'alliage qui sert à faire les pièces d'or, sachant que la densité de l'or est 19,36 et celle du cuivre 8,85.

Problèmes sur le système métrique.

530. — De Paris à Rouen, il y a, par chemin de fer, une distance de 137 kilomètres. Les prix des places sont respectivement de 15^f,35 en 1re classe, de 11^f,50 en 2e classe et de 8^f,45 en 3e classe. On demande le tarif par myriamètre pour chacune des trois classes.

531. — On a acheté une pièce de drap de 45^m,20 pour 576^f,30 ; mais plus tard on s'aperçoit qu'il manque 14 décimètres. Combien a-t-on payé en trop et combien doit-on revendre le mètre d'étoffe si l'on veut gagner 102^f,60 ?

532. — La petite roue d'un vélocipède a fait 3 800 tours de plus que la grande. Quel est le chemin parcouru, sachant que les circonférences de ces roues ont des longueurs de 0^m,945 et 4^m,536 ?

533. — Une propriété se compose d'un champ estimé 20 francs l'are, d'une vigne estimée 2 500 francs l'hectare, et d'une maison. La valeur de la vigne est double de celle du champ et la valeur de la maison est supérieure de 3 600 francs à celle de la vigne. On sait d'ailleurs que la valeur totale de cette propriété est de 24 900 francs. Quelle est la contenance du champ, et quelle est celle de la vigne ? (Vérification.)

534. — Un cultivateur dispose d'une somme de 8 250 francs. Avec cette somme il achète à son voisin 72^a,48 de terrain à 96^f,75 l'are ; il voudrait encore acheter une autre pièce de 35^a,80, mais il lui manquerait 434^f,30. Combien coûte un are du second terrain ?

535. — Un propriétaire achète un terrain à raison de 5 000 francs l'hectare. Après l'avoir mesuré, il s'aperçoit qu'il contient 8 décamètres carrés de moins qu'il n'en a payé, mais il ne fait aucune réclamation, parce qu'il peut le vendre à raison de 60 francs l'are (superficie réelle). En faisant cette vente, il gagne 12 p. 100 sur le prix d'achat. On demande la véritable contenance de ce terrain.

536. — Un homme de peine peut traîner dans sa voiture à bras 6 petits tonneaux pleins de vin. Le poids d'un tonneau plein est de 60 kilogrammes; le fût vide pèse 12 kilogrammes. Combien pourrait-il en mettre dans sa voiture, sans augmenter la charge, si chaque tonneau n'était plein qu'à moitié?

537. — Le chargement de la houille en chemin de fer coûte 1f,45 par tonne, et le transport 0f,03 par tonne et par kilomètre. Combien aura-t-on à payer pour le chargement de 256 348 kilogrammes de houille et leur transport à une distance de 277km,356?

538. — Deux villes A et B sont reliées par un chemin de fer de 472 kilomètres. Le quintal de farine coûte 32 francs en A et 39f,90 en B. On demande à quel point de la route il est indifférent de faire venir la farine de A ou de B, en admettant que le transport revienne à 0f,60 par tonne et par kilomètre.

539. — Une machine à vapeur consommait 900 quintaux de charbon en 150 jours à raison de 10 heures de travail par jour. Des améliorations ont réduit cette consommation à 378 kilogrammes en 7 heures. Si le charbon coûte 35 francs la tonne, quelle sera l'économie réalisée dans une année comportant 309 journées de travail de 8 heures chacune?

540. — La farine de froment absorbe 57 p. 100 d'eau pendant le pétrissage, et, pendant la cuisson, une partie de cette eau s'évapore, de telle sorte que 117 kilogrammes de pâte fournissent 100 kilogrammes de pain. D'après cela, combien pourra-t-on nourrir de marins pendant un jour avec 1 000 kilogrammes de farine blanche, la ration de chaque marin pesant 75 décagrammes?

541. — Un cultivateur va au marché avec une certaine somme. Il en dépense d'abord la moitié, puis il vend au comptant 20 doubles décalitres de blé à 3f,50 le double décalitre. Pour payer un dernier achat, il doit débourser les $\frac{2}{5}$ de la somme qu'il possédait après la vente de son blé. Il rentre chez lui avec 102 francs. Combien avait-il en partant? (Vérification.)

542. — Un marchand achète un tonneau d'huile d'olive de 240 litres à raison de 1f,75 le kilogramme. Il revend cette huile 1f,80 le litre. Combien gagne-t-il sur le tout, sachant qu'il y a eu 6 litres de perte et que le décilitre de cette huile pèse 91g,5?

543. — Le rendement par 100 kilogrammes de houille distillée dans des cornues à gaz est en moyenne de 30 mètres cubes de gaz, 72 kilogrammes de coke, 5 kilogrammes de goudron. Combien retirera-t-on de mètres cubes de gaz, d'hectolitres de coke, de quintaux de goudron, de la distillation de 125 tonnes de houille ? La densité du coke est de 1,15.

544. — Un soldat consomme 750 grammes de pain par jour ; en admettant 75 kilogrammes pour le poids de l'hectolitre de blé, un rendement de 72 p. 100 en farine et enfin un rendement de 133 p. 100 en convertissant la farine en pain, on demande d'après ces données : 1° le nombre de litres de blé nécessaires au soldat pour la consommation annuelle de pain ; 2° quelle somme représente cette nourriture à raison de 0^f,32 le kilogramme.

545. — Un cultivateur a récolté 1 875 décalitres de pommes de terre dont il trouve acquéreur à raison de 9^f,64 le quintal. Il calcule qu'en les vendant à raison de 6^f,30 l'hectolitre, il gagnerait 38^f,91 de plus. D'après cela, déterminer le poids moyen de l'hectolitre.

546. — Un bec de gaz consomme 270 hectolitres de gaz en 86 heures et a causé une dépense de 10^f,15. On demande : 1° Combien de gaz brûle ce bec par soirée de 5 heures 1/2 ; 2° ce que coûte l'éclairage par heure ; 3° le prix du mètre cube de gaz.

547. — On a acheté 18 litres de lait. Pour savoir si le marchand l'a additionné d'eau, on pèse ce liquide ; on trouve un poids de 18^{kg},45. Sachant qu'un litre de lait pèse 1^{kg},03, dire quelle quantité d'eau renferment les 18 litres de lait.

548. — Un vase étant plein d'eau, on lui fait équilibre avec 26 pièces de 5 francs en argent, 3 pièces de 2 francs et 9 pièces de 0^f,20 ; lorsqu'il est vide, on lui fait équilibre avec 9 pièces de 5 francs en argent, 3 de 0^f,10 et 7 de 0^f,01. On demande la contenance du vase en litres et en centilitres.

549. — Une personne, pour se libérer d'une dette, en paye $\frac{1}{3}$ avec du vin à 0^f,50 le litre, la moitié du reste en pièces d'argent et le restant en pièces d'or pesant ensemble 150 grammes. Combien devait cette personne, et quelle quantité de vin a-t-elle fournie ?

550. — Un vase exactement plein d'eau pure pèse 2^{kg},125. On introduit dans ce vase 14 pièces de 5 francs. Quelle augmentation de poids le vase subit-il ? On admettra qu'un décimètre cube d'argent monnayé pèse 10^{kg},5.

551. — On fond un décimètre cube d'argent avec un volume de cuivre suffisant pour former un alliage au titre de 0,9. Calculer en centimètres cubes et en millimètres cubes le volume du cuivre, sachant qu'un décimètre cube d'argent pèse 10^{kg},47 et un décimètre cube de cuivre 8ᵏᵍ,85. Calculer le plus grand nombre de pièces de 5 francs qu'on peut fabriquer avec le lingot résultant de cet alliage.

552. — Une statuette d'argent est creuse intérieurement. Son poids dans l'air est de 395ᵍ,45 ; son poids dans l'eau est 348ᵍ,50. Quel est le volume de la cavité intérieure? (La densité de l'argent est 10,5.) — Si l'on faisait fondre cette statuette, et qu'on ajoutât du cuivre en quantité suffisante, combien, avec le lingot obtenu, pourrait-on fabriquer de pièces de 50 centimes ?

553. — Une somme de 2 317 francs se compose de poids égaux de monnaies d'or, d'argent et de bronze. On demande quelle somme représente chacune de ces trois espèces de monnaie. Sachant que la partie qui est en monnaie d'argent est formée de pièces de 5 francs, quelle quantité de cuivre faudrait-il y ajouter pour obtenir un alliage d'argent au titre de 0,835?

554. — On veut refondre 1 800 écus de 5 francs et les transformer en pièces de 0ᶠ,50. On admet que par l'usure ces écus ont perdu en moyenne $\frac{1}{120}$ de leur poids primitif, et l'on sait que les frais de fabrication s'élèvent a 2ᶠ,85 par kilogramme de pièces de 0ᶠ,50. On demande : 1° le nombre de pièces de 0ᶠ,50 fabriquées ainsi ; 2° le résultat financier, gain ou perte, de cette opération ; 3° le gain ou la perte pour 100 francs de la somme soumise à la refonte.

CHAPITRE III

LONGUEURS, AIRES ET VOLUMES
ARPENTAGE ET LEVÉE DE PLANS

§ 1. — *Mesures des longueurs.*

200. Longueurs. — Pour mesurer la longueur d'une droite, on cherche combien elle contient de mètres, décimètres, centimètres et millimètres.

Pour mesurer le périmètre d'un polygone ou d'une ligne brisée, on fait la somme des mesures des différents côtés.

Pour mesurer la longueur d'une circonférence ou d'un arc de courbe, on cherche la longueur d'un fil très fin qui coïnciderait exactement avec la circonférence ou avec l'arc de courbe.

201. Longueur d'une circonférence. — La longueur d'une circonférence est le produit de son diamètre par le nombre π (pi), qui égale $3,141592\ldots$, et qu'on suppose égal à $3,14$ ou à $3,1416$.

Si l'on désigne par l la longueur d'une circonférence, par r son rayon, on a la formule :

$$l = 2r \times \pi = 2\pi r,$$

l et r étant exprimés au moyen de la même unité (mètre, décimètre...).

Il en résulte que le diamètre d'une circonférence égale le quotient de sa longueur l par π, ou le produit de l par $\dfrac{1}{\pi}$, nombre qui égale $0,3183\ldots$

202. Longueur d'un arc de cercle. — La longueur d'un arc de cercle de 1 degré est la 360° partie de la longueur de la circonférence, ou $\frac{2\pi r}{360}$; la longueur d'un arc de n degrés est $\frac{\pi r}{180} \times n$.

§ 2. — *Mesures des aires.*

203. — Pour mesurer une surface, c'est-à-dire pour trouver son *aire*, on cherche combien de fois cette surface contient le *carré qui a pour côté l'unité de longueur*, ou une fraction de ce carré.

204. Aire du rectangle. — Considérons un rectangle dont les côtés ont pour longueurs 7 mètres et 3 mètres, par exemple. Si l'on mène des parallèles aux côtés, par les points de division, on forme 3 rangées de 7 carrés égaux au mètre carré, ou 21 mètres carrés. L'aire du rectangle a donc

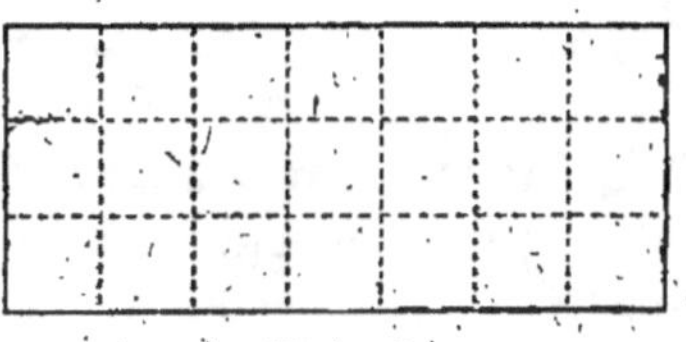

Fig. 43.

pour mesure le produit de 7 par 3, en prenant le mètre carré pour unité. D'où le théorème :

L'aire d'un rectangle a pour mesure le produit de ses deux dimensions.

En particulier, *l'aire d'un carré a pour mesure le carré de son côté.*

205. Aire du parallélogramme. — En menant les hauteurs DE, CF du parallélogramme ABCD (fig. 44), on forme un rectangle CDEF qui a même aire que le parallélogramme; car les triangles ADE, BCF peuvent coïncider quand on les transporte l'un sur l'autre, et si l'on retranche le triangle ADE de l'aire ADCF, il reste le rectangle, tandis que si l'on retranche le triangle BCF, il reste le parallélogramme.

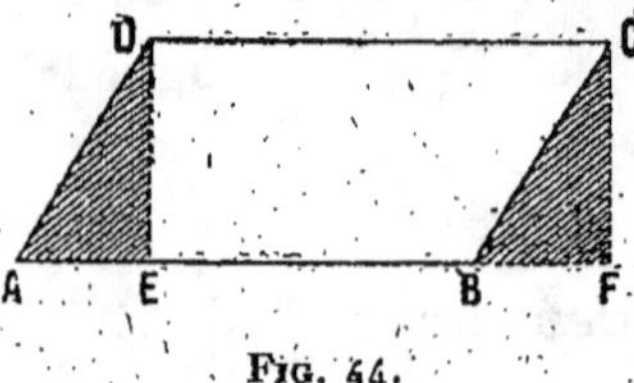

Fig. 44.

L'aire du rectangle égale le produit des nombres qui mesurent CD et DE, ou AB et DE ; l'aire du parallélogramme a la même mesure. D'où le théorème :

L'aire d'un parallélogramme a pour mesure le produit des nombres qui mesurent sa base et sa hauteur.

206. Aire du triangle. — Menons, par les sommets A et C du triangle ABC (fig. 45), les parallèles CD et AD aux côtés AB et BC ; nous formons ainsi un parallélogramme ABCD, qui est double du triangle ABC. En effet, les triangles ABC, ACD sont égaux,

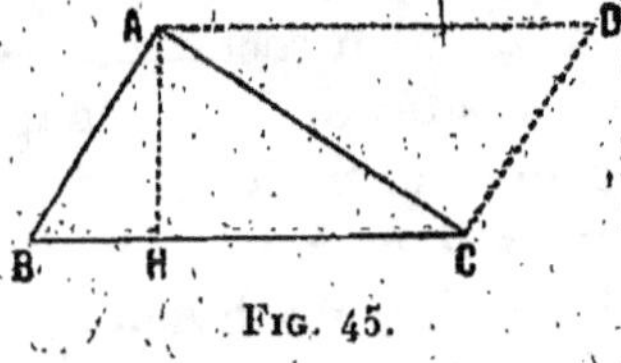

Fig. 45.

car on peut les superposer, en faisant coïncider DA avec BC et DC avec BA.

L'aire du triangle a donc pour mesure la moitié du produit des nombres qui mesurent la base BC et la hauteur AH. D'où le théorème :

L'aire d'un triangle a pour mesure la moitié du produit des mesures de sa base et de sa hauteur.

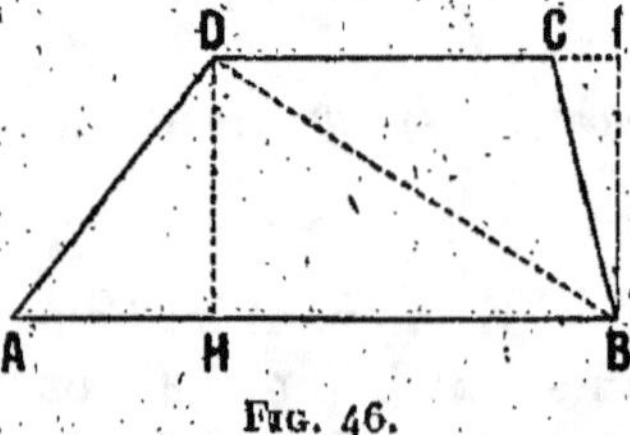

Fig. 46.

207. Aire du trapèze. — En menant la diagonale BD, on décompose le trapèze ABCD (fig. 46) en deux triangles ABD, BCD.

L'aire du trapèze a pour mesure la somme

$$\frac{1}{2}\,AB \times DH + \frac{1}{2}\,DC \times BI,$$

ou
$$\frac{1}{2}\,(AB + CD) \times DH,$$

puisque les hauteurs DH, BI sont égales. Il en résulte le théorème suivant :

L'aire d'un trapèze a pour mesure le produit de la demi-somme des mesures des bases par la mesure de la hauteur.

208. Aire d'un polygone. — Pour calculer l'aire d'un polygone, on le décompose en triangles ABC, ACD,

Fig. 47.

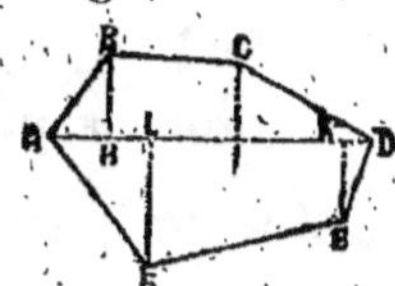

Fig. 48.

ADE (fig. 47) ou en triangles et trapèzes rectangles, en menant la diagonale AD et les perpendiculaires BH, CI, EK, FL (fig. 48).

On peut aussi transformer le polygone en un *triangle équivalent*.

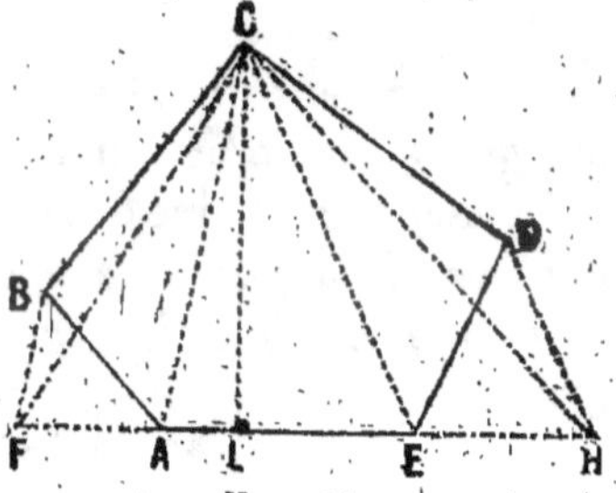

Soit le polygone ABCDE. Menons la diagonale AC (fig. 49) et la parallèle BF, qui coupe la droite AB en F ; le triangle ACF est équivalent au triangle ABC, comme ayant même base AC et même hauteur.

Fig. 49.

Le pentagone donné est donc équivalent au quadrilatère FCDE.

Menons de même la diagonale CE et la parallèle DH, qui coupe AE en H ; le triangle CDE est équivalent au triangle CEH.

On a ainsi obtenu un triangle FCH, qui est équivalent au polygone ABCDE. L'aire du polygone a donc pour mesure la moitié du produit de la base FH par la hauteur CL.

209. Aire du cercle. — Inscrivons dans la circonférence un polygone *régulier*, c'est-à-dire un polygone ABCDEF (fig. 5o) ayant ses angles égaux et ses côtés égaux.

En joignant le centre O aux sommets du polygone, on le décompose en triangles égaux. L'aire de l'un de ces triangles,

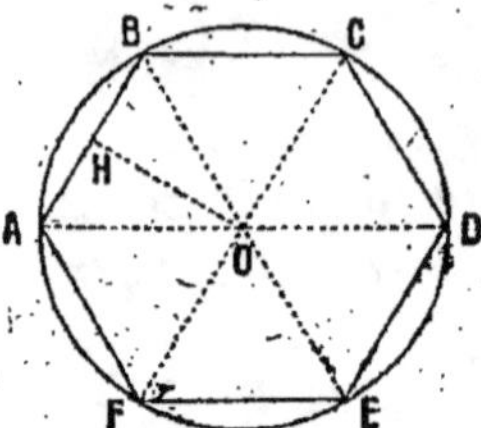

FIG. 5o.

OAB par exemple, a pour mesure $\frac{1}{2}$ AB $\times$ OH ; l'aire du polygone a pour mesure :

$$\frac{1}{2}(AB + BC + CD + DE + EF + FA) \times OH,$$

ou, en désignant par p le périmètre du polygone :

$$\frac{1}{2}p \times OH.$$

Si l'on augmente indéfiniment le nombre des côtés du polygone, son périmètre devient la longueur de la circonférence et son aire devient l'aire du cercle. Donc, *l'aire du cercle a pour mesure le produit de la moitié de la circonférence par le rayon,* ou, en désignant par r le rayon :

$$\pi r \times r = \pi r^2.$$

Par conséquent, *l'aire d'un cercle a pour mesure le produit du nombre π par le carré du rayon.*

210. Aire du cylindre. — Si l'on développe la surface latérale d'un cylindre, on obtient un rectangle (fig. 51) qui a pour dimensions le périmètre de la base $2\pi r$ et la hauteur h ;

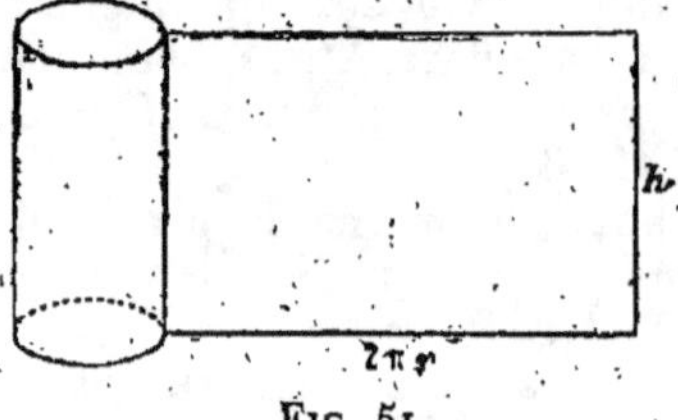

FIG. 51.

l'aire latérale du cylindre a donc pour mesure :

$$2\pi rh.$$

211. Aire de la sphère. — *L'aire de la sphère a pour mesure 4 fois le produit du nombre π par le carré du rayon.*
Elle est donnée par la formule :

$$s = 4\pi r^2.$$

§ 3. — *Mesures des volumes.*

212. — Pour mesurer les volumes, on prend pour unité *le cube construit sur l'unité de longueur,* et l'on cherche combien de fois le volume donné contient ce cube ou une fraction de ce cube.

Il faut remarquer que les unités de longueur, de surface et de volume doivent se correspondre.

213. Volume du parallélépipède. — *La mesure du volume d'un parallélépipède égale le produit de l'aire de sa base par sa hauteur.*
Le volume du parallélépipède rectangle a pour mesure le produit de ses trois dimensions.

214. Volume du prisme et du cylindre. — *La mesure du volume d'un prisme ou d'un cylindre égale le produit de l'aire de sa base par sa hauteur.*

Le volume d'un prisme est donné par la formule :

$$v = bh,$$

b désignant l'aire de la base et h la hauteur.
Le volume d'un cylindre est donné par la formule :

$$v = \pi r^2 h,$$

r désignant le rayon du cercle de base et h la hauteur.

215. Volume de la pyramide et du cône. — *La mesure*

du volume d'une pyramide ou d'un cône égale le tiers du produit de l'aire de sa base par sa hauteur.

Le volume d'une pyramide est donné par la formule :

$$v = \frac{1}{3}\, bh,$$

b désignant l'aire de la base et h la hauteur.

Le volume d'un cône dont le rayon de base est r et la hauteur h est donné par la formule :

$$v = \frac{1}{3}\, \pi r^2 h.$$

216. Volume du tronc de pyramide et du tronc de cône. — *Le volume d'un tronc de pyramide ou d'un tronc de cône a pour mesure le tiers du produit de la hauteur par la somme des aires des deux bases et de la racine carrée de leur produit.*

En appelant b, b' les mesures des aires des deux bases d'un tronc de pyramide, et h sa hauteur, le volume v de ce solide est donné par la formule :

$$v = \frac{h}{3}\, (b + b' + \sqrt{bb'}).$$

En appelant r, r' les rayons des deux bases d'un cône, et h sa hauteur, le volume v est donné par la formule :

$$v = \pi\, \frac{h}{3}\, (r^2 + r'^2 + rr').$$

217. Volume de la sphère. — *Le volume de la sphère a pour mesure le produit de l'aire de la sphère par le tiers du rayon.*

Ce volume est donné par la formule :

$$v = 4\pi r^2 \times \frac{r}{3} = \frac{4}{3}\, \pi r^3.$$

Exercices.

555. — Calculer les dimensions d'un tapis rectangulaire, sachant qu'il a fallu 12^m,40 de ruban pour le border entièrement et que la longueur surpasse la largeur de 1^m,20.

556. — Le périmètre d'un jardin rectangulaire est de 124^m,60, et la largeur est les $\frac{3}{4}$ de la longueur. Quelles sont les dimensions de ce rectangle?

557. — Sur les côtés d'un terrain rectangulaire de 252 mètres de long sur 168 mètres de large, on veut planter des arbres espacés de 4 mètres, de manière qu'il y ait un arbre à chaque sommet du rectangle. Quel est le nombre d'arbres que cette plantation exigera?

558. — Quelle est la longueur totale d'une grille qui entoure un pavillon rectangulaire de 15^m,25 de long sur 11 mètres de large, si cette grille est placée à 6^m,50 du pavillon?

559. — Le cadran d'une horloge a une circonférence de 0^m,65 de diamètre, sur laquelle sont indiquées les minutes. Quelle est la longueur de cette circonférence comprise entre deux divisions consécutives?

560. — En supposant que la terre soit rigoureusement sphérique, calculer son rayon.

561. — On a un carré de 12 centimètres de côté, et l'on veut en construire un autre dont la surface soit le double de la sienne. Quel doit être le côté du nouveau carré?

562. — Un jardin carré a 1 hectare de superficie. On l'entoure d'un treillage qui coûte 2 francs le mètre courant. Quelle sera la dépense?

563. — Calculer le côté d'un carré, sachant que si ce côté avait un mètre de plus, la surface serait augmentée de 57 mètres carrés.

564. — On a un jardin rectangulaire de 72^m,5 de long sur 26^m,25 de large. De combien faut-il diminuer la longueur et augmenter la largeur pour obtenir un terrain carré ayant même surface?

565. — On augmente l'un des côtés d'un carré de 2^m,50 et l'autre de 0^m,85, et l'on obtient ainsi un rectangle dont la surface dépasse celle du carré, de 24^{m²},235. Quel est le côté du carré?

566. — Un pavillon rectangulaire de 9^m,60 de long sur 5^m,80 de large est entouré d'un pavage de 1^m,25 de large. Quelle est la surface pavée?

567. — Un champ a la forme d'un rectangle dont le plus petit côté est les $\frac{2}{3}$ du plus grand. Sa surface étant 23 064 mètres carrés, calculer les côtés de ce rectangle.

568. — Un terrain a la forme d'un parallélogramme dont la hauteur égale les $\frac{5}{8}$ de la base. Sachant que sa surface est 103ᵃ,041, calculer sa base et sa hauteur.

569. — Trouver la surface d'un triangle, sachant que la somme de la base et de la hauteur est 6ᵐ,75 et que la base est le double de la hauteur ?

570. — Comment obtient-on l'aire d'un triangle ? — Un champ de forme triangulaire a une superficie de 1 hectare ; sa hauteur étant égale aux $\frac{4}{5}$ de sa base, on demande de trouver cette base (à 1 centimètre près).

571. — Quelle est la hauteur d'un trapèze dont les bases ont pour longueurs 45 mètres et 18 mètres et dont la surface est de 8ᵃ,1 ?

572. — Un champ a la forme d'un trapèze de 8 748 mètres carrés de surface ; sa hauteur est de 72 mètres. Calculer les deux bases de ce trapèze, sachant que l'une est les $\frac{4}{5}$ de l'autre.

573. — Une échelle de 4ᵐ,25 de longueur est dressée contre un mur, et le pied de l'échelle est à 1ᵐ,43 de ce mur. Calculer la hauteur à laquelle elle atteint.

574. — Une cour carrée a une diagonale de 29ᵐ,70. Quel est le côté de cette cour ?

575. — Un triangle isocèle a 7ᵐ,8 de base et 5ᵐ,2 de hauteur. Calculer la longueur de l'un de ses côtés égaux.

576. — Calculer la surface d'un triangle équilatéral de 2 mètres de côté.

577. — Le diamètre d'une pièce de 5 francs est de 37 millimètres. Quelle est l'aire d'une face de cette pièce ?

578. — Quelle est la longueur du côté du carré qui a une surface équivalente à celle d'un cercle de 1ᵐ,25 de rayon ?

579. — On trace un cercle passant par les quatre sommets d'un carré de 0ᵐ,85 de côté. Quelle est l'aire de ce cercle ?

580. — Quelle est la longueur du périmètre d'un polygone régulier qui a une surface de 4ᵐ²,6875 et un apothème de 1ᵐ,2075 ?

581. — Dans un terrain de forme circulaire de 14ᵐ,50 de rayon, on veut creuser un bassin également circulaire de 3ᵐ,4 de rayon. Quelle est la surface du terrain restant ?

582. — Quelle est la surface totale d'une pierre de taille ayant la forme d'un parallélépipède rectangle de 0^m,95 de long, 0^m,42 de large et 0^m,26 de haut.

583. — On veut recouvrir de velours la surface latérale et la base supérieure d'une colonne cylindrique sur laquelle repose un buste. Quelle est la surface de l'étoffe employée si la colonne a une hauteur de 1 mètre, et si le diamètre de la base est de 18 centimètres ?

584. — Une niche est formée d'un demi-cylindre et d'un quart de sphère de même diamètre que le cylindre, soit 0^m,75. Quelle est la surface totale intérieure de la niche (demi-cercle de base compris), si la hauteur du demi-cylindre est 1^m,25 ?

585. — Sur un globe géographique on a mesuré, à l'aide d'un ruban, la distance du pôle à l'équateur, et l'on a trouvé 0^m,426. Quelle est la surface de ce globe ?

586. — Quel est le poids de l'air contenu dans une chambre qui a 5 mètres de longueur, 4 mètres de largeur et 3^m,20 de hauteur ? On sait d'ailleurs que le litre d'air pèse 1^g,293.

587. — Autour d'un jardin carré de 42 mètres de côté, et à l'intérieur du jardin, on creuse un fossé à parois verticales de 0^m,85 de largeur et 0^m,60 de profondeur. Quel est le volume de la terre enlevée ?

588. — Calculer le volume et le poids d'une poutre de chêne ayant 5^m,40 de longueur et 0^m,63 sur 0^m,59 d'équarrissage. La densité du chêne est égale à 0,93.

589. — Dans un bassin à base carrée de 1^m,75 de côté, on verse 24^{hl} $\frac{1}{2}$ d'eau. A quelle hauteur l'eau s'élève-t-elle ?

590. — On a formé avec des bûches un demi-décastère, ayant 0^m,60 de hauteur et 1 mètre de largeur. Calculer, en centimètres, la troisième dimension de ce volume.

591. — On veut faire creuser un fossé de 48 mètres de longueur et de 0^m,75 de profondeur. La largeur de ce fossé doit être de 1^m,20 au niveau du sol et de 0^m,80 au fond. Quel sera le volume de la terre enlevée ?

592. — On veut creuser un bassin circulaire de 0^m,75 de profondeur, qui contienne 150 hectolitres d'eau. Quel doit être le rayon de ce bassin ?

593. — Quel est le poids d'un fil télégraphique de 0^m,0015 de diamètre et de 4 kilomètres de longueur, le poids spécifique du fer étant 7,8 ?

594. — Une meule de grès a 1 mètre de diamètre et 20 centimètres d'épaisseur. Elle est percée en son milieu d'un trou carré de 5 centimètres de côté. Quel est le poids de cette meule si la densité de la pierre dont elle est formée est 2,6 ?

595. — Un puits a 6^m,45 de profondeur. Calculer le volume de la maçonnerie de ce puits, sachant que le diamètre intérieur est de 1 mètre et que son épaisseur est de 0^m,25.

596. — L'aire latérale d'un cylindre dont la hauteur égale le diamètre vaut 2^{m2},47. Calculer cette hauteur.

597. — Calculer l'aire totale d'un cylindre dont le volume égale 1^{m3},335 et la hauteur 1^m,70.

598. — La grande pyramide d'Égypte a pour base un carré de 237 mètres de côté et une hauteur de 146 mètres. Calculer son volume.

599. — Quel est le volume d'un pain de sucre ayant une hauteur de 0^m,45, et dont le diamètre de la base est de 0^m,22 ?

600. — Quel est le diamètre de l'ouverture d'un verre conique d'une capacité de 0^l,81, et dont la profondeur est de 16 centimètres ?

601. — Un tronc de pyramide à bases parallèles et carrées a une hauteur de 0^m,6. Le côté de la base inférieure a 0^m,45 et celui de la base supérieure 0^m,32. Quel est le volume de cette pyramide ?

602. — Quelle est la capacité d'un cuvier en forme de cône tronqué dont le grand rayon a 0^m,85, le petit rayon 0^m,725 et la hauteur 0^m,80 ?

603. — Une borne en granit a la forme d'un cube de 0^m,45 d'arête, surmonté d'un cône tronqué de 0^m,50 de hauteur dont les diamètres des bases sont 0^m,45 et 0^m,35. Quel est son poids, la densité du granit étant 2,8 ?

604. — Quels sont la surface et le volume d'un ballon sphérique de 10 mètres de diamètre ?

605. — Calculer le volume de la terre supposée sphérique. Évaluer ce volume en millions de mètres cubes.

606. — Un bol demi-sphérique a une surface intérieure de 352 centimètres carrés. Quel est son diamètre ?

607. — Quel volume d'eau peut contenir une chaudière formée d'un cylindre terminé à chaque extrémité par une demi-sphère dont le diamètre est 0^m,90 ? La longueur du cylindre est 1^m,60.

608. — Une boule sphérique creuse en fonte a 30 centimètres de diamètre extérieur et ses parois ont une épaisseur de 0^m,035. Quel est son poids, la densité de la fonte étant 7,21 ?

Problèmes.

609. — Quelle est la distance parcourue par une voiture dont les petites roues ont 0ᵐ,70 de diamètre et les grandes 1ᵐ,20 de diamètre, sachant que les premières ont fait 2.500 tours de plus que les autres.

610. — Une personne fait placer des rideaux à trois fenêtres, savoir : à chacune, une paire de rideaux de mousseline ayant 1ᵐ,56 de hauteur et une paire de grands rideaux de perse glacée ayant 2ᵐ,70 de hauteur ; la mousseline a exactement la largeur des petits rideaux, la perse n'a que les $\frac{2}{3}$ de la largeur des grands. On demande à combien reviennent les rideaux des trois fenêtres, sachant que le mètre de mousseline revient à 0ᶠ,90 et le mètre de perse à 1ᶠ,20.

611. — On veut peindre une pièce de 5ᵐ,30 de long sur 4ᵐ,20 de large et 3ᵐ,45 de haut. La pièce comporte deux fenêtres de 1ᵐ,30 sur 2ᵐ,10 et une porte de 1 mètre sur 2ᵐ,50 ; la pièce est entourée d'un soubassement de 0ᵐ,80 de haut, qu'on veut peindre de couleurs différentes. On demande le prix que le peintre devra demander pour faire sur son travail un bénéfice de 10 p. 100, sachant que la peinture employée pour les murs vaut 0ᶠ,50 le mètre carré, celle du plafond 0ᶠ,70, celle du soubassement 0ᶠ,80. Chaque porte coûte 3 francs de peinture et chaque fenêtre 0ᶠ,50 ?

612. — On veut entourer un jardin qui a 6 décamètres de long sur 48ᵐ,20 de large, avec un treillage en fil de fer qui a 8 décimètres de haut. Ce treillage est vendu 38ᶠ,50 le quintal et pèse 3ᵏᵍ,5 par mètre carré. Quelle sera la dépense ?

613. — On entoure une prairie de 22 ares 40 centiares, et dont la largeur est 40 mètres, avec un treillis en fil de fer de 1ᵐ,20 de hauteur, valant 2ᶠ,75 le mètre carré. Aux quatre angles et tous les 8 mètres, on met des supports en fer pesant 4ᵏᵍ,5 et coûtant 320 francs la tonne. La main-d'œuvre est évaluée 0ᶠ,25 par mètre courant. Quelle somme totale a-t-on dépensée pour clore ce terrain ?

614. — Avec des rouleaux ayant 6 mètres de long sur 0ᵐ,65 de large, on veut tapisser une salle qui a 8ᵐ,20 de longueur sur 4ᵐ,60 de largeur et 3ᵐ,15 de hauteur. Combien emploiera-t-on de rouleaux, et quelle sera la dépense occasionnée par ce travail, sachant que les ouvertures ont ensemble 8ᵐ²,09 et que l'achat et la pose du papier coûtent 0ᶠ,40 par mètre carré ?

615. — Une cuisine a 4ᵐ,5 de longueur sur 4ᵐ,25 de largeur. Pour la paver, combien faudra-t-il de carreaux de $1^{dm}\frac{1}{4}$ de côté ? Quelle sera la dépense sachant que le mille de ces carreaux se vend 85 francs et que l'ouvrier prendra $0^f,65$ par mètre carré pour la pose ?

616. — On a tapissé deux pièces de $3^m,30$ de haut avec des rouleaux de papier de $0^m,50$ de large et de $6^m,80$ de long. La deuxième pièce a même longueur et même hauteur que la première, mais elle est plus large et a deux fenêtres au lieu d'une ; ces fenêtres ont $1^m,15$ de large et $2^m,85$ de haut. On demande de combien la deuxième pièce est plus large que la première, sachant qu'il a fallu pour la tapisser 3 rouleaux $\frac{4}{5}$ de plus.

617. — Une personne achète deux terrains qui lui coûtent ensemble 29 988 francs. Les $\frac{2}{5}$ du prix du premier égalent les $\frac{4}{7}$ du prix du second. On demande : 1° le prix de chaque terrain ; 2° la surface du second terrain, sachant que le premier est un trapèze ayant pour bases 127 mètres et 83 mètres et pour hauteur 42 mètres, et que l'hectare du premier coûte 4 000 francs de plus que l'hectare du second.

618. — On a acheté, à raison de 6 francs le mètre, $1^m,15$ de toile cirée de $1^m,40$ de largeur pour recouvrir une table circulaire de $1^m,15$ de diamètre. Quelle perte subit-on à cause de la partie non utilisée de la toile cirée ?

619. — La salle d'attente d'un bureau de poste et le bureau lui-même sont installés dans une pièce rectangulaire de $4^m,65$ de largeur, $10^m,27$ de longueur et $3^m,32$ de hauteur. Calculer le volume de cette pièce, en tenant compte qu'une cabine téléphonique montant jusqu'au plafond et faisant saillie, mesure $1^m,10$ sur $1^m,07$, qu'un coffre de cheminée, faisant également saillie, mesure $1^m,25$ sur $0^m,32$ et que les deux fenêtres et la porte d'entrée s'ouvrent dans des cadres pris dans l'épaisseur des murs et qui ont $1^m,27$ de largeur, $2^m,98$ de hauteur, et $0^m,30$ de profondeur.

620. — Un marchand vend une poutre, qui a $8^m,90$ de longueur sur $0^m,56$ de hauteur et $0^m,48$ de largeur, au prix de $89^f,50$ le stère. Mais au moment de la livrer, on reconnaît qu'elle est avariée des $\frac{7}{100}$ de son volume. On demande : 1° ce qu'il recevra ; 2°, à combien revient le décimètre cube à un demi-centime près.

621. — Une barre de fer a pour section un carré de 40 millimètres de côté et pour longueur 3 mètres ; on l'étire, en lui faisant passer, en dernier lieu, dans un orifice carré de 24 millimètres de côté. Quelle longueur aura la barre après cette opération ?

622. — On construit une maison sur une surface représentant deux rectangles mesurant respectivement $20^m,50$ sur $12^m,80$ et $21^m,60$ sur $13^m,75$. Quels seront : 1° la surface totale construite ; 2° le cube de terre à enlever pour faire les fondations, sachant qu'on creusera à $3^m,20$ pour le premier rectangle et à $3^m,10$ pour le second ; 3° le nombre de tombereaux à employer pour l'enlèvement de ces terres, chaque tombereau ayant une capacité de 2 mètres cubes.

CHAPITRE IV

ANCIENNES MESURES, MESURES ÉTRANGÈRES. — NOMBRES COMPLEXES

§ 1. — *Mesures.*

Nous allons indiquer quelles étaient les principales unités de mesure employées en France avant l'adoption du système métrique, et quelles sont encore les plus usitées dans les autres pays.

218. Mesures de longueur. — L'unité de longueur était la *toise*, qui valait $1^m,949$, et qui se divisait en 6 *pieds*; le pied valait $0^m,3248$, et il se divisait en 12 *pouces*; le pouce se divisait en 12 *lignes*, et la ligne en 12 *points*.

Pour mesurer les étoffes, on employait l'*aune*, qui valait 4 pieds 7 pouces 10 lignes, ou $1^m,18845$ (environ $1^m,20$).

Pour mesurer les terrains, on employait la *perche*; la *perche de Paris* valait 18 pieds et la *perche des eaux et forêts* 22 pieds.

En Angleterre, l'unité de longueur est le *yard*, qui vaut $0^m,914$; le yard se divise en 3 pieds et le pied en 12 pouces.

En Russie, on emploie comme mesure itinéraire la *verste*, qui vaut 1 067 mètres, et qui se divise en 50 *sagènes*.

219. Mesures de surface. — Les unités étaient des carrés ayant pour côtés les unités de longueur.

La *toise carrée* était un carré d'une toise de côté; elle valait 3^{m²},798743. La toise carrée valait 36 pieds carrés; le pied carré valait 144 pouces carrés.

Pour les mesures agraires, on employait la *perche carrée*; celle des eaux et forêts était un carré de 22 pieds de côté, dont la valeur était de 51^{m²},07; celle de Paris était un carré de 18 pieds de côté, qui valait 34^{m²},19.

L'*arpent* valait 100 perches, et il se divisait en 4 *quartiers*. L'arpent de Paris valait à peu près un tiers d'hectare; c'était un carré de 30 toises de côté. L'arpent des eaux et forêts valait à peu près un demi-hectare.

220. Mesures de volume. — Les unités étaient des cubes ayant pour côtés les unités de longueur. Ainsi, la *toise cube* était un cube ayant une toise de côté; elle valait 7^{m³},40389.

Pour le bois de chauffage, l'unité était la *corde*, qui avait 8 pieds de long, 4 de haut et 3 ¹/₂ de large, ou 112 pieds cubes; sa valeur était de 3^s,839; elle se divisait en 2 *voies*.

221. Mesures de poids. — L'unité était la *livre*, qui valait 0^{kg},48951. La livre se divisait en 2 *marcs*; le marc en 8 *onces*; l'once en 8 *gros*, et le gros en 72 *grains*.

On emploie encore souvent la *livre*, qu'on regarde comme égale à 500 grammes, l'*once*, qui vaut 30 grammes, et le *quintal*, qui égale, suivant les régions, 100 ou 80 livres, c'est-à-dire 50 ou 40 kilogrammes.

222. Mesures de capacité. — Pour mesurer les

liquides, on employait la *pinte*, qui valait $0^l,9313$, et qui se divisait en 2 *chopines*.

On emploie encore aujourd'hui le *poinçon*, qui vaut 216 ou 225 litres, et le *muid*, qui vaut $268^l,214$.

Pour mesurer les grains, on employait le *muid*, qui se divisait en 12 *setiers*; le setier se divisait en 13 *boisseaux*, et le boisseau en 16 *litrons*. Le litron valait $0^l,813$, et le boisseau de Paris valait environ 13 litres.

223. Anciennes monnaies. — L'unité de monnaie était la *livre tournois*, qui valait $0^f,987$; elle se divisait en 20 *sous*; le sou se divisait en 4 *liards*, et le liard en 3 *deniers*. Le denier valait $0^f,0041$.

On employait aussi le *blanc*, qui valait 5 deniers, l'*écu* de 3 livres et le *louis* de 24 livres.

Les pièces d'or effectives étaient le louis, le double louis et le demi-louis.

Les pièces d'argent étaient l'écu de 6 livres, l'écu de 3 livres, les pièces de 30, 24, 20, 15 et 12 sous.

Les pièces de cuivre étaient de 2 sous, 1 sou, 2 liards et 1 liard.

La pistole était une monnaie de compte valant 10 livres. On l'emploie encore en lui donnant une valeur de 10 francs.

224. Monnaies étrangères. — En Allemagne, on prend pour unité le *mark*, qui vaut $1^f,235$ en or et $1^f,11$ en argent; on le divise en 100 *pfennigs*. Le pfennig vaut $0^f,011$.

En Angleterre, l'unité est le *shilling*, qui vaut $1^f,25$, et qu'on divise en 12 *pence*. Chaque *penny* (singulier de pence) vaut environ 10 centimes.

Le *souverain* ou *livre sterling* vaut 20 shillings ou $25^f,22$ environ. La *guinée* vaut 21 shillings, ou $26^f,48$.

En Autriche, l'unité est le *florin*; c'est une pièce

d'argent qui vaut $2^f,47$. La *couronne* est une monnaie de compte dont la valeur est $1^f,05$. La pièce d'or de 8 florins vaut 20 francs.

En Russie, le *rouble* or valait 4 francs; il vaut maintenant, comme le rouble argent, $2^f,666$; il se divise en 100 *kopecks*.

Au Japon, le *yen* est une monnaie de compte qui valait 5 francs et qui vaut maintenant $2^f,58$; il se divise en 100 *sen*.

En Chine, le *taël Shanghaï* est une pièce d'argent valant nominalement $7^f,38$, et dont la valeur réelle est inférieure à 4 francs.

Aux États-Unis, le *dollar* argent vaut $5^f,18$; il se divise en 100 *cents*; le dollar or vaut $5^f,34$.

§ 2. — *Nombres complexes.*

225. — Pour certaines grandeurs, comme le temps, les angles, on a conservé les anciennes unités, et l'on ne suit pas la loi décimale. C'est une réforme désirable, qui n'a pu être encore adoptée. Les nombres formés d'unités qui ne suivent pas la loi décimale, sont dits *complexes*.

226. Mesure du temps. — L'unité principale est le *jour*; c'est le temps que met la terre à accomplir une rotation complète autour de la ligne des pôles.

Le jour se divise en 24 *heures*; l'heure se divise en 60 *minutes*, et la minute en 60 *secondes*. On emploie les abréviations j, h, m, s, pour indiquer les jours, heures, minutes et secondes.

En astronomie, le jour est partagé en 24 heures. Dans la vie ordinaire, le jour est partagé en deux périodes de 12 heures, qu'on appelle *matin* et *soir*. L'administration des postes et les chemins de fer tendent à diviser le jour en vingt-quatre heures. D'après le *Bureau des longitudes*, on doit compter vingt-quatre heures, à partir de minuit, et dire, par exemple, 15^h40^m, au lieu de 3^h40^m du soir.

227. Année. — Une autre unité est l'*année*. L'*année astronomique* est l'intervalle de temps qui s'écoule entre deux équinoxes de printemps; sa durée est de $365^j,242217$.

Comme il serait incommode de prendre des années n'ayant pas un nombre entier de jours, on fixe l'*année civile* à 365 jours, et l'on ajoute un jour tous les quatre ans, en prenant pour années *bissextiles* celles dont le millésime est divisible par 4. La durée de l'année est alors de $365^j,25$. C'est ce qu'on croyait au moment de la réforme faite par Jules César, en l'an 46 avant notre ère.

Puisque la durée de l'année est de $365^j,242217$, il y a un retard de $0^j,007783$ par an, ou de $0^j,7783$ par 100 ans, ou encore d'environ 3 jours tous les 400 ans. A la fin du XVIe siècle, le retard était de 10 jours. Le pape Grégoire XIII décida que le lendemain du 4 octobre 1582 porterait la date du 15 octobre, et que, à l'avenir, on ne considérerait pas comme bissextiles les années dont le millésime serait terminé par deux zéros, à l'exception de celles dont le millésime serait divisible par 400. Ainsi 1700, 1800, 1900 n'ont pas été bissextiles, mais 2000 le sera.

La réforme grégorienne a été adoptée dans toute l'Europe, sauf en Russie, où l'on se sert encore du calendrier julien, qui est maintenant en retard de 13 jours. Ainsi, le 8 avril (ancien style) correspond au 21 avril (nouveau style).

Dans le calendrier grégorien, la durée de l'année est de $365^j,25 - 0^j,0075$, ou $365^j,2425$. Ce nombre est trop fort de $0^j,2425 - 0^j,242217$ ou de $0^j,000283$, c'est-à-dire d'environ 1 jour tous les 4000 ans. On peut donc considérer le calendrier grégorien comme exact. Pour compléter la réforme grégorienne, on pourra considérer les années 4000, 8000... comme n'étant pas bissextiles.

Dans le calendrier persan, on prend 8 années bissextiles tous les 33 ans ; ce sont celles qui ont les numéros 4, 8... 28 et 33. La valeur de l'année est alors de 365 jours $+ \dfrac{8}{33}$, ou 365j,2424.... La différence avec l'année astronomique est de 0j,242424 — 0j,242217, ou 0j,000207; elle est moindre que dans le calendrier grégorien. Pour rendre le calendrier persan plus exact, il faudrait supprimer un jour tous les 5 000 ans.

228. Mois. — L'année est divisée en 12 *mois*, qui sont, avec leurs durées :

Janvier	31 jours.		Juillet	31 jours.
Février	28 ou 29 —		Août	31 —
Mars	31 —		Septembre	30 —
Avril	30 —		Octobre	31 —
Mai	31 —		Novembre	30 —
Juin	30 —		Décembre	31 —

L'année comprend 52 *semaines*. La semaine est une période de 7 jours allant du lundi au dimanche.

Dans le calendrier républicain usité sous la première République et jusqu'en 1806, l'année se compose de 12 mois de 30 jours et d'une période complémentaire de 5 ou de 6 jours. Chaque mois est divisé en 3 *décades*. L'année commençait le jour où tombait l'équinoxe d'automne (22 septembre). Les noms des mois, dus à Fabre d'Eglantine, sont les suivants : Vendémiaire, Brumaire, Frimaire; Nivôse, Pluviôse, Ventôse; Germinal, Floréal, Prairial; Messidor, Thermidor, Fructidor.

229. Mesure des arcs et des angles. — On mesure un arc de circonférence, en degrés, minutes et secondes, (152) et l'on emploie les signes °, ', ".

Les angles ont même mesure que les arcs ayant pour centre le sommet et limités aux côtés de l'angle. L'angle d'un degré est la 90ᵉ partie d'un angle droit.

On divise aussi le quart de la circonférence en

100 *grades*, le grade en 100 *minutes centésimales*, et la minute en 100 *secondes centésimales*. On désigne les grades, minutes et secondes par les signes ^{G}, ', ". Ainsi, on écrira $47^G\,82'\,57''$, ou $47^G,8257$.

Cette notation adoptée par le service géographique de l'armée vient d'être introduite dans les programmes de l'enseignement secondaire.

230. Conversion des degrés en grades. — Pour convertir les degrés en grades, on remarque que 100 00 00 secondes centésimales valent $90 \times 60 \times 60$, ou 324 000 secondes sexagésimales. Il en résulte qu'un arc de $15°27'38'',4$, qui vaut :

$$(15 \times 60 + 27) \times 60 + 38,4$$

secondes sexagésimales, ou $55\,658'',4$, a pour valeur, en secondes centésimales :

$$55\,658,4 \times \frac{1\,000\,000}{324\,000},$$

ou :

$$55\,658,4 \times \frac{1\,000}{324},$$

ou encore $171\,785'',18$, ou enfin $17^G,178518$.

On peut énoncer la règle suivante :

RÈGLE. — *Pour convertir des degrés, minutes et secondes sexagésimales en secondes centésimales, on convertit le tout en secondes sexagésimales, puis l'on multiplie le nombre obtenu par 1000, et l'on divise le produit par 324.*

Pour avoir ce nombre en grades, on divise par 10 000

231. Conversion des grades en degrés. — *Pour convertir les grades en secondes sexagésimales, on multiplie les secondes centésimales par 324, et l'on divise* *le produit par 1 000. Pour avoir les minutes, on divise par 60, et pour avoir les degrés, on divise encore par 60.*

Ainsi, le nombre 171 785,18 multiplié par 324 et divisé par 1 000 donne 55 658,4. En divisant ce nombre par 60, on trouve 927 pour quotient et 38 pour reste. En divisant 927 par 60, on trouve 15 pour quotient et 27 pour reste. Par conséquent, $17^G,178518$ équivalent à $15° 27' 38'',4$.

§ 3. — *Opérations sur les nombres complexes.*

232. Addition. — Soit à ajouter les nombres suivants :

$$\begin{array}{llll} 4^j & 11^h & 42^m & 36^s,3 \\ 7 & 9 & 23 & 52,6 \\ 12 & 8 & 12 & 37,8 \\ \hline 24^j & 5^h & 19^m & 6^s,7 \end{array}$$

On peut ajouter séparément les différentes unités, en commençant par les secondes. Comme la somme des secondes est 126,7, on peut la remplacer par $2^m 6^s,7$, et écrire $6^s,7$, puis ajouter 2^m aux minutes, et ainsi de suite. On trouve que la somme cherchée est $24^j 5^h 19^m 6^s,7$.

233. Soustraction. — Soit à effectuer la soustraction suivante :

$$\begin{array}{llll} 17^j & 4^h & 36^m & 47^s,8 \\ 9 & 12 & 57 & 21,3 \\ \hline 7^j & 15^h & 39^m & 26^s,5 \end{array}$$

On peut retrancher successivement les différentes unités, en commençant par les secondes, pourvu qu'on ajoute une unité de l'ordre immédiatement supérieur, lorsqu'une soustraction est impossible, et qu'on augmente ensuite le plus petit nombre d'une unité de cet ordre.

Ainsi, on peut retrancher $21^s,3$ de $47^s,8$, ce qui donne $26^s,5$; on ne peut retrancher 57^m de 36^m ; alors on retranche 57^m de 96^m, ce qui donne 39^m, et l'on ajoute 1^h à 12^h ; on retranche ensuite 13^h de 28^h, ce qui donne 15^h, et enfin, on retranche 10^j de 17^j, ce qui donne 7 jours.

234. Multiplication. — 1º Pour multiplier un nombre complexe par un *nombre entier*, on multiplie successivement chaque unité par ce nombre, et l'on réduit les unités, lorsqu'un produit contient des unités de l'ordre supérieur.

Soit à multiplier 17^j 4^h 36^m $47^s,3$ par 8. Le produit de $47^s,3$ par 8 est $378^s,4$, ou 6^m $18^s,4$; on écrit $18^s,4$ et l'on retient 6^m, pour les ajouter au produit des minutes, et ainsi de suite.

	17^j	4^h	36^m	$47^s,3$
				8
	136^j	32^h	288^m	$378^s,4$
ou	137^j	12^h	54^m	$18^s,4$

2º Pour multiplier par un nombre qui n'est *pas entier*, on exprime le multiplicande en fonction de la plus petite unité, on effectue la multiplication, puis on décompose le produit en ses différentes unités.

Soit, par exemple, à multiplier $36°$ $27'$ $42'',8$ par 3,14. Le multiplicande évalué en secondes égale $(36 \times 60 + 27) \times 60 + 42,8$, ou $131\,262,8$. Le produit de ce nombre par 3,14 égale $412\,165^s,192$, ou simplement $412\,165^s,2$. En divisant ce nombre par 60, puis en divisant le quotient par 60, on trouve $6\,869'25'',2$, ou $114°29'\,25'',2$.

L'opération se dispose ainsi :

$$36 \times 60 = 2\,160'$$
$$\underline{27}$$
$$2\,187 \times 60 = 131\,220''$$
$$\underline{42,8}$$
$$131\,262'',8$$
$$\underline{3,14}$$
$$5250512$$
$$1312628$$
$$3937884$$

412165,2	60	
521	6869	60
416	86	114°
565	269	
25'',2	29'	

235. Division. — 1° Lorsque le diviseur est *entier*, on divise successivement les différentes unités par le nombre, en commençant par celles de l'ordre le plus élevé, et l'on convertit chaque reste en unités de l'ordre immédiatement inférieur, qu'on ajoute aux unités de cet ordre, avant de faire la division.

Soit, par exemple, à diviser $137^j\,12^h\,54^m\,18^s,4$ par 8. En divisant 137^j par 8, on trouve pour quotient 17^j et pour reste 1^j, ou 24^h. On doit diviser ensuite $24^h + 12^h$, ou 36^h, par 8, et ainsi de suite. L'opération se dispose ainsi :

137^j	12^h	54^m	$18^s,4$	8
57				$17^j\quad 4^h\quad 36_m\quad 47^s,3$
$1^j = 24^h$				
36				
	$4^h = 240^m$			
	294			
	54			
		$6^m = 360^s$		
		$378^s,4$		
		58		
		2,4		

2° Lorsque le diviseur n'est *pas entier*, il vaut mieux exprimer le dividende en fonction de la plus petite unité, puis effectuer la division, et décomposer le quotient en ses différentes unités, comme on a fait pour la multiplication.

§ 4. — *Mouvement. Vitesse.*

236. Mouvement uniforme. — On dit qu'un mobile est animé d'un *mouvement uniforme* lorsqu'il parcourt des espaces égaux en des temps égaux.

On appelle *vitesse* de ce mouvement l'espace parcouru dans l'unité de temps.

On peut prendre pour unité de temps la seconde, la minute ou l'heure. L'espace s'exprime avec la même unité que la vitesse.

237. Formule du mouvement uniforme. — L'espace parcouru dans l'unité de temps est la vitesse v ; l'espace parcouru dans un temps double est $v \times 2$, et ainsi de suite ; l'espace e parcouru dans t fois l'unité de temps est :

$$e = vt.$$

Cette relation est la *formule du mouvement uniforme.*
On voit que *l'espace parcouru dans un temps donné est le produit de la vitesse par le temps.*
De la relation $e = vt$, on déduit :

$$v = \frac{e}{t}, \quad t = \frac{e}{v}.$$

Par conséquent, *lorsque le mouvement est uniforme :* 1° *la vitesse est le quotient de l'espace parcouru dans un temps donné par ce temps ;* 2° *le temps est le quotient de l'espace par la vitesse.*

Ainsi, lorsqu'un mobile animé d'un mouvement uniforme parcourt 36 mètres en 9 secondes, sa vitesse est le quotient de 36 m. par 9, ou 4 mètres par seconde.

238. Mouvement varié. — Lorsque le mouvement d'un mobile n'est pas uniforme, on dit qu'il est *varié*.

On appelle *vitesse moyenne* d'un mouvement varié le quotient de l'espace parcouru pendant un certain temps par le temps employé à le parcourir.

239. Mouvement uniformément varié. — Si la vitesse augmente ou diminue de quantités égales dans des temps égaux, on dit que le mouvement est *uniformément varié*. Le mouvement est uniformément *accéléré* ou *retardé* suivant que la vitesse augmente ou diminue.

Un corps qui tombe librement sous l'action de la pesanteur prend un mouvement uniformément accéléré.

Un corps lancé verticalement de bas en haut prend d'abord un mouvement uniformément retardé, puis retombe d'un mouvement uniformément accéléré.

Exercices.

623. — Additionner les nombres suivants :

a. 3ʲ 15ʰ 37ᵐ 48ˢ + 2ʲ 9ʰ 54ᵐ 12ˢ,5 + 21ʰ 32ᵐ 56ˢ + 4ʲ 12ʰ 8ᵐ 27ˢ.

b. 5° 14' 37",2 + 9° 2' 44" + 53' 62",8 + 4ᵈ 40' 29" + 47' 12",5.

624. — Les latitudes de Paris et de Marseille sont respectivement 48° 50' 49" et 43° 17' 4". Quelle est la différence de latitude entre Paris et Marseille ? Quelles sont les distances au pôle de Paris et de Marseille ?

625. — La somme des trois angles d'un triangle valant 180°, on demande quelle est la valeur d'un angle d'un triangle dont les deux autres angles valent respectivement $45^\circ\ 28'\ 37''$ et $83^\circ\ 55'\ 19'',8$.

626. — Faire les multiplications suivantes :

1° $5^h\ 18^m\ 43^s \times 12$;

2° $6^\circ\ 46'\ 51'',8 \times 18$.

627. — Partager en 8 parties égales $2^h\ 35^m\ 40^s$.
Partager en 12 parties égales $65^\circ\ 17'\ 53'',8$.

628. — La longueur du pendule simple qui bat la seconde à Paris est, d'après Borda, de $440^{lig},5593$. Quelle est cette longueur en centimètres ?

629. — Calculer en ares la valeur de l'arpent de Paris, sachant qu'il valait 100 perches carrées et que chaque perche était un carré de 3 toises de côté.

630. — La durée de l'année étant de $365^j,242\ 217$, exprimer la fraction décimale d'année en heures, minutes, secondes et fraction décimale de seconde.

631. — Additionner les longueurs suivantes et convertir la somme en mètres :

4 toises	3 pieds	8 pouces	10 lignes
3 —	2 —	11 —	7 —
	5 —	9 —	8 —
3 —		5 —	2 —

632. — Que vaut en monnaie anglaise une somme de $1526^f,75$, sachant qu'une livre sterling vaut $25^f,22$, que 20 shillings valent une livre sterling et que 12 pence valent un shilling ?

633. — Un négociant anglais doit à un négociant français les sommes suivantes :

3 livres	4 shillings	7 pence
5 —	9 —	2 —
7 —	15 —	9 —
12 —	2 —	10 —

Quelle est, en francs, la somme que doit recevoir le négociant français ?

634. — Le volant d'une machine fait 52 tours à la minute. De quel angle tourne un rayon du volant en une seconde de temps ?

635. — Un cycliste a parcouru une distance de 15 kilomètres en $31^m\ 16^s,5$; quelle distance parcourt-il en une minute ?

636. — Un mobile parcourt une circonférence d'un mouvement uniforme et décrit par heure un arc de $8^\circ\ 13'\ 27''$. On demande de calculer en heures, minutes et secondes la durée d'une révolution complète.

637. — Un mobile parcourt une circonférence d'un mouvement uniforme. Quel arc parcourt-il en 17ᵐ 45ˢ si en une minute il décrit un arc de 32° 25′ 43″ ?

638. — La latitude de Dunkerque est de 50° 2′ 12″ Nord et celle de Barcelone de 41° 22′ 59″. Calculer en kilomètres la distance qui sépare ces deux villes en les supposant sur le même méridien.

639. — Deux villes sont situées sur le même méridien, la première à 32°18′47″ de latitude Nord, la deuxième à 15° 24′ 30″ de latitude Sud. Quelle est en kilomètres la distance de ces deux villes ?

640. — Bourges et Paris étant sur le même méridien à une distance de 232 kilomètres, on demande de calculer cette distance en degrés, minutes et secondes.

641. — Un voyageur a réglé sa montre à Paris. De combien de minutes sera-t-elle en retard quand il arrivera à Turin, cette ville étant à 5° 20′ de longitude Est.

642. — Quand il est midi à Paris, quelle heure est-il à Brest qui se trouve à 6° 49′ 42″ de longitude Ouest ?

643. — Quelle est la longitude, par rapport à Paris, d'une ville où il est 3ʰ 20ᵐ du matin quand il est minuit à Paris ?

644. — Les deux aiguilles d'une montre sont sur midi. A quelle heure se rencontreront-elles pour la première fois ?

645. — A quelle heure, entre deux et trois heures, les deux aiguilles d'une montre sont-elles en ligne droite ?

646. — Quel angle font les aiguilles d'une montre qui marque 8ʰ 12ᵐ ?

647. — La latitude de Paris est 48° 50′ 49″ ; évaluer cette latitude en grades et en minutes et secondes centésimales.

648. — Évaluer en degrés et en minutes et secondes sexagésimales l'angle 72ᴳ 83′ 68″.

649. — M. Achille Faure propose de supprimer les années bissextiles et d'ajouter :

    1 jour aux années se terminant par 5 ou 0
    2 jours   —   —   25, 50, 75 ou 00
    3 jours   —   —   500 ou 000
    4 jours   —   —   5000 ou 0000

Montrer qu'une période de 10000 années donnerait ainsi 3 652 422 jours (la durée de l'année est 365ʲ,24221...).

Problèmes.

650. — La guinée d'or d'Angleterre pèse 8g,38 et est au titre de 0,916 ; le louis d'or français pèse 6g,451 et est au titre de 0,900. Combien faut-il de louis d'or français pour faire une somme équivalente à 7 650 guinées ?

651. — Un voyageur se rend d'une ville à une autre par un train qui fait 25 kilomètres à l'heure. Sans s'arrêter, il revient à son point de départ dans un deuxième train faisant 3o kilomètres à l'heure. La durée totale du trajet étant de 10h10m, calculer la distance de ces deux villes.

652. — Un régiment part à 4 heures du matin et marche au pas de 5 kilomètres à l'heure. Chaque fois qu'il a parcouru 4 kilomètres, il lui est accordé 10 minutes de repos. Vers le milieu de l'étape, un temps de repos est porté de 10 minutes à une heure. Sachant que ce régiment est arrivé à midi, on demande la longueur de l'étape.

653. — Un bicycliste qui part en excursion calcule qu'en faisant 2o kilomètres à l'heure, il arriverait un quart d'heure plus tôt qu'en parcourant seulement 92o mètres en 3 minutes. Quelle distance doit-il franchir pour parvenir au terme de son voyage ?

654. — Deux trains partent à 7 heures du matin, l'un de Paris pour Lyon, et l'autre de Lyon pour Paris, le premier avec une vitesse de 925 mètres par minute, l'autre avec une vitesse de 93o mètres par minute. Après 3 heures de marche, ils sont éloignés l'un de l'autre de 178km,1. A quelle heure le premier arrivera-t-il à Lyon, le deuxième à Paris ?

655. — Un bicycliste est parti depuis une heure et demie et parcourt 33 kilomètres à l'heure. Dans combien de temps une automobile qui fait 54 kilomètres à l'heure l'atteindra-t-il ?

656. — Une automobile, ayant une vitesse de 6okm,8 à l'heure, est partie de Paris pour Bordeaux par Tours à midi. Une seconde automobile est partie à 2h,5 (ou $2^h \frac{1}{2}$), de Tours pour Bordeaux avec une vitesse de 48 kilomètres à l'heure. On demande : 1° à quelle heure la première automobile a atteint la seconde ; 2° à quelle distance de Bordeaux la rencontre a eu lieu. La distance de Paris à Tours est de 232 kilomètres ; la distance de Paris à Bordeaux est de 585 kilomètres.

657. — Une compagnie, laissant une fraction en arrière, quitte son cantonnement à 5ʰ48ᵐ du matin pour gagner une localité distante de 25 kilomètres. La fraction laissée en arrière se met en route 28 minutes plus tard pour la même destination. Sachant que la compagnie marche à 4 kilomètres à l'heure, et que la fraction doit la rejoindre à 9ʰ3oᵐ du matin, calculer la vitesse à laquelle le chef de cette fraction doit faire marcher sa troupe.

658. — Une source coulant seule emploie $1^h \frac{1}{2}$ pour remplir un bassin; une seconde source coulant seule emploie 55 minutes pour remplir le même bassin. On demande en combien de temps (minutes, secondes et fraction de seconde), les deux sources coulant ensemble rempliront le bassin.

659. — Deux compagnies peuvent faire le même travail de terrassement, l'une en 8 heures, l'autre en 12ʰ3oᵐ. En combien de temps se fera le même travail si l'on prend $\frac{1}{4}$ des ouvriers de la première compagnie et les $\frac{2}{5}$ de la deuxième compagnie.

660. — Un bassin a pour base un carré de 2 mètres de côté et sa hauteur est de 2ᵐ,70. Deux fontaines peuvent s'y déverser; la première, coulant seule, le remplirait en 5 heures; le débit de la seconde est de 972 litres en 10 minutes. Le bassin étant vide, on a ouvert la première fontaine seule pendant 36 minutes. Combien les deux fontaines, coulant ensuite ensemble, mettront-elles pour achever de le remplir ?

LIVRE IV

Applications

CHAPITRE PREMIER

RAPPORTS ET PROPORTIONS

§ 1. — *Rapports.*

239. Rapport de deux grandeurs. — On appelle *rapport* d'une grandeur à une autre de même espèce le nombre qui exprime combien de fois la première contient la seconde ou une partie aliquote de la seconde.

Ainsi, le rapport de deux longueurs est $\frac{4}{15}$, lorsque la première contient les 4 quinzièmes de la seconde.

On peut dire aussi que *le rapport de deux grandeurs de même espèce est le nombre qui mesure la première en prenant la seconde pour unité.*

240. — Considérons deux grandeurs de même espèce A et B. Soient $\frac{3}{8}$ et $\frac{5}{6}$ les mesures de A et de B, en prenant pour unité une grandeur C de même espèce.

Réduisons ces fractions au même dénominateur, nous obtenons les fractions $\frac{9}{24}$ et $\frac{20}{24}$. La 24ᵉ partie de C est contenue 9 fois dans A et 20 fois dans B ;

donc le rapport de A à B est $\frac{9}{20}$, ou le quotient de $\frac{9}{24}$ par $\frac{20}{24}$, ou encore le quotient de $\frac{3}{8}$ par $\frac{5}{6}$, et l'on peut énoncer le théorème suivant :

THÉORÈME. — *Le rapport de deux grandeurs de même espèce est égal au quotient de leurs mesures, en prenant la même unité.*

241. Rapport de deux nombres. — On appelle *rapport* de deux nombres le quotient exact du premier par le second. On indique ce quotient par un trait de fraction.

Ainsi, le rapport de $\frac{3}{4}$ à $\frac{5}{7}$ est $\frac{\frac{3}{4}}{\frac{5}{7}}$, ou $\frac{21}{20}$; celui de 7,3 à 9,2 est $\frac{7,3}{9,2}$, ou $\frac{73}{92}$.

Toutes les propriétés établies pour les fractions s'appliquent aux rapports.

Ainsi, proposons-nous de montrer qu'*un rapport ne change pas quand on multiplie ou quand on divise ses deux termes par un même nombre.*

Appelons q la valeur de ce rapport $\frac{a}{b}$, d'où il résulte $a = bq$, d'après la définition du rapport. En multipliant ces nombres égaux par un nombre quelconque n, on a :

$$an = bqn = bn \times q ;$$

ce qui montre que q est le quotient de an par bn. On a donc :

$$\frac{a}{b} = \frac{an}{bn}.$$

Il en résulte qu'on peut *simplifier* un rapport en supprimant des facteurs communs au numérateur et au dénominateur.

On peut aussi *réduire des rapports au même déno-minateur*, en prenant pour dénominateur un nombre quelconque n.

Si l'on appelle c, c', c'' les quotients de n par b, b', b'', on a :

$$n = bc = b'c' = b''c'',$$

et les rapports donnés

$$\frac{a}{b}, \quad \frac{a'}{b'}, \quad \frac{a''}{b''}$$

sont respectivement égaux aux rapports

$$\frac{ac}{n}, \quad \frac{a'c'}{n}, \quad \frac{a''c''}{n}.$$

242. Opérations sur les rapports. — Les opérations sur les rapports se font comme les opérations sur les fractions.

1° Soit à ajouter les rapports

$$\frac{a}{b}, \quad \frac{a'}{b}, \quad \frac{a''}{b},$$

qui sont réduits au même dénominateur. En appelant c, c', c'' les valeurs de ces rapports, on a, d'après la définition du rapport :

$$a = bc, \quad a' = bc', \quad a'' = bc'';$$

d'où il résulte :

$$a + a' + a'' = bc + bc' + bc'' = b\,(c + c' + c''), \quad (39)$$

et, par suite :

$$\frac{a + a' + a''}{b} = c + c' + c'' = \frac{a}{b} + \frac{a'}{b} + \frac{a''}{b}.$$

Par conséquent, *on ajoute ou l'on retranche des rapports, en les réduisant au même dénominateur, en ajoutant ou en retranchant les numérateurs et en prenant pour dénominateur le dénominateur commun.*

2° Soit à multiplier les rapports $\dfrac{a}{b}$, $\dfrac{a'}{b'}$, $\dfrac{a''}{b''}$. En appelant c, c', c'' les valeurs de ces rapports, on a :

$$a = bc, \quad a' = b'c', \quad a'' = b''c'';$$

d'où il résulte, en multipliant ces égalités membre à membre :

$$aa'a'' = bc \times b'c' \times b''c'' = bb'b'' \times cc'c'',$$

et, en divisant par $bb'b''$:

$$\frac{aa'a''}{bb'b''} = c \times c' \times c'' = \frac{a}{b} \times \frac{a'}{b'} \times \frac{a''}{b''}.$$

Par conséquent, *le produit de plusieurs rapports s'obtient en multipliant les numérateurs entre eux, ainsi que les dénominateurs.*

3° Soit à diviser le rapport $\dfrac{a}{b}$ par le rapport $\dfrac{a'}{b'}$.

Le quotient est $\dfrac{a}{b} \times \dfrac{b'}{a'}$ ou $\dfrac{ab'}{ba'}$, parce que le produit de $\dfrac{ab'}{ba'}$ par $\dfrac{a'}{b'}$ est $\dfrac{ab'a'}{ba'b'}$, ou $\dfrac{a}{b}$.

Si l'on appelle *inverse* du rapport $\dfrac{a}{b}$ le rapport $\dfrac{b}{a}$ tel que son produit par $\dfrac{a}{b}$ égale 1, on arrive au résultat suivant :

Le quotient de deux rapports égale le produit du dividende par le diviseur renversé, ou par l'inverse du diviseur.

243. Rapports égaux. — Considérons plusieurs rapports égaux :

$$\frac{a}{b} = \frac{a'}{b'} = \frac{a''}{b''}.$$

En appelant c la valeur commune de ces rapports, on a :

$$a = bc, \quad a' = b'c, \quad a'' = b''c;$$

il en résulte :

$$a + a' + a'' = bc + b'c + b''c = (b + b' + b'')c,$$

et, par suite :

$$\frac{a + a' + a''}{b + b' + b''} = c = \frac{a}{b} = \frac{a'}{b'} = \frac{a''}{b''}.$$

On verrait de même qu'on a, par exemple :

$$\frac{a}{b} = \frac{a + a' - a''}{b + b' - b''}.$$

Par conséquent, *lorsque plusieurs rapports sont égaux, chacun d'eux est égal à celui qu'on obtient en ajoutant ou en retranchant les numérateurs ainsi que les dénominateurs correspondants.*

§ 2. — Proportions.

244. — On appelle *proportion* l'égalité de deux rapports. Ainsi :

$$\frac{8}{12} = \frac{4}{6}$$

est une proportion.

On dit aussi que 4 nombres forment une proportion, lorsque le rapport du premier au second égale le rapport du troisième au quatrième.

Le premier et le dernier nombre sont les *extrêmes* ; le 2e et le 3e sont les *moyens*.

Ainsi, les nombres 8, 12, 4 et 6 forment une proportion dont les extrêmes sont 8 et 6, et les moyens 12 et 4. Cette proportion s'énonce : 8 *sur* 12 *égale* 4 *sur* 6.

On dit aussi : 8 *est à* 12 *comme* 4 *est à* 6.

245. Principe. — Considérons une proportion

$$\frac{8}{12} = \frac{4}{6}.$$

Les deux rapports $\frac{8}{12}$ et $\frac{4}{6}$ sont respectivement égaux aux rapports $\frac{8 \times 6}{12 \times 6}$ et $\frac{4 \times 12}{6 \times 12}$, qui sont par suite égaux entre eux. Comme leurs dénominateurs sont égaux, leurs numérateurs le sont nécessairement, et l'on a :

$$8 \times 6 = 4 \times 12.$$

Plus généralement, si l'on a :

$$\frac{a}{b} = \frac{c}{d},$$

on a aussi :

$$\frac{ad}{bd} = \frac{cb}{db},$$

et, par suite :

$$ad = bc.$$

Il en résulte le théorème suivant :

THÉORÈME. — *Dans toute proportion, le produit des extrêmes égale le produit des moyens.*

246. Réciproque. — La réciproque est vraie, car si l'on a :

$$8 \times 6 = 4 \times 12,$$

on a aussi :

$$\frac{8 \times 6}{12 \times 6} = \frac{4 \times 12}{6 \times 12}, \quad \text{ou} \quad \frac{8}{12} = \frac{4}{6}.$$

De même, si l'on a :

$$ad = bc,$$

on a aussi :

$$\frac{ad}{bd} = \frac{bc}{bd}, \quad \text{ou} \quad \frac{a}{b} = \frac{c}{d}.$$

Par conséquent, *si quatre nombres rangés dans un certain ordre sont tels que le produit des extrêmes égale le produit des moyens, ces nombres forment une proportion.*

247. Corollaire. — Il en résulte que *dans une pro-*

portion, on peut changer l'ordre des moyens ou l'ordre des extrêmes, ou encore remplacer les moyens par les extrêmes.* Car le produit des extrêmes est toujours égal au produit des moyens, et les quatre nombres forment bien une proportion (**246**).

Ainsi, lorsqu'on a la proportion :

$$\frac{8}{12} = \frac{4}{6},$$

on peut en déduire les suivantes :

$$\frac{6}{12} = \frac{4}{8}, \quad \frac{8}{4} = \frac{12}{6}, \quad \frac{12}{8} = \frac{6}{4}.$$

248. Quatrième proportionnelle. — On appelle *quatrième proportionnelle* à trois nombres, le quatrième terme de la proportion dont les trois premiers termes sont les nombres donnés.

Soit x la quatrième proportionnelle aux nombres 8, 12 et 4. Le produit de 8 par x égale 12×4 (**245**); donc x est le quotient de (12×4) par 8.

RÈGLE. — *La quatrième proportionnelle à trois nombres donnés est le quotient du produit des deux derniers nombres par le premier.*

249. Moyenne proportionnelle. — On appelle *moyenne proportionnelle* entre deux nombres donnés un troisième nombre qui est la valeur commune des moyens d'une proportion dont les nombres donnés sont les extrêmes.

Si l'on désigne par x la moyenne proportionnelle entre les nombres 9 et 4, le produit 9×4 doit égaler $x \times x$ (**245**), ou x^2; donc x est la racine carrée du produit 9×4.

RÈGLE. — *La moyenne proportionnelle entre deux nombres est la racine carrée du produit de ces nombres.*

250. Troisième proportionnelle. — On appelle *troisième proportionnelle* à deux nombres, le quatrième terme d'une proportion qui a pour extrême le premier nombre et pour valeur commune des moyens le second nombre.

La troisième proportionnelle s'obtient comme la quatrième proportionnelle. Ainsi, la troisième proportionnelle x aux nombres 4 et 6 est telle qu'on ait $\dfrac{4}{6} = \dfrac{6}{x}$; x est donc le quotient du carré de 6 par 4, ou le quotient de 36 par 4, c'est-à-dire 9.

251. Transformations. — Considérons une proportion :

$$\frac{5}{12} = \frac{15}{36}.$$

Les nombres $\dfrac{5}{12} + 1$, ou $\dfrac{5+12}{12}$, et $\dfrac{15}{36} + 1$, ou $\dfrac{15+36}{36}$, sont égaux, et l'on a :

$$\frac{5+12}{12} = \frac{15+36}{36}.$$

Les nombres $1 - \dfrac{5}{12}$ et $1 - \dfrac{15}{36}$ sont aussi égaux, et l'on a :

$$\frac{12-5}{12} = \frac{36-15}{36}.$$

Par conséquent, *dans toute proportion, si l'on remplace chaque numérateur par la somme ou la différence de ce numérateur et du dénominateur correspondant, on a encore une proportion.*

252. — Si l'on a la proportion $\dfrac{5}{12} = \dfrac{15}{36}$, on a aussi les proportions :

$$\frac{12+5}{12} = \frac{36+15}{36}, \qquad \frac{12-5}{12} = \frac{36-15}{36},$$

qu'on peut écrire :

$$\frac{12 + 5}{36 + 15} = \frac{12}{36}, \qquad \frac{12 - 5}{36 - 15} = \frac{12}{36}.$$

Il en résulte la proportion :

$$\frac{12 + 5}{36 + 15} = \frac{12 - 5}{36 - 15},$$

qu'on peut écrire :

$$\frac{12 + 5}{12 - 5} = \frac{36 + 15}{36 - 15}.$$

Par conséquent, *si quatre nombres forment une proportion, on obtient une nouvelle proportion en prenant pour numérateurs la somme des deux premiers nombres et celle des deux derniers, et pour dénominateurs la différence des deux premiers nombres et celle des deux derniers.*

Plus généralement, si l'on a la proportion :

$$\frac{a}{b} = \frac{c}{d},$$

on en déduit la proportion :

$$\frac{a + b}{a - b} = \frac{c + d}{c - d},$$

en supposant $a > b$.

La réciproque est vraie.

Exercices.

661. — Deux lignes ont respectivement pour longueur 85 centimètres et $1^m,36$. Quel est le rapport de la première ligne à la deuxième ?

662. — Étant données les deux fractions $\frac{5}{7}$ et $\frac{16}{35}$, trouver le rapport de la deuxième fraction à la première.

663. — Une propriété avait une surface de $2^{ha}73^{a}24^{ca}$. On lui ajoute un champ contigu de $51^{a}75^{ca}$. Quel est le rapport de la nouvelle surface de la propriété à l'ancienne ?

664. — Deux arcs d'une même circonférence valent respectivement $12°23'48''$ et $8°32'56''$. Quel est le rapport du premier arc au deuxième ?

665. — Le rapport de deux longueurs est $\dfrac{5}{8}$ et la deuxième a une longueur de $3^{m},64$. Quelle est la longueur de la première ?

666. — Le rapport de deux poids est $\dfrac{3}{11}$; le premier poids est $5^{kg},25$; quel est le deuxième ?

667. — Trois sommes sont telles que le rapport de la 1re à la 2e égale $\dfrac{3}{4}$, et le rapport de la 2e à la 3^{e} $\dfrac{5}{7}$. La 1re somme étant 375 francs, quelle est la 3e ?

668. — Le rapport de deux nombres est $\dfrac{4}{11}$. Si l'on ajoute 128 à l'un et 44 à l'autre, les deux sommes obtenues sont égales. Quels sont ces deux nombres ?

669. — Quel nombre faut-il ajouter aux deux termes du rapport $\dfrac{3}{7}$ pour qu'il devienne $\dfrac{7}{8}$?

670. — Trouver deux nombres sachant que leur rapport est $\dfrac{5}{8}$ et que leur somme est 585.

671. — Trouver deux nombres sachant que leur rapport est $\dfrac{4}{7}$ et leur différence 10,35.

672. — Trouver deux nombres sachant que leur rapport est $\dfrac{2}{3}$ et que la somme de leurs carrés est 10,192.

673. — Trouver deux nombres sachant que leur rapport est $\dfrac{6}{11}$ et la différence de leurs carrés 129 285.

674. — Trouver le terme inconnu dans les proportions suivantes :
$$\frac{x}{35} = \frac{27}{63} ; \quad \frac{42}{x} = \frac{35}{55} ; \quad \frac{30}{12} = \frac{x}{18} ; \quad \frac{81}{108} = \frac{33}{x} .$$

675. — Trouver la moyenne proportionnelle entre les nombres suivants :

$$18 \text{ et } 8 ; \qquad 28 \text{ et } 175 ;$$
$$45 \text{ et } 125 ; \qquad 96 \text{ et } 216 .$$

676. — Écrire toutes les proportions auxquelles donne lieu l'égalité suivante :

$$35 \times 63 = 49 \times 45 .$$

677. — Étant donnée l'égalité suivante, calculer x :

$$\frac{x}{15} = \frac{28 - x}{20}.$$

678. — Calculer x, sachant qu'on a :

$$\frac{x + 36}{99} = \frac{x}{55}.$$

679. — Prouver, sans les réduire au même dénominateur, l'égalité des rapports $\dfrac{37}{65}$ et $\dfrac{37}{65}\dfrac{37}{65}$.

680. — Prouver que si l'on a $\dfrac{a}{a'} = \dfrac{b}{b'}$, on a aussi :

$$\frac{a}{a'} = \frac{ma + nb}{ma' + nb'},$$

quels que soient m et n.

681. — Prouver que l'égalité $\dfrac{a}{a'} = \dfrac{b}{b'}$ entraîne la suivante :

$$\frac{ab}{a'b'} = \frac{(a + b)^2}{(a' + b')^2}.$$

682. — Démontrer que si l'on multiplie deux proportions terme à terme, les quatre produits obtenus forment une proportion.

683. — On donne la suite des rapports égaux :

$$\frac{a}{a'} = \frac{b}{b'} = \frac{c}{c'} = \frac{d}{d'} ;$$

prouver qu'on a :

$$\frac{a}{a'} = \frac{\sqrt{a^2 + b^2 + c^2 + d^2}}{\sqrt{a'^2 + b'^2 + c'^2 + d'^2}}.$$

684. — Si l'on a $\dfrac{a}{a'} < \dfrac{b}{b'} < \dfrac{c}{c'} < \dfrac{d}{d'}$, le rapport :

$$\frac{a + b + c + d}{a' + b' + c' + d'} \text{ est compris entre } \frac{a}{a'} \text{ et } \frac{d}{d'}.$$

CHAPITRE II

GRANDEURS PROPORTIONNELLES
RÈGLES DE TROIS

§ 1. — *Grandeurs proportionnelles.*

253. Grandeurs directement proportionnelles. — On dit que deux grandeurs sont *directement proportionnelles* lorsque le rapport de deux valeurs quelconques de l'une égale le rapport des valeurs correspondantes de l'autre.

Lorsque deux grandeurs sont proportionnelles, si l'une d'elles devient 2, 3, 4... fois plus grande ou plus petite, l'autre devient ce même nombre de fois plus grande ou plus petite. Car si la grandeur A contient 5 fois la grandeur A', le rapport de A à A' égale 5 ; mais si B et B' sont les valeurs correspondantes d'une autre grandeur proportionnelle à la première, le rapport de B à B' égale aussi 5, ce qui montre que B contient 5 fois B'.

Le prix d'une marchandise est proportionnel à son poids ou à son volume. Le salaire d'un ouvrier est proportionnel à la durée de son travail.

Dans certains cas, cette proportionnalité n'a pas lieu. Ainsi, le prix d'un diamant est proportionnel non à son poids, mais au *carré* de son poids, et ce poids s'évalue en prenant pour unité le *carat*, qui vaut $205^{mg},5$.

254. Grandeurs inversement proportionnelles. —Deux

grandeurs sont *inversement proportionnelles* lorsque le rapport de deux valeurs quelconques de l'une égale l'inverse du rapport des valeurs correspondantes de l'autre.

Lorsque deux grandeurs sont inversement proportion- nelles, si l'une d'elles devient 2, 3, 4... fois plus grande, l'autre devient le même nombre de fois plus petite. Car, si l'on appelle A et A' deux valeurs de l'une, B et B' les valeurs correspondantes de l'autre, et si l'on sup- pose que A égale 5 fois A', le rapport de A à A' égale 5 ; le rapport de B' à B égale aussi 5 ; donc B est le 5ᵉ de B'.

Ainsi, le poids et le volume d'une marchandise qu'on peut acheter avec une certaine somme sont inverse- ment proportionnels au prix de l'unité de poids ou de volume.

Le nombre des ouvriers qui font un certain travail est inversement proportionnel au temps employé, car s'il y a 2, 3, 4... fois plus d'ouvriers, il faut 2, 3, 4... fois moins de temps. On suppose que c'est vrai pour un nombre quel- conque d'ouvriers, bien que, dans la pratique, il y ait avan- tage à ne pas dépasser un nombre déterminé.

255. Grandeurs directement ou inversement propor- tionnelles à plusieurs autres. — Lorsqu'une grandeur dépend de plusieurs autres, on dit qu'elle est *directe- ment ou inversement proportionnelle à ces grandeurs,* si elle est directement ou inversement proportionnelle à chacune d'elles, les autres étant supposées fixes.

Ainsi, le temps que met un bassin à se remplir est directement proportionnel au volume du bassin et inver- sement proportionnel au débit du robinet qui alimente le bassin. La longueur d'une barre de fer rectangulaire est directement proportionnelle à son poids et inver- sement proportionnelle à sa largeur et à son épaisseur pour un poids déterminé.

§ 2. — *Règles de trois.*

256. Règles de trois. — On donne le nom de *règles de trois* aux questions dans lesquelles entrent les valeurs correspondantes de plusieurs grandeurs qui sont directement ou inversement proportionnelles, et qui sont connues, sauf une qu'on pourra calculer.

S'il n'y a que deux grandeurs, la règle de trois est *simple* ; elle est *directe* ou *inverse* suivant que les deux grandeurs sont directement ou inversement proportionnelles.

Si l'une des grandeurs est directement ou inversement proportionnelle à plusieurs autres, on a une *règle de trois composée.*

On peut résoudre les règles de trois au moyen de *proportions* ou par la *méthode de réduction à l'unité.*

257. Règle de trois simple et directe. Exemple. — *Sachant que 4 ouvriers ont fait 112 mètres d'ouvrage, combien 17 ouvriers en feront-ils dans les mêmes conditions ?*

1° *Méthode des proportions.* — Le nombre des ouvriers et le nombre des mètres d'ouvrage sont proportionnels. Si l'on appelle x le nombre cherché, on a donc :

$$\frac{x}{112} = \frac{17}{4} \ ;$$

d'où il résulte :

$$x = \frac{112 \times 17}{4} = 476 \text{ m.}$$

On voit que *le nombre inconnu est le produit du nombre connu correspondant par le rapport direct des deux autres nombres.*

2° *Méthode de réduction à l'unité.* — Puisque

4 ouvriers font 112 mètres d'ouvrage, 1 ouvrier en fera

4 fois moins, ou $\dfrac{112}{4}$, et 17 ouvriers en feront 17 fois

plus, ou $\dfrac{112 \times 17}{4}$, c'est-à-dire 476 mètres.

258. Règle de trois simple et inverse. EXEMPLE. — *Sachant que 12 ouvriers ont fait un certain ouvrage en 14 jours, combien 8 ouvriers mettront-ils de jours pour faire le même travail ?*

1° *Méthode des proportions.* — En appelant x le nombre cherché, et en remarquant que le nombre d'ouvriers est inversement proportionnel au nombre de jours, on a :

$$\frac{x}{14} = \frac{12}{8};$$

d'où il résulte :

$$x = \frac{14 \times 12}{8} = 21 \text{ jours.}$$

On voit que *le nombre inconnu est le produit du nombre connu correspondant par le rapport inverse des deux autres nombres.*

2° *Méthode de réduction à l'unité.* — Puisque 12 ouvriers font le travail en 14 jours, 1 ouvrier mettra 12 fois plus de jours, ou 14×12, et 8 ouvriers mettront 8 fois moins de jours, ou $\dfrac{14 \times 12}{8}$, c'est-à-dire 21 jours.

259. Règle de trois composée. EXEMPLE. — *Sachant que 24 ouvriers travaillant 8 heures par jour pendant 15 jours ont fait un mur de 100 mètres de long, combien faudra-t-il d'ouvriers travaillant 9 heures par jour pendant 16 jours pour faire un mur identique ayant 70 mètres de long ?*

1° *Méthode des proportions.* — Soit x le nombre

d'ouvriers qui feraient le premier mur en travaillant 9 heures par jour pendant 15 jours ; ce nombre est le produit de 24 par le rapport inverse des heures $\dfrac{8}{9}$, puisque le nombre des ouvriers et le nombre des heures de travail par jour sont inversement proportionnels.

Soit y le nombre d'ouvriers qui construiraient le mur en 16 jours, en travaillant 9 heures par jour ; ce nombre est le produit de x par le rapport inverse des jours $\dfrac{15}{16}$, ou le produit $24 \times \dfrac{8}{9} \times \dfrac{15}{16}$.

Soit z le nombre d'ouvriers travaillant 9 heures par jour pendant 16 jours pour faire le mur de 70 mètres de long ; ce nombre est le produit de y par le rapport direct des mètres $\dfrac{70}{100}$; il est égal à :

$$24 \times \dfrac{8}{9} \times \dfrac{15}{16} \times \dfrac{70}{100} \text{, ou 14 ouvriers.}$$

Le raisonnement précédent est général, et l'on peut énoncer la règle suivante :

RÈGLE. — *Le nombre cherché est le produit du nombre connu correspondant par les rapports directs ou inverses des valeurs des autres grandeurs, suivant que la grandeur inconnue est directement ou inversement proportionnelle à ces grandeurs.*

2° *Méthode de réduction à l'unité.* — Le raisonnement se fait comme le précédent, en ramenant successivement les diverses grandeurs à l'unité.

Si les ouvriers travaillaient 1 heure par jour, au lieu de 8, il faudrait 8 fois plus d'ouvriers, ou 24×8 ; et s'ils travaillent 9 heures par jour, il faudra 9 fois moins d'ouvriers, ou $\dfrac{24 \times 8}{9}$.

Si les ouvriers travaillaient pendant 1 jour, au lieu de 15, il en faudrait 15 fois plus, ou $\dfrac{24 \times 8}{9} \times 15$, et s'ils travaillent pendant 16 jours, il en faudra 16 fois moins, ou $\dfrac{54 \times 8 \times 15}{9 \times 16}$.

Si les ouvriers faisaient un mur de 1 mètre de long, il en faudrait 100 fois moins, ou $\dfrac{24 \times 8 \times 15}{9 \times 16 \times 100}$, et comme ils construisent un mur de 70 mètres de long, il en faut 70 fois plus, ou $\dfrac{24 \times 8 \times 15 \times 70}{9 \times 16 \times 100}$; ce nombre égale $\dfrac{56}{4}$, ou 14 ouvriers.

On peut remarquer que les deux méthodes sont identiques, mais que la seconde est plus facile à appliquer, parce qu'on ne risque pas de prendre un rapport direct pour un rapport inverse. Il vaut donc mieux employer la méthode de réduction à l'unité.

260. Remarque I. — On peut aussi disposer les données de la façon suivante :

8 h.	15 j.	100 m.	24 ouv.
9 h.	16 j.	70 m.	x ouv.

surtout lorsqu'on fait le problème au tableau, et raisonner comme il suit.

Si les ouvriers travaillent

8 h. pʳ jour, pendᵗ 15 j., pʳ faire 100 m., il en faudra 24,

1 h.	—	15 j.,	—	100 m.,	—	$24 \times 8,$
9 h.	—	15 j.,	—	100 m.,	—	$\dfrac{24 \times 8}{9},$
9 h.	—	1 j.,	—	100 m.,	—	$\dfrac{24 \times 8 \times 15}{9},$
9 h.	—	16 j.,	—	100 m.,	—	$\dfrac{24 \times 8 \times 15}{9 \times 16},$
9 h.	—	16 j.,	—	1 m.,	—	$\dfrac{24 \times 8 \times 15}{9 \times 16 \times 100},$
9 h.	—	16 j.,	—	70 m.	—	$\dfrac{24 \times 8 \times 15 \times 70}{9 \times 16 \times 100};$

on trouve :

$$\frac{24 \times 8 \times 15 \times 70}{9 \times 16 \times 100} = \frac{24 \times 5 \times 7}{3 \times 2 \times 10} = 2 \times 7 = 14 \text{ ouv.}$$

261. Remarque II. — Lorsque les nombres donnés ne sont pas entiers, on peut faire le même raisonnement que s'ils étaient entiers.

EXEMPLE. — *On a payé* 54^f,75 *une étoffe de* 9^m,2 *de longueur; combien devra-t-on payer pour* 12^m,35 *de la même étoffe.*

En prenant pour unité le centimètre d'étoffe, au lieu du mètre, on peut dire :

Si   920 cm. d'étoffe coûtent 54^f,75,

$$1 \text{ cm.} \quad - \quad \text{coûte} \quad \frac{54^f,75}{920},$$

$$\text{et } 1\,225 \text{ cm.} \quad - \quad \text{coûtent} \quad \frac{54^f,75 \times 1\,225}{920}.$$

Or, ce résultat peut s'écrire :

$$\frac{54^f,75 \times 12,25}{9,2} = 72^f,90, \text{ à } 0^f,01 \text{ près.}$$

Il n'est donc pas nécessaire de faire des changements d'unité pour exprimer les données en nombres entiers.

Exercices.

685. — Le rapport des aires de deux carrés est 16. Le côté du plus grand est 2 mètres. Quel est le côté du second ?

686. — Quel est le rapport des volumes de deux cubes dont le rapport des arêtes est $\frac{1}{2}$?

687. — Un ouvrier a reçu 28 francs pour 6 jours de travail. Combien recevra-t-il pour 27 jours ?

688. — Un jardin de 2ª,16 a coûté 1 258 francs. Combien coûtent 5ª,8 du même terrain ?

689. — 16ᵐ,5 de drap ont coûté 118ᶠ,80. Combien de mètres de ce drap aura-t-on pour 167ᶠ,40 ?

690. — Un ouvrier fait 5ᵐ,2 d'ouvrage en 4 heures. Combien de mètres d'ouvrage fait-il en 48 minutes ?

691. — Une vis avance de 3 millimètres en 7 tours ; combien fera-t-elle de tours pour avancer de 4ᵐᵐ,52 ?

692. — $\frac{4}{5}$ de mètre de ruban ont coûté 0ᶠ,45. Combien aurait-on de mètres de ce ruban pour 3ᶠ,60 ?

693. — Une montre avance de 8 minutes par jour. On l'a mise à l'heure le dimanche à midi. Quelle heure marquera-t-elle le jeudi à 8ʰ30ᵐ du matin ?

694. — Un tonneau contient 152 bouteilles de 75 centilitres. Combien contient-il de bouteilles de 80 centilitres ?

695. — Il a fallu pour clore un jardin 322 planches de 35 centimètres de largeur. Combien aurait-il fallu de planches de 32 centimètres de largeur pour clore le même jardin ?

696. — On a tapissé une chambre avec 15 rouleaux de 0ᵐ,50 de largeur. Combien aurait-il fallu de rouleaux de même longueur si la largeur du rouleau avait été 0ᵐ,75 ?

697. — Un terrain de 26 ares de superficie est recouvert d'une couche de terreau de 0ᵐ,15. Quelle épaisseur aurait cette couche si l'on en couvrait un terrain de 75 ares ?

698. — 65 ouvriers ont fait la moitié d'un ouvrage en 24 jours. Combien de temps faudra-t-il pour faire l'autre moitié, si l'on dispose de 15 ouvriers de plus ?

699. — La garnison d'un fort, composée de 225 hommes, a des vivres pour 34 jours. Combien doit-on faire sortir d'hommes si l'on veut que les vivres durent 11 jours de plus ?

700. — Pour faire transporter 15 tonnes de marchandises à 36 kilomètres, on a payé 243 francs. Combien paiera-t-on pour faire transporter, à 42 kilomètres, 25 tonnes de marchandises ?

701. — Il faut 116 kilogrammes de foin pour la nourriture de 4 chevaux pendant 3 jours. Pendant combien de jours peut-on nourrir 10 chevaux avec 1 262 kilogrammes de foin ?

702. — 6ᵐ,50 d'une étoffe ayant 0ᵐ,75 de largeur ont coûté 44ᶠ,85. Combien coûteront 5ᵐ,4 de la même étoffe si la largeur est portée à 0ᵐ,98 ?

703. — Pour un travail qui doit être exécuté en 15 jours on dispose de 18 ouvriers. Combien devront-ils travailler d'heures par jour, si 12 ouvriers ont dû travailler 8 heures par jour pour exécuter le même ouvrage en 25 jours ?

704. — 16 ouvriers travaillant 45 jours et 8 heures par jour, ont construit un mur de 120 mètres de long, 40 centimètres de large, et 2^m,50 de hauteur. Combien faudrait-il d'ouvriers de même force pour construire avec les mêmes moyens, en 28 jours, et en travaillant 9 heures par jour, un mur de 84 mètres de long, 50 centimètres de large et 3 mètres de hauteur ?

705. — En 15 jours de 8 heures, 42 ouvriers ont pavé une place rectangulaire de 150 mètres de long et 120 mètres de large. Combien faudrait-il de jours à 50 ouvriers travaillant 7 heures par jour, pour paver, de la même manière, une place ayant 180 mètres de long et 125 mètres de large ?

Problèmes.

706. — Une pièce d'étoffe rectangulaire a une surface de 8^{mq},45 ; sa largeur est les $\frac{4}{5}$ de la longueur. On enlève sur le pourtour de cette pièce une bande de 0^m,25 de large. Quel est le rapport de l'ancienne surface à la nouvelle ?

707. — Il a fallu 7 jours $\frac{1}{2}$ à 25 ouvriers travaillant 9 heures par jour pour creuser un fossé de 925 mètres cubes. Combien faudra-t-il de temps à 17 ouvriers travaillant 8 heures $\frac{1}{2}$ par jour, pour creuser un fossé de 450 mètres cubes.

708. — Une garnison composée de 1500 hommes a des vivres pour 8 mois ; mais on l'augmente de 300 hommes, sans pouvoir augmenter les vivres. Si l'on craint de subir un siège de 10 mois, à quelle portion faudra-t-il réduire la ration ?

709. — Il y a dans une place forte 8000 hommes qui ont encore des vivres pour 49 jours. La ville est sur le point de subir un siège qui peut durer 150 jours. Combien doit-on faire sortir d'hommes pour qu'en diminuant la ration de $\frac{1}{5}$ les vivres puissent être suffisants pour ce temps ?

710. — Dans une usine on traite un minerai qui contient 18 p. 100 de plomb ; mais on perd pendant le traitement qu'on lui fait subir 12 p. 100 du plomb que le minerai renferme. Quelle quantité de minerai faudra-t-il traiter si l'on veut obtenir pour 15 000 francs de plomb, sachant que le plomb vaut 54 francs les 100 kilogrammes ?

711. — Un ouvrier peut transporter par jour, à l'aide d'une brouette, 750 kilogrammes de matériaux à 1 kilomètre. Le prix de la journée est de 3ᶠ,50. Combien coûtera le transport à 60 mètres de 400 mètres cubes de terre, le mètre cube de terre pesant 1 600 kilogrammes ?

712. — Un cultivateur laboure, dans le sens de la longueur, un champ de 231 mètres de long et dont la surface est de 1ha $\frac{14}{41}$. Sachant : 1° que 9 sillons ont une largeur de 4 mètres ; 2° que 82 pas du laboureur font 60 mètres ; 3° que le laboureur fait 90 pas en 1 minute $\frac{1}{4}$, on demande combien de temps cet homme mettra pour terminer son travail.

713. — 25 ouvriers peuvent faire un ouvrage en 42 jours. Au bout de 15 jours on leur adjoint une nouvelle équipe, et l'ouvrage est terminé 12 jours plus tôt. De combien d'ouvriers se compose la deuxième équipe ?

714. — 12 ouvriers occupés à creuser un fossé de 70 mètres font cet ouvrage en 8 jours en travaillant 9 heures par jour. Après 3 jours, 2 ouvriers s'en vont. Combien les autres mettront-ils de jours pour achever l'ouvrage, si, après le départ des deux premiers ouvriers, ils ne travaillent plus que 8 heures par jour ?

715. — Un négociant achète du drap et du velours, en tout 255 mètres. Il a acheté 2 fois plus de drap que de velours, et le mètre de velours coûte 25 francs. On sait en outre que 5 mètres de drap coûtent autant que 3 mètres de velours. Combien le négociant avait-il déboursé ?

716. — Quel est le poids en carats d'un diamant de 750 francs, sachant qu'un diamant de 3 carats vaut 270 francs et que le prix du diamant est proportionnel au carré de son poids ?

717. — Les durées des oscillations exécutées en un même lieu par des pendules de longueurs différentes étant proportionnelles aux racines carrées de ces longueurs, et un pendule de 0ᵐ,9939 faisant à Paris une oscillation par seconde, on demande quel est le nombre d'oscillations que fera à Paris un pendule de 0ᵐ,64 pendant 15ᵐ.

718. — Les carrés des temps des révolutions des planètes autour du soleil étant proportionnels aux cubes de leurs distances moyennes à cet astre, calculer la distance de Vénus au Soleil, en admettant que la durée de la révolution de la terre est 365ʲ6ʰ49ᵐ, que celle de la révolution de Vénus est 224ʲ,7, et que la distance de la Terre au Soleil est de 23 000 rayons terrestres.

CHAPITRE III

NOTIONS D'ARITHMETIQUE COMMERCIALE

§ 1. — *Intérêt simple.*

262. Définitions. — Lorsqu'une personne prête à une autre une certaine somme, elle le fait moyennant une rémunération, qui s'appelle *intérêt ;* la somme prêtée s'appelle *capital.*

L'intérêt est *simple,* quand il ne s'ajoute pas au capital, au bout d'un certain temps ; autrement, il est *composé.*

On appelle *taux,* l'intérêt de 100 francs pour un an. Ainsi, on dit que le taux est de 5 pour 100, lorsque 100 francs rapportent 5 francs en 1 an, et l'on écrit 5 o/o.

263. Règles d'intérêt. — Les règles d'intérêt se ramènent à des règles de trois.

Si l'on appelle a le capital en francs, r l'intérêt de 1 franc pour un an ou le centième du taux, t le temps évalué en années, l'intérêt simple i est donné par la formule

$$i = art ;$$

car a^t rapportent ar^t en 1 an et art francs en t années.

Lorsque le temps est évalué en mois, on remplace t par $\dfrac{m}{12}$, m désignant le nombre de mois. Lorsque le temps est évalué en jours, on remplace t par $\dfrac{n}{360}$, n

désignant le nombre de jours, car on considère l'année comme formée de 360 jours.

La formule

$$i = art$$

permet de calculer l'un des nombres i, a, r, t, connaissant les trois autres.

On a :

$$a = \frac{i}{rt}, \quad r = \frac{i}{at}, \quad t = \frac{i}{ar}.$$

Il est du reste facile de résoudre directement ces différentes questions, comme nous allons le montrer sur des exemples.

264. Calcul de l'intérêt. — *Quel est l'intérêt de 6 000 francs pendant 15 mois à 3,5 o/o ?*

L'intérêt de 100 francs en 12 mois est 3^f,50, celui de 6 000 francs en 12 mois est $\dfrac{3,5 \times 6\,000}{100}$; l'intérêt de 6 000 francs en 1 mois est 12 fois plus petit, et en 15 mois, il est 15 fois plus grand ; cet intérêt est donc égal à

$$\frac{3,5 \times 6\,000 \times 15}{100 \times 12} = 262^f,50.$$

En appliquant la formule $i = art$, on trouve immédiatement :

$$i = 6\,000 \times \frac{3,5}{100} \times \frac{15}{12} = 262^f,50.$$

265. Calcul du taux. — *A quel taux faut-il placer un capital de 70 000 francs pour avoir un intérêt de 2 800 francs en 1 an 2 mois 10 jours ?*

Le nombre de jours est de 360 + 60 + 10, ou 430. L'intérêt de 70 000 francs en 430 jours est de 2 800 francs ; l'intérêt de 1 franc, dans le même temps, est 70 000 fois plus petit, et celui de 100 francs, 100 fois plus grand, ou $\dfrac{2\,800 \times 100}{70\,000}$.

En 1 jour, l'intérêt est 43o fois plus petit et en 36o jours, 36o fois plus grand, ou :

$$\frac{2\,8\text{o}\text{o} \times 1\text{oo} \times 36\text{o}}{7\text{o}\,000 \times 43\text{o}} = \frac{144}{43} = 3^f,35 \text{ par excès.}$$

En appliquant la formule $r = \dfrac{i}{at}$, on sait que le taux est

$$\frac{1\text{oo} \times 2\,8\text{oo}}{7\text{o}\,000 \times \dfrac{43\text{o}}{36\text{o}}} = \frac{1\text{oo} \times 2\,8\text{oo} \times 36\text{o}}{7\text{o}\,000 \times 43\text{o}} = 3^f,35 \text{ environ.}$$

266. Calcul du capital. — *Quel est le capital qui produit un intérêt de 45o francs en 8o jours au taux de 3 o/o ?*

L'intérêt est de 3 francs, en 36o jours, pour un capital de 1oo francs. Il est de 45o francs, en 36o jours, pour un capital de $\dfrac{1\text{oo}}{3} \times 45\text{o}$. Il est de 45o francs en 8o jours, pour un capital de $\dfrac{1\text{oo} \times 45\text{o}}{3} \times \dfrac{36\text{o}}{8\text{o}}$; le capital cherché est donc

$$\frac{1\text{oo} \times 45\text{o} \times 36}{3 \times 8}, \text{ ou } 1\text{oo} \times 75 \times 9 \text{ ou } 67\,5\text{oo f.}$$

On obtient le même résultat en appliquant la formule $a = \dfrac{i}{rt}$.

267. Calcul du temps. — *Pendant combien de temps faut-il placer une somme de 2 000 francs à 4 o/o pour avoir un intérêt de 12o francs ?*

Puisque 1oo francs rapportent 4 francs en 1 an, 1 franc rapporte 4 francs en 1oo fois plus de temps, et 2 000 francs rapportent 4 francs en 2 000 fois moins de temps, c'est-à-dire en $\dfrac{1\text{oo}}{2\,000}$ d'année ; 2 000 francs rapportent 1 franc en 4 fois moins de temps, et ils rapportent 12o francs en 12o fois plus de temps, c'est-à-dire en $\left(\dfrac{100}{2\,000} \times \dfrac{120}{4}\right)$ années, ou $\dfrac{30}{20}$ d'année, ou encore 1 an et demi.

On obtient le même résultat au moyen de la formule $t = \dfrac{i}{ar}$; on a :

$$t = \frac{120 \times 100}{2\,000 \times 4} = \frac{12}{8} = \frac{3}{2} = 1 \text{ an } \frac{1}{2}.$$

268. Problème. — *Quelle est la somme qui placée à 4 p. 100 est devenue, au bout de 3 ans, capital et intérêts compris, 8 400 francs ?*

Une somme de 100 francs placée à 4 p. 100 pendant 3 ans donne un intérêt de 3×4, ou 12 francs, et elle devient 112 francs.

Puisque 112 francs proviennent d'un capital de 100 francs, 1 franc provient d'un capital égal à $\dfrac{100}{112}$ f., et 8 400 francs proviennent d'un capital égal à $\dfrac{100 \times 8\,400}{112}$ f., ou 7 500 francs.

269. Méthodes commerciales pour le calcul de l'intérêt. — Dans la pratique, les calculs d'intérêts simples s'effectuent généralement par l'une des méthodes suivantes :

Méthode des diviseurs ;
Méthode des parties aliquotes ;
Méthode du taux 6 p. 100.

270. Méthode des diviseurs. — Reprenons la formule

$$i = art,$$

où i désigne l'intérêt de a francs pendant t années, r représentant l'intérêt de 1 franc en un an, ou le centième du taux.

Si la durée du placement est exprimée en jours, et

vaut n jours, et si le taux est T, on a :

$$t = \frac{n}{360}, \qquad r = \frac{T}{100};$$

et la formule donnant i devient

$$i = \frac{aTn}{36\,000},$$

qu'on peut écrire

$$i = \frac{an}{\left(\dfrac{36\,000}{T}\right)}.$$

Le produit an du capital par le nombre de jours est appelé le *nombre* ; le quotient $\dfrac{36\,000}{T}$ est appelé le *diviseur*.

On voit donc que *l'intérêt est égal au quotient du nombre par le diviseur*.

Dans la pratique, le taux T a le plus souvent l'une des valeurs :

$$6; \ 5; \ 4,5; \ 4; \ 3,6; \ 3; \ 2,5; \ 2; \ 1,5; \ 1; \ 0,5.$$

Les valeurs correspondantes du diviseur sont :

$$6\,000; \ 7\,200; \ 8\,000; \ 9\,000; \ 10\,000; \ 12\,000; \ 14\,400; \ 18\,000;$$
$$24\,000; \ 36\,000; \ 72\,000.$$

Ce sont tous des nombres entiers ; et la division par chacun de ces nombres, surtout par ceux qui correspondent aux taux $6; 4,5; 4; 3,6$, sera très facile.

On peut remarquer que si $n = \dfrac{36\,000}{T}$, on a $i = a$; de sorte que *le diviseur est le nombre de jours pendant lesquels un capital doit être placé pour produire un intérêt égal au capital.*

EXEMPLE. — Quel est l'intérêt de 12 800 francs pendant 15 mois au taux de 4,5 p. 100 ?

On a ici :

$$a = 12\,800;$$
$$n = 30 \times 15 = 450.$$

Le diviseur est 8 000 ; donc :

$$i = \frac{12\,800 \times 450}{8\,000} = 16 \times 45 = 720 \text{ francs.}$$

271. Méthode des parties aliquotes. — On appelle *base* le temps nécessaire pour que l'intérêt soit égal à la 100° partie du capital, c'est-à-dire à $\frac{a}{100}$; le nombre n de jours de la base est donc déterminé par la condition :

$$\frac{a}{100} = \frac{aTn}{36\,000},$$

d'où

$$n = \frac{360}{T}.$$

On remarque que *la base est la 100° partie du diviseur* ; le tableau des diviseurs donné plus haut fournira donc immédiatement les valeurs de la base correspondant aux valeurs usuelles du taux.

On peut calculer l'intérêt d'un capital, à un taux donné, en partageant le nombre de jours du placement en *parties aliquotes de la base*, et en ajoutant les intérêts qui correspondent à ces diverses parties.

EXEMPLE. — *Calculer l'intérêt de 7 250 francs à 6 o/o pendant 97 jours.*

En décomposant 97 en parties aliquotes de la base 60, on a :

$$97 = 60 + 30 + 6 + 1,$$

L'intérêt de 7250 fr. pour 60 jours est le 100° de 7250, ou 72^f,50 ;
—   —   30 —   la moitié de 72,50, ou 36^f,25 ;
—   —   6   —   le 10° de 72,50, ou 7^f,25 ;
—   —   1   —   le 6°   de 7,25, ou 1^f,21 ;
L'intérêt cherché est donc 72,50 + 36,25 + 7,25 + 1,21, ou 117^f,21.

272. Méthode du taux 6 p. 100. — Au lieu de changer la base, suivant le taux, on peut toujours faire le calcul, comme si le taux était de 6 p. 100, puis réduire cet intérêt dans le rapport du taux donné à 6.

Ainsi, pour trouver l'intérêt à 3 p. 100, il suffit de prendre la moitié de l'intérêt à 6 p. 100 ; pour calculer l'intérêt à 3,50 p. 100, on peut ajouter à la moitié de l'intérêt à 6 p. 100 le 12° de cet intérêt.

EXEMPLE. — *Calculer l'intérêt de 7 250 francs à 3,5 p. 100 pendant 97 jours.*
L'intérêt de 7 250 francs à 6 p. 100 est 117^f,21 ;
La moitié de ce nombre est 58^f,60 ;
Le 12° de 117^f,21, ou le 6° de 58^f,60, est 9^f,76 ;
L'intérêt cherché est donc 58,60 + 9,76, ou 68^f,36.

REMARQUE. — On choisit comme intermédiaire le taux 6 p. 100, parce que le diviseur correspondant 6 000 est simple et que la base 60 a de nombreux sous-multiples :

$$\frac{60}{2} = 30, \quad \frac{60}{3} = 20, \quad \frac{60}{4} = 15, \text{ etc.}$$

ce qui facilite la décomposition du nombre de jours du placement en parties aliquotes de la base.

§ 2. — *Escompte.*

273. Effets de commerce. — Dans le commerce, on paie rarement en argent comptant, mais au moyen d'*effets de commerce*, qui sont payables au bout d'un certain temps, généralement compris entre un et six mois; on évite ainsi les déplacements de fonds, les envois d'argent, qui seraient fort onéreux.

Si l'effet est créé par l'acheteur, par le *débiteur*, il

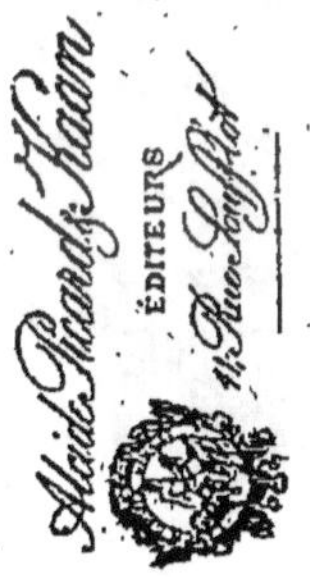

FIG. 52. — Billet à ordre.

s'appelle *billet à ordre*; s'il est créé par le vendeur, par le *créancier*, il s'appelle *traite*.

1° Le *billet à ordre* est un engagement que prend le

FIG. 53. — Traite.

débiteur de payer sa dette, à une époque fixée, au créancier ou à son ordre.

Le créancier peut céder son billet à une autre personne, par *endossement*, c'est-à-dire en écrivant sur le dos du billet : *Payez à l'ordre de M. X...*, en datant et en signant.

2° La *traite* ou *lettre de change* est l'invitation écrite faite par un créancier à son débiteur de payer une certaine somme, à une date fixée, soit à lui-même, soit à son ordre.

Lorsque le débiteur refuse de payer un billet à ordre ou une traite, le refus est constaté par un *protêt*, acte qui est rédigé par un huissier.

Le billet à ordre et la traite doivent être rédigés sur *papier timbré*. Le timbre est de 0ʳ,05 pour 100 francs ou fraction de 100 francs.

274. Chèque. — Le chèque est un billet à ordre qui permet de toucher ou de faire toucher des fonds déposés chez un banquier. Le chèque ne peut être tiré qu'*à vue ;* il doit être signé, et daté en toutes lettres.

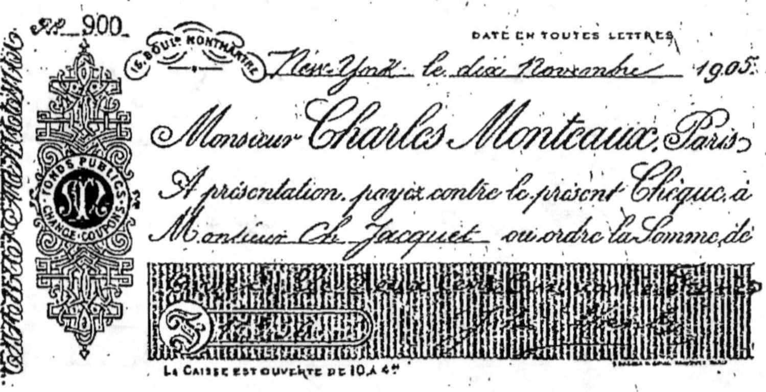

Fig. 54. — Chèque.

275. Escompte. — Lorsque le porteur du billet veut l'échanger contre de l'argent, avant l'échéance, il porte le billet chez un banquier qui lui paie la somme marquée, diminuée d'une certaine somme appelée *escompte*. On dit que le porteur *négocie* son billet, ou qu'il le fait *escompter*.

L'*escompte* est la retenue faite sur une dette payée avant l'échéance.

Il y a deux sortes d'escompte : l'escompte *commercial* ou escompte en *dehors*, qui est l'intérêt de la valeur inscrite sur le billet ou valeur *nominale* du billet, pendant le temps qui sépare le jour de la négociation du jour de l'échéance, et l'escompte *rationnel* ou escompte en *dedans*, qui est l'intérêt, pendant le même temps, de la valeur *actuelle* du billet, c'est-à-dire de la somme qui devrait être réellement payée par le banquier.

Ce dernier escompte est plus équitable ; mais le premier est seul employé, parce que les calculs sont plus simples, et que d'ailleurs la différence entre les deux est assez faible.

276. Calcul de l'escompte. — 1° Si l'on appelle e l'escompte commercial d'un billet de a francs payable dans n jours, le taux étant $100\,r$, on a la formule (263) :

$$e = \frac{arn}{360}\,.$$

Elle permet de calculer l'un des nombres e, a, r, n, connaissant les trois autres.

2° Si l'on appelle e' l'escompte rationnel, on doit avoir (263) :

$$e' = (a - e')\,\frac{rn}{360}\,;$$

d'où il résulte :

$$e' = \frac{arn}{360 + rn}\,.$$

On peut remarquer qu'on a :

$$\frac{1}{e'} - \frac{1}{e} = \frac{360 + rn - 360}{arn} = \frac{1}{a}$$

Il en résulte :

$$e - e' = \frac{ee'}{a}\,.$$

La différence entre les deux escomptes est faible, parce que le produit ee' est petit, relativement à a.

277. Exemple. — *Trouver l'escompte d'un billet de 6 000 francs payable dans 90 jours, le taux étant de 5 p. 100.*

1° L'escompte commercial est l'intérêt de 6 000 francs pendant 90 jours au taux de 5 p. 100 ; cet escompte est :

$$e = 6\,000 \times \frac{90}{360} \times \frac{5}{100} = \frac{450}{6} = 75\,\text{f.}$$

2° L'escompte rationnel est :

$$e' = 6\,000 \times \frac{90}{360 + 4,5} \times \frac{5}{100} = 6\,000 \times \frac{450}{36\,450}$$
$$= \frac{30\,000}{405} = 74^\text{f},07.$$

La différence entre les deux escomptes est de $0^\text{f},93$.

Les banquiers sont autorisés à percevoir une commission, qui est en général de $\frac{1}{8}$ p. 100, mais qui peut s'élever à $\frac{1}{2}$ p. 100 ; de plus, lorsque l'effet est payable dans une ville autre que celle où l'escompte a lieu, le banquier peut prendre un *change de place*, qui varie de $\frac{1}{20}$ p. 100 à 2 p. 100.

278. Calcul du montant d'un billet. — *Un commerçant a escompté le 7 mai, au taux de 6 p. 100, un billet payable le 18 juin ; il a touché $734^\text{f},82$; quelle est la valeur nominale du billet ?*

Du 7 mai au 18 juin, il y a 24 jours pour mai et 18 pour juin, soit 42 jours.

Un billet de 100 francs, payable dans 42 jours, a pour valeur actuelle, $100 - 100 \times \frac{6}{100} \times \frac{42}{360}$, ou $100 - 0,7$, ou encore $99^\text{f},30$. Puisqu'on touche

99^f,3o, lorsque la valeur nominale est 1oo francs, on touche 1 franc, lorsque la valeur nominale est $\dfrac{100}{99,3}$, et l'on touche 734^f,82, lorsque la valeur nominale du billet est $\dfrac{100 \times 734,82}{99,3o}$, ou 74o francs.

279. Escompte au comptant. Remise. — Dans le commerce, on ne paie que rarement au comptant ; le prix n'est exigible que 3o, 6o ou 9o jours après la livraison de la marchandise. Lorsque l'acheteur paie comptant, le vendeur lui fait un *escompte au comptant* ou une *remise*. Un négociant fait aussi une remise à un commerçant qui doit vendre une marchandise à un prix marqué.

La remise est proportionnelle au montant de l'achat. Le *taux* de la remise est la réduction faite pour une somme de 1oo francs.

Les calculs de *remise* ou de *tant pour cent* se font comme les calculs d'intérêt.

280. Exemples. — 1° *Une personne achète pour* 1 56o *francs de marchandises ; on lui fait un escompte de* 3 p. 1oo *; quelle somme doit-elle verser ?*

La remise sera de :

$$1\ 56o^f \times \dfrac{3}{1oo} = 15^f,6o \times 3 = 46^f,8o.$$

La somme à payer est donc

$$1\ 56o^f — 46^f,8o = 1\ 513^f,2o.$$

2° *Certains livres dont le prix marqué est* 3^f,5o *sont vendus parfois* 3 *francs ; quel est le taux de la remise ?*

La remise est de o^f,5o sur 3^f,5o ; elle est de $\dfrac{o,5}{3,5}$ pour 1 franc et de $\dfrac{o,5 \times 1oo}{3,5}$ pour 1oo francs. Le taux de la remise est $\dfrac{500}{35}$, ou $\dfrac{100}{7}$, ou $14,2$; la remise est donc d'environ $14,2$ p. 100.

281. Échéance moyenne. — On peut se proposer de remplacer plusieurs effets de commerce par un seul, tel que sa valeur actuelle soit la somme des valeurs actuelles des différents billets.

Résolvons, par exemple, le problème suivant :

On veut remplacer trois billets, le premier de 700 francs payable dans 3 mois, le second de 460 francs payable dans 5 mois, et le troisième de 340 francs payable dans 4 mois ; quelle serait l'échéance d'un billet unique de 1 500 francs, le taux étant 6 p. 100 ?

Si l'on appelle x le nombre de mois cherché, la valeur actuelle du billet de 1 500 francs égale la valeur nominale 1 500 diminuée de l'intérêt de 1 500 francs pendant x mois ou $1\,500 - 1\,500 \times \dfrac{x}{12} \times \dfrac{6}{100}$.

On voit de même que les valeurs actuelles des autres billets sont :

$$700 - 700 \times \dfrac{3}{12} \times \dfrac{6}{100}, \quad 460 - 460 \times \dfrac{5}{12} \times \dfrac{6}{100},$$

$$340 - 340 \times \dfrac{4}{12} \times \dfrac{6}{100}.$$

En écrivant que la somme des valeurs actuelles de ces billets égale la valeur actuelle du billet unique, on a :

$$700 + 460 + 340 - 700 \times \dfrac{3}{12} \times \dfrac{6}{100}$$

$$- 460 \times \dfrac{5}{12} \times \dfrac{6}{100} - 340 \times \dfrac{4}{12} \times \dfrac{6}{100}$$

$$= 1\,500 - 1\,500 \times \dfrac{x}{12} \times \dfrac{6}{100}.$$

En remarquant que la somme $700 + 460 + 340$

égale. 1 500, cette égalité se réduit à la suivante :

$$700 \times \frac{3}{12} \times \frac{6}{100} + 460 \times \frac{5}{12} \times \frac{6}{100}$$

$$+ 340 \times \frac{4}{12} \times \frac{6}{100} = 1\,500 \times \frac{x}{12} \times \frac{6}{100},$$

qu'on aurait pu écrire directement, en exprimant que la somme des intérêts des trois billets égale l'intérêt du billet unique.

Dans cette égalité, on peut supprimer le facteur commun $\frac{6}{100}$, ce qui montre que *x ne dépend pas du taux*. En multipliant ensuite par 12, et en divisant par 1 500, il vient :

$$x = \frac{700 \times 3 + 460 \times 5 + 340 \times 4}{1\,500}$$

$$= \frac{2\,100 + 2\,300 + 1\,360}{1\,500} = \frac{5\,760}{1\,500}$$

$$= 3 \text{ mois} \frac{126}{150} = 3 \text{ mois } 25 \text{ jours.}$$

282. Échéance commune. — Le problème de l'échéance commune consiste à remplacer plusieurs billets payables à des époques différentes par un seul payable à une époque déterminée.

EXEMPLE. — *On a trois billets, le premier de 1 200 francs payable dans 60 jours, le second de 2 000 francs payable dans 90 jours, et le troisième de 1 800 francs payable dans 80 jours. On veut les remplacer par un seul billet payable dans 75 jours ; quel doit être le montant de ce billet, le taux étant de 5 p. 100 ?*

La valeur actuelle du premier billet est 1 200 — $\frac{1\,200 \times 60}{7\,200}$ = 1 200 — 10 ; celle du second billet est 2 000 — $\frac{2\,000 \times 90}{7\,200}$ = 2 000 — 25 ; celle du troisième billet est $1\,800 - \dfrac{1\,800 \times 80}{7\,200} = 1\,800 - 20.$

La valeur actuelle du billet unique doit être égale à la somme des valeurs actuelles des trois billets, ou :

$$1\,200 + 2\,000 + 1\,800 - 10 - 25 - 20 = 5\,000 - 55 = 4\,945\ \text{f.}$$

Si le montant du billet unique, payable dans 75 jours, était 100 francs, sa valeur actuelle serait $100 - \dfrac{100 \times 75}{7\,200}$

$$= 100 - \frac{25}{24} = \frac{2\,375}{24}\ \text{f.}$$

Comme $\dfrac{2\,375}{24}$ f. est la valeur actuelle d'un billet de 100 f.,

$$1\ \text{f.} \qquad - \qquad - \qquad \frac{100 \times 24}{2\,375},$$

$$\text{et } 4\,945\ \text{f.} \qquad - \qquad - \qquad \frac{100 \times 24 \times 4\,945}{2\,375},$$

On trouve que ce nombre égale $\dfrac{989^{\text{f}} \times 96}{19}$, ou $4\,997^{\text{f}},05.$

283. Formules générales. — 1° Si l'on désigne par a, a', a'' les valeurs nominales des billets, qui sont payables respectivement dans n, n', n'' jours, et si l'on remplace les billets par un billet unique ayant pour valeur nominale $a + a' + a''$ payable dans x jours, on a, en appelant r l'intérêt de 1 franc pour 1 jour, ou la 36 000ᵉ partie du taux :

$$arn + a'rn' + a''rn'' = (a + a' + a'')\,rx\,;$$

on en déduit, en supprimant le facteur commun r et en divisant par $a + a' + a''$,

$$x = \frac{an + a'n' + a''n''}{a + a' + a''}.$$

On voit que ce nombre ne dépend pas du taux.

2° Si la valeur nominale du billet unique n'était pas la somme des valeurs nominales des trois billets, le

taux interviendrait. En employant les mêmes nota-
tions et en appelant A cette valeur nominale, on aurait :

$$(a - arn) + (a' - a'rn') + (a'' - a''rn'') = A - Arx ;$$

d'où il résulte :

$$x = \frac{A - (a + a' + a'') + (an + a'n' + a''n'')r}{Ar}$$

3° Si le billet unique est payable dans t jours, sa
valeur nominale A est telle qu'on ait :

$$(a - arn) + (a' - a'rn') + (a'' - a''rn'') = A - Art = A (1 - rt)$$

d'où il résulte :

$$A = \frac{a + a' + a'' - (an + a'n' + a''n'')r}{1 - rt} .$$

§ 3. — *Bordereaux d'escompte. Comptes courants.*

284. Bordereaux d'escompte. — Si un banquier paye
le même jour à un négociant plusieurs effets de commerce, la note de ces effets, avec l'indication des frais
perçus par le banquier, est appelée un *bordereau d'escompte*. Les frais sont :

1.° L'*escompte* de chaque effet ;

2° Une *commission*, indépendante des dates d'é-
chéance des billets, qui représente le payement des écri-
tures du banquier ; elle varie de $\frac{1}{2}$ à $\frac{1}{8}$ pour 100 ;

3° Le *change de place*, pour tout effet négocié qui est
payable dans une autre ville. Ce droit sert à payer le
banquier des frais de poste et autres qu'il devra sup-
porter pour encaisser le montant de l'effet lors de son
échéance.

Le change est variable avec la place, mais il est proportionnel à la valeur nominale de l'effet. L'ensemble de ces divers frais constitue l'*agio*. La valeur nominale d'un effet, diminuée de l'agio correspondant, est appelée la *valeur au comptant* de l'effet.

Le calcul de l'escompte, dans les bordereaux d'escompte, se fait par la méthode des diviseurs. Les bordereaux d'escompte peuvent être disposés comme l'indique l'exemple suivant.

285. Exemple. — Martin, banquier à Paris.

Paris, le 15 janvier 1906.

Bordereau des effets présentés à l'escompte par M. Dupuis.

SOMMES		CHANGES,		PLACES.	ÉCHÉANCES	JOURS	NOMBRES
f.	c.		f. c.				
3 500		1/8	4,37	Marseille.	20 février.	36	126 000
5 000		1/2	25	Strasbourg.	1er mars.	45	225 000
800		1/4	2	Tulle.	12 avril.	87	69 600
1 200		1/8	1,50	Lille.	15 mars.	59	70 800
10 500			32,87 Change de place.				491.400
120	54	Agio	61,42 Escompte 4,5 p. 100.			$\frac{491,4}{8} = 61,42.$	
			26,25 Commission 1/4 p. 100.				
10 379	46		Net à payer, valeur au 15 janvier.				

Au-dessous du total des changes, on place celui des escomptes et la commission ; en additionnant ces trois sommes, on obtient l'agio ; la somme à payer par le banquier est la différence entre la somme des montants des effets et l'agio.

Au lieu de calculer séparément l'escompte pour chaque effet, on calcule en une fois l'escompte total : il suffit pour cela de calculer les nombres, de les ajouter et de diviser leur somme par le diviseur correspondant au taux.

Pour faire rapidement ce calcul, on peut supprimer deux chiffres à la droite de chaque nombre, et deux zéros à la droite du diviseur.

286. Comptes courants. — Lorsqu'un banquier et un commerçant, ou deux négociants, sont en relations d'affaires, chacun verse à l'autre, à diverses époques, différentes valeurs.

Pour qu'à un moment quelconque on puisse établir rapidement la situation de chacun vis-à-vis de l'autre, il est nécessaire de consigner méthodiquement ces opérations sur un tableau : un tel tableau est appelé un *compte courant.*

Lorsque deux négociants ont un compte courant, ce compte ne porte généralement pas intérêt. Le règlement n'offre alors aucune difficulté : on n'a qu'à faire la différence entre le doit et l'avoir de chacun.

Mais les comptes courants entre un banquier et un commerçant, ou entre deux banquiers, produisent des intérêts :

Si un commerçant a déposé de l'argent chez un banquier qui lui paye 2 p. 100 d'intérêt par exemple, ce commerçant tantôt prendra chez ce banquier de l'argent quand il en aura besoin, tantôt y déposera certaines sommes, ou même donnera à la banque des *remises,* c'est-à-dire des effets de commerce à escompter.

Le banquier devra consigner toutes ces opérations avec ordre et de telle manière que chacun puisse savoir à tout moment sa situation vis-à-vis de l'autre.

Le compte courant est établi en deux parties :

L'une, à gauche, appelée le *doit,* contient toutes les sommes versées par le banquier au négociant, ou versées pour lui, *à son ordre;*

L'autre, à droite, appelée l'*avoir,* contient toutes les sommes reçues par le banquier, du négociant, ou d'autres personnes pour le compte du négociant. Ces diverses sommes portent intérêt.

La tenue des comptes courants présente, comme on le voit, quelques difficultés ; nous allons indiquer brièvement les principales méthodes employées.

287. Méthode directe ou ancienne. — Supposons que les opérations suivantes aient été faites entre Martin, banquier à Paris, et Dupont, négociant à Lille :

Le 1er mai 1906, Martin a payé pour le compte de Dupont 3 000 francs ;

Le 15 mai, Dupont a fait sur Martin une traite de 1 800 francs, payable le 5 juillet ;

Le 1er juin, Martin a fait sur Dupont une traite de 3 000 francs, payable le 16 juillet ;

Le 10 juin, Dupont a endossé, à l'ordre de Martin, une traite de 1 300 francs payable à Lyon le 25 septembre ;

Le 20 juin, Martin a endossé, à l'ordre de Dupont, une traite de 4 200 francs, payable à Rouen le 15 août ;

Le 1er août, Dupont a endossé à l'ordre de Martin, une somme de 2 500 francs, payable à Bordeaux le 12 octobre.

Faisons le compte de Dupont chez Martin pour le 31 octobre, les intérêts étant comptés à 5 p. 100.

Dupont doit à Martin toutes les valeurs qui lui ont été remises, par voie d'endossement ou autre, avec leurs intérêts depuis le jour de leur payement en espèces jusqu'au 31 octobre.

Martin doit à Dupont toutes les valeurs que lui a remises Dupont, ainsi que leurs intérêts, dans les mêmes conditions.

Le compte courant peut être établi comme il suit : au *doit* ou *débit*, sont inscrites toutes les sommes dues par Dupont ; à l'*avoir* ou *crédit*, toutes les sommes dues à Dupont.

M. DUPONT, *de Lille : son compte courant, à 5 p. 100, chez* **MARTIN,**
réglé le 31 octobre 1906.

DOIT						AVOIR					
DATES	SOMMES	LIBELLÉ	ÉCHÉANCES	JOURS	INTÉRÊTS	DATES	SOMMES	LIBELLÉ	ÉCHÉANCES	JOURS	INTÉRÊTS
1er mai.	3.000	Ma remise es-pèces.	1er mai.	183	76,25	1er juin.	3.000	Ma traite.	16 juill.	107	44,58
15 mai.	1.800	Sa traite	5 juill.	118	29,50	10 juin.	1.300	Sa remise sur Lyon.	25 sept.	36	6,50
20 juin.	4.200	Ma remise sur Rouen	15 août.	77	44,91	1er août.	2.500	Sa remise sur Bordeaux.	12 oct.	19	6,60
					150,66						92,98
	92,98	Balance des intérêts.					2.292,98	Balance des capitaux.			150,66
	9.092,98						9.092,98				
31 oct.	2.292,98	Solde à nou-veau.									

Paris, le 31 octobre 1906,

MARTIN.

Pour chaque valeur, on indique dans des colonnes spéciales la date de la remise, le montant de l'effet, sa nature, la date de l'échéance, le nombre des jours depuis l'échéance jusqu'au 31 octobre, et les intérêts correspondants.

En faisant la somme des intérêts du débit, on trouve 150^f,66 ; la somme des intérêts du crédit est 57^f,68 ; la différence en faveur du débit est de 92^f,98.

Cette somme s'appelle la *balance des intérêts*.

On l'inscrit au bas de la colonne des intérêts de l'avoir, puis dans la colonne des capitaux du doit.

Le total des capitaux du débit est alors 9092^f,98.

Le total des capitaux du crédit est 6800 francs.

Le plus grand de ces totaux est seul porté au tableau ; on calcule la différence, on trouve 2292^f,98 qu'on inscrit sous le nom : *balance des capitaux*, au bas de la colonne des capitaux du crédit, de manière que les deux colonnes des capitaux fournissent finalement la même somme : 9092^f,98.

Il reste ainsi au débit de Dupont, le 31 octobre, 2292^f,98. Cette somme est inscrite au débit avec la date et la mention : *solde à nouveau*.

288. Remarque. — Au lieu de calculer les intérêts des sommes portées tant au doit qu'à l'avoir, on peut calculer les nombres, les inscrire dans des colonnes intitulées *nombres*, calculer la somme des nombres du débit, celle des nombres du crédit, faire la *balance des nombres*, c'est-à-dire la différence des deux sommes ; en divisant cette différence par le diviseur correspondant au taux adopté, on obtient la balance des intérêts.

La balance des intérêts est portée au doit ou à l'avoir, suivant que la balance des nombres est portée à l'avoir ou au doit.

M. DUPONT, de Lille : son compte courant, à 5 p. 100, chez MARTIN, réglé le 31 octobre 1906.

DOIT						AVOIR					
DATES	SOMMES	LIBELLÉ	ÉCHÉANCES	JOURS	NOMBRES	DATES	SOMMES	LIBELLÉ	ÉCHÉANCES	JOURS	NOMBRES
1er mai.	3.000	Ma remise es-pèces.	1er mai.	183	549.000	1er juin.	3.000	Ma traite. . . .	16 juill.	107	321.000
15 mai.	1.800	Sa traite. . .	10 juill.	118	212.400	10 juin.	1.300	Sa remise sur Lyon. . . .	25 sept.	36	46.800
20 juin.	4.200	Ma remise sur Rouen . .	15 août.	77	323.400	1er août.	2.500	Sa remise sur Bordeaux. .	12 oct.	19	47.500
					1.084.800			Balance des nombres.			669.500
	92,98	Balance des intérêts.					2.292,98	Balance des capitaux.			1.084.800
	9.092,98						9.092,98				
31 oct.	2.292,98	Solde à nou-veau.									

6695
215
710
620
44

72
92,98

Paris, le 31 octobre 1906,

MARTIN.

289. Nombres rouges. — Il peut arriver que la date d'échéance d'un effet soit postérieure à celle du règlement du compte : l'intérêt de cet effet est alors soustractif et devrait figurer, non pas à l'avoir, mais au doit de celui qui a remis l'effet, le capital de cet effet devant d'ailleurs figurer à l'avoir de la personne qui l'a donné.

Dans la pratique, la remise et son intérêt sont encore portés à l'avoir de cette personne ; mais on convient d'écrire alors l'intérêt ou le nombre à l'*encre rouge*, pour indiquer qu'il devra être ajouté, non pas au crédit comme le montant de la remise, mais au débit de la personne.

EXEMPLE. — Reprenons l'exemple traité plus haut et supposons que le 1ᵉʳ octobre Dupont ait endossé, à l'ordre de Martin, une traite de 2000 francs, payable le 15 décembre.

Le nombre des jours qui séparent la date du règlement de celle de l'échéance de cet effet est 45, mais l'échéance est postérieure au règlement ; l'intérêt qui est de $12^f,50$, ou le nombre $2000 \times 45 = 90\,000$, sera inscrit à l'avoir de Dupont, mais à l'encre rouge ; la somme 2000 à l'encre noire ; l'intérêt, ou le nombre, devra être ajouté aux intérêts, ou aux nombres, du débit, pour le calcul de la balance des intérêts.

290. Inconvénients de la méthode directe. — Dans cette méthode, le banquier est obligé de faire tous les calculs le jour même de la clôture du compte ; les calculs ne peuvent être préparés que si l'on sait ce jour à l'avance, ce qui est assez rare.

Nous allons indiquer une autre méthode exempte de cet inconvénient.

291. Méthode indirecte ou nouvelle. — Dans cette méthode, dite aussi *méthode rétrograde*, tous les effets

M. DUPONT, *de Lille : son compte courant, à 5 p. 100, chez* **MARTIN**, *réglé le 31 octobre 1906.*

DOIT — AVOIR

DATES	SOMMES	LIBELLÉ	ÉCHÉANCES	JOURS	ESCOMPTES	DATES	SOMMES	LIBELLÉ	ÉCHÉANCES	JOURS	ESCOMPTES
1er mai.	3 000 »	Ma remise es-pèces. . . .	1er mai.	Époque.		1er juin.	3 000	Ma traite. . .	16 juill.	96	31,67
15 mai.	1 800	Sa traite . . .	5 juill.	65	16,25	10 juin.	1 300	Sa remise sur Lyon. . . .	25 sept.	147	26,54
20 juin.	4 200	Ma remise sur Rouen . . .	15 août.	106	61,83	1er août.	2 500	Sa remise sur Bordeaux. .	12 oct.	164	56,94
	37,07	Balance des escomptes. .			37,07			Balance des capitaux : 2 237,07			115,15
	9 037,07				115,15		2 293,92	Solde débiteur.			
	56,85	Intérêts sur balance des capitaux					9 093,92				
	9 093,92										
31 oct.	2 293,92	Solde à nouveau.									

Paris, le 31 octobre 1906,

MARTIN.

sont comptés, doit et avoir, avec la valeur qu'ils ont lors de l'échéance de l'effet qui échoit le plus tôt: cette date est appelée l'*époque*.

Reprenons le compte précédent :

L'époque est le 1er mai.

La somme de 3 000 francs, remise par Martin à Dupont le 1er mai, vaut à l'époque 3 000 francs; nous l'inscrirons au débit, avec les mêmes indications que dans la méthode directe, mais sans porter d'intérêt.

La traite de 1 800 francs, faite par Dupont le 15 mai, à l'échéance du 5 juillet, vaut à l'époque, c'est-à-dire 65 jours avant l'échéance, 1 800 francs, moins son escompte pendant 65 jours, ou 16^f,25 ; nous inscrirons dans la colonne des jours 65, et dans celle des escomptes 16^f,25.

Nous ferons des calculs analogues pour les diverses valeurs du débit et du crédit.

La somme des escomptes du débit, qui est de 78^f,08, doit être retranchée du débit; ou bien encore ajoutée au crédit.

La somme des escomptes du crédit, qui est de 115^f,15, doit être retranchée du crédit, ou bien encore ajoutée au débit.

Mais il est plus simple d'ajouter au débit l'excès de la seconde de ces sommes sur la première, 37^f,07, qu'on appelle la *balance des escomptes*.

Le total des sommes du débit se monte, y compris la balance des escomptes, à 9 037^f,07 ; le total des sommes du crédit, à 6 800 francs.

La balance en faveur du débit est 2 237^f,07 ; c'est le solde débiteur à l'époque du 1er mai. Le calcul de l'escompte pour toute remise est toujours fait à la date de cette remise; de sorte qu'à un moment quelconque un calcul très simple donne immédiatement la *balance des capitaux à l'époque*.

Pour régler le compte le 31 octobre par exemple, il suffit d'ajouter, à la balance des capitaux à l'époque, son intérêt depuis l'époque jusqu'à la date du règlement.

Ici la balance des capitaux est de 2237^f,07, en faveur du débit.

L'intérêt de cette somme, depuis l'époque jusqu'à la date du règlement du compte, est de 56^f,85, somme qui, ajoutée à la balance des capitaux, donne 2293^f,92 ; c'est la somme que Dupont doit à Martin le 31 octobre.

292. Remarques. — 1° Comme dans la méthode directe, au lieu de calculer les escomptes séparément, on peut calculer les nombres, faire la *balance des nombres*, c'est-à-dire la différence entre la somme des nombres du crédit et celle des nombres du débit, diviser cette différence par le diviseur : on obtient ainsi la *balance des escomptes*.

2° En appliquant la méthode directe, nous avons trouvé que Dupont doit à Martin, le 31 octobre, la somme de 2292^f,98 ; par la méthode indirecte, nous avons trouvé 2293^f,92, soit 0^f,94 en plus.

Ce résultat est facile à expliquer : considérons, par exemple, la traite de 1800 francs tirée par Dupont sur Martin, le 15 mai, à l'échéance du 5 juillet. Dans la méthode directe, au débit de Dupont figure : la somme de 1800 francs, plus les intérêts de 1800 francs pendant 118 jours.

Dans la méthode indirecte, au débit de Dupont figure la somme de 1800 francs, moins les intérêts de 1800 francs pendant 65 jours, qui s'élèvent à 16^f,25, plus les intérêts de (1800 — 16,25) francs pendant 183 jours ; ou encore : la somme de 1800 francs, plus les intérêts de 1800 francs pendant (183-65) ou 118 jours, moins les intérêts de 16^f,25 pendant 183 jours.

M. DUPONT, de Lille : son compte courant, à 5 p. 100, chez MARTIN,
réglé le 31 octobre 1906.

DOIT   AVOIR

DATES	SOMMES	LIBELLÉ	ÉCHÉANCES	JOURS	NOMBRES	DATES	SOMMES	LIBELLÉ	ÉCHÉANCES	JOURS	NOMBRES
1er mai.	3 000	Ma remise és-pèces. . . .	1er mai.		Époque.	1er juin.	3 000	Ma traite. . .	16 juill.	76	228 000
15 mai.	1 800	Sa traite . . .	5 juill.	65	117 000	10 juin.	1 300	Sa remise sur Lyon	25 sept.	147	191 100
20 juin.	4 200	Ma remise sur Rouen. . . .	15 août.	106	445 200	1er août.	2 500	Sa remise sur Bordeaux. .	12 oct.	164	410 000
		Balance des nombres. .			266 900			Balance des capitaux : 2 237,07			
	37,07	Balance des escomptes. .			829 100		2 293,92	Solde débiteur.			
	9 037,07						9 093,92		2669	72	
	56,35	Intérêts sur balance des capitaux.							509	37,069	
	9 093,92								500		
									680		
31 oct.	2 293,92	Solde à nouveau.							52		

Paris, le 31 octobre 1906,
MARTIN.

Ainsi, dans la seconde méthode, au débit de Dupont figure la même somme que dans la première méthode, diminuée des intérêts de 16ᶠ,25 pendant 183 jours, entre l'époque et la date du règlement du compte.

En raisonnant de même pour les diverses sommes, on verrait qu'au débit de Dupont, dans la seconde méthode, figure au 31 octobre la même somme que dans la première méthode, diminuée des intérêts de 78ᶠ,08 (somme des escomptes du débit), et augmentée des intérêts de 115,15 (somme des escomptes du crédit) ; ou, finalement, la même somme que dans la première méthode, augmentée de l'intérêt, pendant 183 jours, de la balance des escomptes, 37ᶠ,07.

En faisant le calcul, on trouve bien en effet 0ᶠ,94. Cette différence est, comme on voit, peu appréciable ; et dans la pratique on emploie de préférence la méthode indirecte.

§ 4. — *Rentes sur l'État.*

293. Rentes. — Lorsque les ressources ordinaires d'un État, fournies par l'*impôt*, deviennent insuffisantes, on a recours à l'emprunt.

Toute personne qui verse une certaine somme reçoit en échange un *titre de rente*, par lequel l'État s'engage à payer l'intérêt de cette somme.

L'emprunt peut être fait de deux manières :

1° En *rente perpétuelle*, que l'État n'est pas obligé de rembourser, ce qu'il a pourtant la faculté de faire, sauf stipulation contraire ;

2° En *rente amortissable*, que l'État s'oblige à rembourser dans une période déterminée, le nombre des titres remboursés allant constamment en augmentant.

294. Rentes françaises. — Les fonds d'État français comprennent :

1° Le 3 *pour* 100, qui est une rente perpétuelle de 3 francs par an pour un capital nominal de 100 francs ;

2° Le 3 *pour* 100 *amortissable*, dont l'État rembourse chaque année une partie ; ces rentes émises en 1878 seront complètement remboursées en 1953.

Il y avait récemment une troisième catégorie : la rente 3,5 *pour* 100, qui a été convertie en 3 p. 100, le 16 novembre 1902. Cette rente provenait de rentes 5 p. 100 émises en 1871, converties en 4 1/2 p. 100, en 1883, puis converties, ainsi que des rentes 4 p. 100 en 3 1/2 p. 100, en 1894.

L'État fait aussi des emprunts à courte échéance au moyen d'*obligations* et de *bons du Trésor*.

Les *titres de rente* sont *nominatifs* lorsqu'ils mentionnent le nom du propriétaire, et *au porteur*, dans le cas contraire. Il existe aussi des titres mixtes, qui sont nominatifs, mais dont les coupons sont au porteur.

295. Achat et vente de titres. — Un titre de rente n'étant pas remboursé par l'État, si le possesseur du titre désire avoir de l'argent, il doit vendre son titre. Cette vente se fait par l'intermédiaire d'un *agent de change*, à la *Bourse de Paris* ou d'une grande ville, comme Lyon, Marseille, etc.

Le prix variable du titre qui correspond à un revenu déterminé, 3 francs pour la rente française, s'appelle le *cours*; ce prix est inscrit dans la *cote officielle de la Bourse*, qui est partiellement reproduite par la plupart des journaux. Il subit la loi de l'offre et de la demande.

Lorsque le cours d'un titre est égal à sa valeur nominale, on dit que le titre est *au pair*. Lorsque le cours est inférieur ou supérieur à la valeur nominale, on dit que le titre est *au-dessous* ou *au-dessus du pair*.

Lorsque le cours augmente ou diminue, on dit qu'il y a *hausse* ou *baisse*.

Pour chaque achat ou vente, l'agent de change perçoit un *courtage* de 1 pour 1 000, avec minimum de $0^f,50$. L'État perçoit un droit de timbre de $0^f,0125$ par fraction indivisible de 1 000 francs ; ce droit est de $0^f,05$ par fraction indivisible de 1 000 francs pour les autres valeurs qui se négocient à la Bourse.

296. Problème. — *Combien coûtent* 1 000 *francs de rente* 3 *p.* 100 *au cours de* $98^f,25$?

Puisque 3 francs de rente coûtent $98^f,25$, 1 franc coûte 3 fois moins, et 1 000 francs coûtent 1 000 fois plus, ou $\dfrac{98,25 \times 1\,000}{3} = \dfrac{98\,250}{3} = 32\,750$ francs.

Le courtage est de $32^f,75$; le droit de timbre de $0,0125 \times 33$, ou $0^f,41$. La somme à payer est donc :

$$32\,750 + 32,75 + 0,41 = 32\,783^f,16,$$

à laquelle il faut ajouter $0^f,10$ pour le timbre de quittance.

La somme à recevoir par le vendeur est :

$$32\,750 - 32,75 - 0,41 - 0,10 = 32\,750 - 33,26 = 32\,716^f,74.$$

Les banquiers prennent en outre une certaine commission, qui est généralement de 1 pour 1 000.

297. Actions et obligations. — Pour effectuer de grands travaux, les capitaux d'un petit nombre de personnes ne suffisent pas. On forme alors une société, qui constitue son capital en émettant des *actions*. Ainsi, la Compagnie des chemins de fer Paris-Lyon-Méditerranée a un capital formé de 800 000 actions de 500 francs, soit 400 millions de francs.

Le capital formé par les actions est souvent insuffisant, et la société doit emprunter en émettant des *obligations*.

L'intérêt des obligations est fixe, celui des actions

dépend des bénéfices réalisés, et il s'appelle *dividende*.

Les actions et les obligations se négocient à la Bourse comme les titres de rente.

Les revenus des actions et des obligations sont soumis aux trois impôts suivants :

1° Un impôt de timbre, qui est de 0ᶠ,60 pour 1 000 francs de capital nominal ;

2° Une taxe de transmission de 0ᶠ,20 pour 100 francs du cours moyen de l'année précédente, pour les titres au porteur. Cette taxe n'existe pas pour les titres nominatifs ; elle est remplacée pour chaque achat ou vente par une taxe de 0,50 p. 100 ;

3° Une taxe de 4 p. 100 sur le revenu.

§ 5. — Caisses d'épargne et impôts.

298. Caisses d'épargne. — Les *Caisses d'épargne* sont des établissements destinés à faire fructifier les économies des déposants.

Il existe une caisse d'épargne dans chaque ville ; ces caisses allouent actuellement un intérêt de 2,75 ou de 3 p. 100.

Il existe aussi, depuis 1881, une *Caisse nationale d'épargne*, qui a des succursales dans tous les bureaux de poste ; elle alloue un intérêt de 2,50 p. 100.

L'intérêt est compté par quinzaines ; il part du 1ᵉʳ ou du 16 qui suit le jour du versement, et il cesse de courir le 1ᵉʳ ou le 16 qui précède le remboursement.

Les versements ne peuvent être inférieurs à 1 franc. On ne tient pas compte des centimes pour le calcul des intérêts.

Le compte d'un déposant se règle en ajoutant au capital les intérêts de chaque versement, jusqu'à la fin de l'année, et en retranchant les intérêts de chaque remboursement, jusqu'à la fin de l'année, en comptant toujours par quinzaines. Les intérêts des versements sont dits *anticipés* et les intérêts des remboursements sont dits *rétrogrades ;* la différence entre les deux donne l'intérêt réel ; cet intérêt s'ajoute au capital, au commencement de chaque année, pour porter lui-même intérêt.

299. Exemple. — *Une personne dépose 200 francs le 10 janvier, 120 francs le 28 mars, 160 francs le 25 mai, 300 francs le 11 octobre, et elle retire 250 francs le 17 juin, 180 francs le 20 novembre ; quel sera son compte à la fin de l'année, le taux étant de 3 p. 100 ?*

L'intérêt de 100 francs pour une quinzaine est $\frac{3}{24}$, ou $\frac{1}{8}$ f., et l'intérêt de 1 franc pour le même temps est $\frac{1}{800}$, ou $0^f,00125$. L'intérêt de a francs pour n quinzaines est le produit de an par $0,00125$.

Les quinzaines et les intérêts correspondants se trouvent dans le tableau suivant :

VER-SEMENTS	QUINZAINES à compter.	INTÉRÊTS anticipés.	REMBOUR-SEMENTS	QUINZAINES à déduire.	INTÉRÊTS rétrogrades.
200,00	23	5,75	250,00	13	4,06
120,00	18	2,70	180,00	3	0,67
160,00	14	2,80			
300,00	5	1,87			
780,00		13,12	430,00		4,73

La caisse d'épargne doit au déposant :

$$780^f + 13^f,12, \quad \text{ou} \quad 793^f,12 ;$$

le déposant doit à la caisse :

$$430^f + 4^f,73, \quad \text{ou} \quad 434^f,73.$$

L'avoir du déposant, à la fin de l'année, est donc :

$$793^f,12 — 434^f,73, \quad \text{ou} \quad 358^f,39.$$

Les élèves des écoles primaires, qui ne peuvent verser le minimum de 1 franc et qui veulent cependant économiser, achètent à l'instituteur des timbres-poste de 5 ou de 10 centimes qu'ils collent sur un *bulletin d'épargne*. Lorsque ce bulletin contient 1 franc de timbres, l'instituteur le fait parvenir à la caisse d'épargne, et le versement de 1 franc est inscrit au nom de l'élève.

300. Caisse nationale des retraites pour la vieillesse. — La *Caisse nationale des retraites pour la vieillesse* est une caisse de pensions viagères qui fonctionne sous la garantie de l'État.

La Caisse reçoit, et fait fructifier les épargnes des déposants par l'accumulation des intérêts et en tenant compte des chances de mortalité. Elle est gérée par la *Caisse des dépôts et consignations*, qui supporte les frais d'administration.

Les versements opérés pour un même compte peuvent être de 1 à 500 francs par an. Les rentes viagères acquises ne peuvent dépasser 1 200 francs par personne.

Les capitaux sont *aliénés* ou *réservés*; dans ce dernier cas, ils sont remboursés sans intérêt aux ayants droit, lors du décès du titulaire.

On peut aussi, au moment de la liquidation de la retraite, abandonner le capital pour augmenter la rente.

Les versements sont *facultatifs*; ils peuvent être interrompus ou recommencés, car tout versement donne lieu à une liquidation spéciale, et la rente produite constitue une propriété irrévocable qu'on inscrit sur le livret du déposant en regard du versement.

Les versements peuvent être faits au nom de toute personne âgée de 3 ans.

Les tarifs officiels sont établis par trimestre depuis

3 ans jusqu'à 65 ans, pour les versements, et, par année, de 50 à 65 ans, pour la jouissance.

Les versements sont reçus à la Caisse des dépôts et consignations, chez les trésoriers-payeurs généraux et les receveurs des finances, chez les percepteurs et les receveurs des postes.

301. Impôts. — Les *contributions* ou *impôts* sont les sommes payées par chaque citoyen à l'État, pour subvenir aux dépenses d'intérêt public.

Les *contributions directes* sont payées directement par chaque contribuable ; elles sont au nombre de quatre :

1° L'*impôt foncier*, dû par le propriétaire, pour les terres, les maisons, etc. ;

2° La *contribution personnelle*, qui est généralement fixée à la valeur de trois journées de travail, et la *contribution mobilière*, qui est proportionnelle à la valeur locative du logement occupé ;

3° L'*impôt des portes et fenêtres*, qui dépend du nombre des ouvertures des bâtiments servant d'habitation ;

4° Les *patentes*, qui sont dues par les personnes exerçant un commerce ou une industrie.

On doit y ajouter les contributions sur les *chevaux*, les *chiens*, les *billards*, les *vélocipèdes*, les *automobiles*, les *cercles*, etc.

Les *contributions indirectes* sont payées indirectement sur les objets de consommation, tels que les boissons, le tabac, le sel, le sucre... sur les douanes, l'octroi.... Il faut y joindre les droits d'enregistrement, de timbre, etc.

Les impôts indirects, l'impôt des portes et fenêtres et les patentes sont des impôts de *quotité*, fixés par la loi ; leur produit annuel est variable.

L'impôt foncier et la contribution mobilière sont des impôts de *répartition*; leur produit annuel est fixe.

La Chambre des députés et le Sénat votent le montant de l'impôt foncier, qui est réparti proportionnellement aux revenus des départements. Le Conseil général de chaque département fait la répartition entre les arrondissements; le Conseil d'arrondissement fait la répartition entre les communes, et, dans chaque commune, une commission de répartiteurs fait la répartition entre les contribuables, d'après les revenus présumés.

La notification faite à chaque contribuable par les soins du percepteur s'appelle *avertissement*.

Cet avertissement porte : 1° l'énumération des sommes dues par le contribuable pour chacune des quatre contributions; 2° le tant pour 100 qui revient à l'État, au département et à la commune; 3° le *centime le franc*, c'est-à-dire l'impôt à payer pour un franc de matière imposable; 4° la date de la publication du rôle des contributions; c'est à partir de ce jour que court le délai de trois mois pour les réclamations.

Exercices.

719. — Calculer l'intérêt des sommes suivantes, au taux de 4,5 p. 100 :

> 3 500 francs placés pendant 7 ans;
> 4 200 francs pendant 9 ans.

720. — Calculer l'intérêt de 4 820 francs au taux de 4 p. 100, pendant 2 ans 3 mois.

721. — Quel est le capital qui, au taux de 5 p. 100 a produit au bout de 8 mois un intérêt de 151 francs ?

722. — Quel capital faut-il placer pour obtenir, au bout de 250 jours, le taux étant 3 p. 100, un intérêt de 76^f,50 ?

723. — Pendant combien de temps a été placé un capital de 1 900 francs, qui a produit, au taux de 4 p. 100, un intérêt de 836 francs?

724. — A quel taux a été placé un capital de 1 540 francs qui a produit, en 15 mois, un intérêt de 69^f,30?

725. — Un capital de 5 000 francs a produit, en 10 mois 16 jours, un intérêt de 197^f,50. Quel est le taux du placement?

726. — Calculer, par la méthode des parties aliquotes, l'intérêt produit par les sommes suivantes :

2 520 francs à 3 p. 100 pendant 195 jours ;
3 640 francs à 3 p. 100 pendant 210 jours ;
12 400 francs à 4,5 p. 100 pendant 220 jours ;
3 540 francs à 4,5 p. 100 pendant 35 jours ;
8 400 francs à 6 p. 100 pendant 149 jours ;
728^f,30 à 6 p. 100 pendant 23 jours.

727. — Calculer l'intérêt des sommes suivantes, en cherchant d'abord l'intérêt au taux de 6 p. 100 par la méthode des parties aliquotes :

450 francs à 3 p. 100 pendant 166 jours ;
628 francs à 4 p. 100 pendant 87 jours ;
1 265 francs à 4,5 p. 100 pendant 124 jours ;
2 540 francs à 5 p. 100 pendant 155 jours.

728. — On place un capital au taux de 3,5 p. 100 pendant 2 ans 5 mois; on retire, au bout de ce temps, capital et intérêt réunis, 1 925^f,25. Quel capital avait-on placé?

729. — Quel est l'escompte commercial d'un billet de 2 400 francs payable le 15 septembre et escompté le 5 juillet de la même année, le taux étant 4 p. 100? — Calculer ce que serait l'escompte rationnel du même billet.

730. — Un billet de 1 560 francs est payable le 12 septembre. Le taux de l'escompte étant 5 p. 100, quelle est sa valeur au 20 juin de la même année : 1° si l'on prend l'escompte commercial ; 2° si l'on prend l'escompte rationnel?

731. — On a escompté le 12 mai, à 5 p. 100, un billet payable le 21 juillet. L'escompte s'est élevé à 28 francs. Quel est le montant du billet?

732. — On a escompté, le 1er mars, un billet de 1 500 francs payable le 20 mai. L'escompte s'étant élevé à 10 francs, quel est le taux?

733. — Un billet de 2 500 francs, escompté à 6 p. 100 le 20 avril a subi une retenue de 28^f,60. Quelle était l'échéance de ce billet?

734. — Pour un billet payable dans 80 jours, on a reçu 124ᶠ,80. Quelle était la valeur nominale de ce billet, le taux de l'escompte étant 4 p. 100 ?

735. — Un négociant achète pour 4 250 francs de marchandises et veut les revendre en gagnant 15 p. 100 sur le prix de vente. Quel doit être ce prix de vente ?

736. — Un négociant veut remplacer deux billets, l'un de 2 200 francs payable dans 30 jours, l'autre de 1 200 francs payable dans 45 jours, par un billet unique de 3 400 francs. Quelle sera l'échéance de ce billet unique ?

737. — On a deux effets de commerce, l'un de 600 francs payable dans 60 jours, l'autre de 975 francs payable dans 45 jours. On veut les remplacer par un billet unique payable au bout de 30 jours. Quel sera le montant de ce troisième billet, si le taux de l'escompte est 6 p. 100 ?

738. — Un commerçant a deux billets à payer : le 1ᵉʳ de 1 440 francs payable dans 96 jours ; le 2ᵉ de 855 francs payable dans 168 jours. Il les remplace par un billet unique de 2 358 francs payable dans un an. A quel taux l'intérêt a-t-il été calculé ?

739. — Combien coûtent 300 francs de rente 3 p. 100 au cours de 97ᶠ,50 ?

740. — Combien aura-t-on de rente 3 p. 100 au cours de 98ᶠ,15 pour 4 200 francs (frais de courtage et de timbre non compris) ?

741. — On a acheté 250 francs de rente 3 p. 100 et on a déboursé (frais non compris) 8 040 francs. Quel était le cours de la rente ?

742. — Quel est le plus avantageux, d'acheter de la rente 3 p. 100 française au cours de 98ᶠ,15, ou d'acheter de la rente 5 p. 100 italienne au cours de 104ᶠ,20 ?

743. — Une personne achète 5 actions au porteur du chemin de fer P. L. M., au cours de 1 365 francs. A quel taux place-t-elle son argent sachant que le revenu du dernier exercice a été de 55 francs et le cours moyen 1 340 francs ? (On tiendra compte des impôts sur les actions et obligations.)

744. — Une personne achète 10 obligations nominatives de 500 francs communales 1902, à 2,8 p. 100, du Crédit foncier, au cours de 478 francs. Quel est le revenu net de ces obligations ?

745. — Une personne a déposé, à la Caisse nationale d'épargne : le 10 janvier, 300 francs ; le 21 mars, 120 francs ; le 25 août, 260 francs ; le 12 octobre, 150 francs. Elle a retiré 100 francs le 8 juin et 80 francs le 18 novembre. Quel est son compte à la fin de l'année ? (Le taux est 2,5 p. 100.)

Problèmes.

746. — On a placé 7 200 francs à 4 p. 100 par an ; on a retiré, pour le capital et les intérêts simples réunis, 8.116 francs. Pendant combien de temps le capital a-t-il été placé ?

747. — Une personne possède 3 843 francs de revenu, au taux de 3,5 p. 100. Le taux de l'intérêt étant abaissé à 3 p. 100, quelle somme devra-t-elle verser pour avoir le même revenu ?

748. — Un cultivateur a acheté le 1er janvier à un propriétaire un champ d'une étendue de 323 mètres carrés, sur le pied de 3 000 francs l'hectare. N'ayant pas les fonds disponibles, il a obtenu de ne payer le prix de ce champ que le 15 juillet suivant, à condition d'en payer les intérêts à 3,75 p. 100. Quelle somme devra-t-il à son vendeur le 15 juillet ?

749. — Un certain capital prêté à intérêt simple vaut, au bout de 8 mois, capital et intérêt réunis, 8 580 francs ; ce même capital, laissé 18 mois de plus entre les mains de l'emprunteur aurait produit 9 322^f,50, capital et intérêt compris. On demande le capital primitif et le taux.

750. — Un spéculateur achète une propriété de 256^{ha},08 au prix de 447 116 francs. Il la garde deux ans et elle lui rapporte $3\frac{2}{3}$ p. 100, tandis que s'il eût placé la somme qu'il a déboursée, il en eût retiré 5 p. 100. A quel prix doit-il vendre l'hectare pour faire un bénéfice réel de 7 p. 100 en tenant compte du prix d'achat et de la perte qu'il a éprouvée ?

751. — Une terre de 7^{ha}45^a était affermée à raison de 45 francs l'hectare, mais à la suite d'un drainage qui a coûté 2 150 francs au propriétaire, le fermier a consenti à payer 600 francs pour la location de toute la terre. Cela posé, on demande :

1° Quel est le bénéfice annuel du propriétaire en supposant que l'argent qu'il a dépensé pour drainer sa terre lui rapportait auparavant 4 p. 100 d'intérêt ?

2° Quelle est la plus-value acquise par la propriété, si l'on admet que le revenu des terres représente 1,75 p. 100 de leur valeur ?

752. — Un terrain, qui a été acheté 1 250 francs le « journal » de 48^a,65 produit 16 hectolitres de blé par hectare. Ce blé pèse 15 kilogrammes par double décalitre et se vend en moyenne 21 francs les 100 kilogrammes. Sachant que les frais de culture s'élèvent à 170 francs par hectare, calculer à quel taux l'acquéreur a placé son argent.

Pour amender ce terrain, il faudrait une dépense de 150 francs par hectare, et l'on estime que si l'on augmentait alors les frais de culture du quart de leur valeur actuelle, la récolte augmenterait de $\frac{1}{5}$. Le propriétaire élèverait-il ou diminuerait-il son taux de placement en adoptant cette modification ?

753. — Quelle somme faudrait-il placer à 3,25 p. 100 pour qu'au bout de 219 jours on pût, avec le capital et les intérêts réunis, acheter un terrain de 38ª,741, à 66 francs l'are ? On comptera l'année de 365 jours.

754. — Une personne dispose d'un capital qu'elle place à 4,5 p. 100. Elle le retire au bout de 3 ans 8 mois, et avec le capital et les intérêts réunis, elle achète une propriété de 8ʰª7ª, à raison de 0ᶠ,32 le mètre carré. De quel capital disposait cette personne ?

755. — Une personne prête une certaine somme à 4 p. 100 à intérêt simple. Au bout de 3 ans et 3 mois, on la lui rend avec les intérêts. Elle place alors le tout dans une industrie qui lui donne 6 p. 100 et elle obtient un revenu lui permettant de dépenser 254ᶠ,25 par mois. On demande quel est le capital primitif ?

756. — Pour un terrain acheté à raison de 80 francs l'are, on a payé 18 mois après l'achat, capital et intérêt réunis à 5 p. 100, la somme de 45.150 francs. Le terrain a la forme d'un rectangle, et sa longueur est triple de sa largeur. Calculer chacune des dimensions à moins de 0ᵐ,1 près ?

757. — Un propriétaire achète à crédit, à raison de 5.400 francs l'hectare, deux terrains dont le second a la moitié de la contenance du premier plus 3 ares. Au bout de 15 mois, il paye, prix d'achat et intérêt à 4 p. 100 compris, la somme de 13 948ᶠ,20. On demande les surfaces de ces deux terrains ?

758. — Une personne ayant placé un certain capital au taux de 4,5 p. 100, le retire au bout de 8 mois et touche pour le capital et les intérêts la somme de 12 360 francs. Elle garde les intérêts et replace le capital à 5 p. 100. On demande : 1° quel a été le capital placé chaque fois ; 2° quel intérêt il a rapporté dans le premier placement ; 3° combien de jours le capital doit rester placé la seconde fois pour que l'intérêt soit le même que dans le premier placement.

759. — Une personne a recueilli dans une succession une somme de 350 000 francs. Elle en consacre une partie à l'acquisition d'une maison, une autre partie à l'achat de valeurs qui lui coûtent les $\frac{7}{9}$ du prix de la maison. Elle place le surplus, moitié à 4,5 p. 100 et moitié à 3 p. 100. Ce placement lui procure une rente annuelle de 3405 francs. Faire connaître : 1° le prix de la maison ; 2° celui des valeurs ; 3° le montant de chacune des sommes placées.

760. — Une personne a engagé un certain capital dans une entreprise. La première année elle a perdu 15 p. 100 de ce capital et la deuxième année 5 p. 100 du capital restant. La troisième année, la somme qui lui restait après la deuxième année produit un bénéfice de 8 p. 100 et il s'en faut de 3 261^f,45 que le capital primitif n'ait été reconstitué. Faire connaître : 1° le montant du capital engagé ; 2° le bénéfice de la troisième année.

761. — Une personne consacre les $\dfrac{3}{4}$ de son capital à l'achat d'un terrain ; avec les $\dfrac{3}{4}$ du reste elle achète une maison. Le capital qui lui reste, placé, les $\dfrac{4}{7}$ à 4,5 p. 100 et les $\dfrac{3}{7}$ à 6 p. 100, produit un intérêt annuel de 5 436 francs. On demande quel est le capital primitif, le prix du terrain et le prix de la maison.

762. — Une personne avait placé les $\dfrac{10}{13}$ d'un capital à $2\dfrac{1}{2}$ p. 100 et le reste à 5 p. 100. Le capital, au bout d'un an, lui est remboursé avec ses intérêts. Elle prélève alors une somme de 10 000 francs et prête le surplus à 4 p. 100 ; le revenu est ainsi augmenté de 450 francs. Quel était le capital primitivement placé ?

763. — Un capital est divisé en trois parties telles que la seconde est les $\dfrac{5}{6}$ de la première, et la troisième les $\dfrac{4}{5}$ de la seconde. On place la première à 3 p. 100, la seconde à 4 p. 100 et la troisième à 5 p. 100. On a alors un revenu annuel de 2 900 francs. On demande de trouver le capital total placé, ainsi que chacune des trois parts.

764. — Un capital a fourni 3 placements différents : les $\dfrac{2}{3}$ ont été placés à 4 p. 100, $\dfrac{1}{6}$ à $4\dfrac{1}{2}$ p. 100, le reste à 5 p. 100. Au bout de 16 mois on a retiré capital et intérêts, et l'on a touché une somme de 38 991 francs. On demande : 1° quelle était la valeur du capital primitif ? 2° à quel taux unique il eût fallu placer le capital tout entier pour arriver au même résultat au bout d'une année ?

765. — On a placé à 4,5 p. 100 une certaine somme le 31 janvier ; le 16 avril de la même année, on a placé une seconde somme double de la première à 5 p. 100. On a retiré, le 1er octobre suivant, 7 384^f,90, capitaux et intérêts réunis. Quelles étaient les sommes placées ?

766. — Partager 28 000 francs en deux parties, de manière que l'une, placée à 4 p. 100 par an, produise autant d'intérêt que l'autre placée à 3 p. 100 pendant le même temps.

767. — Deux sommes diffèrent entre elles de 580 francs. La plus petite, placée à 4,5 p. 100 pendant 16 mois, produit le même intérêt que l'autre, placée à 4 p. 100 pendant un an. Quelles sont les deux sommes ?

768. — Une personne place les $\frac{3}{7}$ de sa fortune à 5 p. 100 et divise le reste en deux parts qu'elle place l'une à 6 p. 100 et l'autre à 3 p. 100. Les deux derniers placements produisent le même revenu, et le revenu total de la personne est 1 860 francs. Calculer la fortune de cette personne.

769. — Un particulier emprunte une certaine somme au taux de 4 p. 100 par an ; 4 mois plus tard, il en emprunte une autre au taux de 5 p. 100, et 5 mois après le deuxième emprunt, il rembourse, pour les capitaux et les intérêts, une somme totale de 1 800 francs. Les intérêts des deux capitaux étant égaux, trouver ces capitaux.

770. — Deux capitaux font ensemble 25 300 francs. Le premier, placé à 4,5 p. 100 pendant 8 mois, a donné un revenu double de celui du deuxième placé à 3 p. 100 pendant 5 mois. Quels sont les deux capitaux ?

771. — Un homme dispose d'un capital de 75 000 francs qu'il désire engager dans différentes entreprises rapportant 6, 10 et 15 p. 100 par an. Mais comme elles n'offrent pas le même degré de garantie, il veut partager son capital en trois parties telles qu'en cas de réussite les trois portions, augmentées de leurs intérêts pendant un an, donnent des sommes égales. Quels seront les capitaux engagés dans chaque entreprise ?

772. — Un oncle a 4 neveux, âgés, le premier de 20 ans, le deuxième de 19, le troisième de 17 et le quatrième de 11 ; il leur laisse à se partager 462 000 francs, mais à la condition qu'en prêtant leurs parts à intérêt simple et à 5 p. 100 dès aujourd'hui, ils aient successivement la même somme à leur majorité (21 ans). Combien faut-il donner à chacun aujourd'hui ?

773. — Les $\frac{5}{8}$ d'un premier capital sont placés à 3 p. 100 et le reste à 4,5 p. 100. Un deuxième capital, inférieur de 3 000 francs au premier, est placé à 4 p. 100. Le revenu du deuxième capital surpasse celui du premier de 125 francs. Trouver les deux capitaux.

774. — Une personne avait placé les $\frac{7}{8}$ d'un certain capital à 3 p. 100 et le reste à 5 p. 100. Après remboursement de la totalité de ce capital, elle prélève une somme de 6 700 francs, et elle prête le surplus à 4 p. 100. Son revenu se trouve alors augmenté de 152 francs. Quel était le capital primitivement placé ?

775. — Une personne a un capital de 100 000 francs. Elle en fait deux parts : la première, placée à 4 p. 100, la seconde à 5,8 p. 100.

Le revenu total étant de 5 135^f,80, on demande quelles sont les deux parts.

776. — Le rapport de deux capitaux est égal à $\frac{5}{7}$; si l'on augmente chacun d'eux de 500 francs, leur rapport devient égal à $\frac{8}{11}$. On demande : 1° le montant de ces deux capitaux ; 2° le taux auquel est placé le second capital, sachant que le taux du premier est 4 p. 100 et que le rapport de l'intérêt produit par le premier capital en 6 mois à l'intérêt du second en 4 mois est $\frac{5}{7}$.

777. — Un négociant avait acheté 40 mètres de drap qu'il revend à un prix tel que le gain est les $\frac{15}{100}$ du prix d'achat. S'il eût vendu ce drap de manière à gagner 15 p. 100 sur le prix qu'il retire de cette vente, il eût eu 24^f,15 de bénéfice de plus. A quel prix le négociant avait-il acheté le mètre de son drap ? Vérifier le résultat.

778. — Une personne présente à la banque, le 20 juillet, un billet payable le 25 août suivant et reçoit, déduction faite de l'escompte, une somme de 3 429^f,30. On demande quelle était la valeur portée sur le billet, le taux de l'escompte étant de 6 p. 100 par an.

779. — Un terrain rectangulaire a une largeur de 354^m,20. Il est vendu à raison de 15^f,50 l'are, et soldé avec un billet payable à 80 jours. Le vendeur le négocie le jour même de la vente, à un banquier qui le lui escompte à 4,5 p. 100 et lui donne 35 410 francs. Quelle est la surface du terrain et quelle est sa longueur ?

780. — On a 3 paiements à effectuer, l'un de 500 francs dans 60 jours, le deuxième de 700 francs dans 100 jours, le troisième dans 90 jours et d'un montant tel, qu'escompté en dehors pour 60 jours à 4,5 p. 100 il subirait 6 francs d'escompte. On veut remplacer ces 3 paiements par un paiement unique à effectuer dans 80 jours. Quel en est le montant, sachant que le taux de l'escompte pris en dehors est 3,6 p. 100 ?

781. — On porte chez un banquier un billet de 1 500 francs payable dans 6 mois et un billet de 1 470 francs payable dans 10 jours. Le banquier prend l'escompte commercial des deux billets au même taux et retient pour le deuxième billet 42^f,55 de moins que pour le premier. Quel est le taux de l'escompte ? Si ces deux billets étaient remplacés par un billet unique payable dans 3 mois, quel en serait le montant, le taux de l'escompte étant le précédent ?

782. — Un débiteur demande à son créancier de lui remplacer deux billets, l'un de 540 francs payable à 60 jours, l'autre de 720 francs payable à 70 jours, par un billet unique payable à 90 jours. Le créancier accepte et fait souscrire à son débiteur un billet unique de 1 263^f,65. A quel taux le créancier prête-t-il son argent ?

783. — Un négociant présente à l'escompte, chez un banquier, le 25 janvier, les effets suivants :

Un effet de 1 500 francs, payable à Paris, le 15 février ;
— de 1 200 francs, payable à Caen, le 1ᵉʳ mars (change 1/8 p. 100) ;
— de 2 420 francs, payable à Bordeaux, le 8 avril (change 1/4 p. 100).

Établir son bordereau, le taux étant 5 p. 100, la commission $\frac{1}{4}$ p. 100.

784. — M. Lenoir, négociant, a un compte ouvert chez M. Chabert, banquier à Paris :

Le 1ᵉʳ juin, Lenoir verse 2 000 francs en espèces à Chabert ;
Le 10 juin, Chabert fait sur Lenoir une traite de 1 540 francs, à échéance du 12 août ;
Le 2 juillet, Lenoir endosse à l'ordre de Chabert un effet de 800 francs sur Bordeaux, à échéance du 30 août ;
Le 16 août, Chabert remet à Lenoir une somme de 2 500 francs en espèces ;
Le 5 septembre, Chabert paye un chèque de 400 francs pour Lenoir ;
Le 12 septembre, Lenoir envoie à Chabert un billet de 1 620 francs payable le 28 septembre.

Lenoir demande son compte à Chabert le 15 octobre : établir ce compte par la méthode directe, le taux étant 5 p. 100.

785. — Reprendre la question précédente par la même méthode, en supposant que Lenoir demande son compte courant le 15 septembre.

786. — Traiter les deux questions précédentes en employant la méthode rétrograde.

787. — Un fonctionnaire dépense la moitié de son traitement pour sa nourriture ; $\frac{1}{3}$ de ce qui lui reste pour son logement et ses autres dépenses. Avec le dernier reste, il peut acheter chaque année 30 francs de rente à 3 p. 100 au cours de 98 francs. Quel est son traitement annuel ?

788. — Une personne met dans une affaire tout son avoir. La première année, elle en perd $\frac{1}{5}$; la seconde année, ce qui lui reste s'augmente de 30 p. 100 ; elle retire alors son argent et le place en rente 3 $\frac{1}{2}$ p. 100 au cours de 101ᶠ,40. Cette rente étant ensuite convertie en 3 p. 100, son revenu diminue de 80 francs. Que possédait primitivement cette personne ?

789. — Un propriétaire vend deux pièces de terre au prix de 48ᶠ,75 l'are. L'une de ces pièces a la forme d'un rectangle et mesure

100 mètres et 54 mètres de côté. L'autre est triangulaire avec 95 mètres de base et 64 mètres de hauteur. Avec le prix qu'il reçoit, le propriétaire achète de la rente 3 p. 100 au cours de 92^f,29. Quel est le montant de la rente achetée ?

790. — Une personne fait deux parts de son avoir; la première placée à $4\frac{1}{2}$ p. 100, lui donne le même revenu que la seconde placée à $3\frac{1}{2}$ p. 100. Au bout de 20 mois, ces deux sommes sont retirées avec les intérêts produits, et le capital ainsi formé permet d'acheter 1116 francs de rente 3 p. 100 au cours de 99 francs. Quelles étaient les parts primitivement placées ?

791. — Une personne a acheté, le 1er octobre 1901, 40 francs de rente russe 4 p. 100 au cours de 99^f,70. Elle a revendu son titre le 1er août 1902 au cours de 105 francs. Le courtage a été de 2,50 p. 1 000 tant sur la vente que sur l'achat. Sachant que la personne a touché 3 coupons d'intérêt de 10 francs chacun, calculer, en tenant compte de l'accroissement du capital, à quel taux réel celui-ci a été placé ?

792. — Un particulier achète du 3 p. 100 français à 102^f,15 et 3 000 francs d'Extérieure espagnole 4 p. 100 à 72 francs. Le revenu moyen de ce placement est de 3,19 p. 100. Quel est le montant total de la somme placée ?

793. — Une personne achète 20 obligations de chemin de fer, au porteur, de 500 francs 3 p. 100, au cours de 464 francs. Quelle somme dépensera-t-elle pour cet achat, sachant qu'elle paye $\frac{1}{10}$ p. 100 pour le courtage de l'agent de change ? Quel sera son revenu net et à quel taux place-t-elle son argent, sachant qu'il est retenu comme impôt sur l'intérêt brut de cette obligation : 1° 4 p. 100 de cet intérêt; 2° 2 p. 1 000 de la valeur de l'obligation au cours de la Bourse.

794. — Une obligation au porteur, remboursable à 500 francs productive d'intérêts annuels à 3 p. 100, est cotée en Bourse au cours de 480 francs, cours moyen. Cette obligation supporte annuellement les taxes suivantes :

1° Impôt de 4 p. 100 sur le montant de son revenu ;

2° Droit de transmission de 0,20 p. 100 sur la valeur du titre, d'après le cours moyen de la Bourse ;

3° Droit d'abonnement au timbre de 0,06 p. 100 sur le capital nominal du titre.

On demande : 1° quel est le tant pour cent de la retenue totale que ces trois taxes accumulées font subir au revenu annuel de l'obligation ; 2° à quelle somme nette se réduit, par suite de ce prélèvement, le montant du coupon touché par le porteur du titre à chaque échéance semestrielle.

795. — Une Société a distribué à ses actionnaires, pour l'exercice 1899, un dividende de 15 000 francs, après avoir retenu la somme nécessaire pour acquitter à leur décharge la taxe de 4 p. 100 sur le revenu. Sachant que, pour le calcul de cette taxe, la somme retenue doit être ajoutée aux bénéfices nets, on demande à connaître le montant de l'impôt dû au Trésor. Quel serait le dividende net revenant aux actionnaires si la taxe de 4 p. 100 s'élevait à 763 francs ?

796. — Sachant que la Caisse nationale d'épargne sert un intérêt annuel de 2,5 p. 100, que cet intérêt part du 1er ou du 16 de chaque mois après le jour du versement et cesse de courir à partir des mêmes dates qui précèdent le jour du remboursement, on demande ce qui a été remis, le 2 décembre 1905, à une personne qui a demandé le remboursement total de son avoir et qui a fait un premier versement de 900 francs le 17 janvier 1905, un deuxième versement de 50 francs le 29 février, un troisième versement de 200 francs le 5 juin.

797. — Une personne a fait deux versements à une caisse d'épargne : le premier de 200 francs dans la deuxième quinzaine d'avril 1900, et le second le 25 août 1901. Le 31 décembre de cette dernière année, son livret a été arrêté à la somme de 462ᶠ,62. Quel a été le montant du deuxième versement, sachant : 1° que la caisse d'épargne sert aux déposants un intérêt de 3 p. 100 à partir du 1er et du 16 du mois après chaque versement ; 2° que cet intérêt s'ajoute au capital à la fin de chaque année. (On considère le mois comme composé de deux quinzaines.)

798. — Un ouvrier, âgé de 35 ans, se décide à s'abstenir de tabac et d'alcool. En moyenne, il consommait 1 franc de tabac par semaine et 7ᶠ,50 d'alcool par mois. Il place les économies ainsi réalisées et calcule qu'à 60 ans il possédera, capital et intérêts réunis, une somme de 5 109ᶠ,16. A quel taux a-t-il placé ses économies ? — Si à 60 ans, une banque lui offre, au taux de 8,75 p. 100, une rente viagère moyennant abandon du capital, quel sera le montant de cette rente et combien devra-t-il vivre d'années pour épuiser ce capital ? (On comptera l'année de 52 semaines et de 12 mois, et on ne tiendra compte que de l'intérêt ordinaire, dit « intérêt simple ».)

799. — Un testateur a légué les $\frac{2}{5}$ de sa fortune à une personne, $\frac{1}{4}$ à une autre, et le surplus à une troisième. Sachant que le troisième légataire a payé, pour droit de mutation par décès, au taux de 14,25 p. 100, une somme de 10 395 francs, faire connaître : 1° la valeur de la succession ; 2° la part revenant à chaque légataire.

CHAPITRE IV

PARTAGES PROPORTIONNELS
MÉLANGES ET ALLIAGES

§ 1. — *Partages proportionnels.*

302. Partages proportionnels. — Partager un nombre en parties proportionnelles à des nombres donnés, c'est trouver des nombres proportionnels à ceux qui sont donnés, et dont la somme égale le nombre à partager.

Si l'on désigne par x, y, z les nombres porportionnels aux nombres donnés a, b, c, et qui ont pour somme le nombre donné n, on doit avoir :

$$\frac{x}{a} = \frac{y}{b} = \frac{z}{c},$$
$$x + y + z = n.$$

Mais les rapports $\frac{x}{a}$, $\frac{y}{b}$, $\frac{z}{c}$ sont égaux au rapport $\frac{x+y+z}{a+b+c}$ (243) ; on a donc :

$$\frac{x}{a} = \frac{y}{b} = \frac{z}{c} = \frac{n}{a+b+c} ;$$

d'où il résulte :

$$x = \frac{na}{a+b+c}, \quad y = \frac{nb}{a+b+c}, \quad z = \frac{nc}{a+b+c}.$$

303. Problème. — *Partager le nombre 176 en parties proportionnelles aux nombres 3, 5 et 8.*

En appelant x, y, z, les nombres cherchés, on doit avoir :

$$\frac{x}{3} = \frac{y}{5} = \frac{z}{8} = \frac{x+y+z}{3+5+8} = \frac{176}{16} = 11 ;$$

d'où :

$$x = 3 \times 11 = 33, \quad y = 5 \times 11 = 55, \quad z = 8 \times 11 = 88.$$

On peut aussi faire le raisonnement suivant :

Les parts seraient 3, 5 et 8, si le nombre à partager était $3 + 5 + 8$, ou 16. Si le nombre à partager était 1, ces parts seraient $\frac{3}{16}$, $\frac{5}{16}$ et $\frac{8}{16}$, et, comme le nombre à partager égale 176, les nombres cherchés sont :

$$176 \times \frac{3}{16} = 33, \quad 176 \times \frac{5}{16} = 55, \quad 176 \times \frac{8}{16} = 88.$$

304. Problème. — *Partager le nombre 385 en parties inversement proportionnelles aux nombres 2, 3, 4 et 5.*

Cela revient à partager le nombre 385 en parties proportionnelles aux inverses des nombres 2, 3, 4 et 5, ou en parties proportionnelles aux nombres $\frac{1}{2}$, $\frac{1}{3}$, $\frac{1}{4}$ et $\frac{1}{5}$. Or, ces fractions réduites au même dénominateur sont $\frac{30}{60}$, $\frac{20}{60}$, $\frac{15}{60}$ et $\frac{12}{60}$, et l'on est ramené à partager le nombre en parties proportionnelles aux nombres 30, 20, 15 et 12. Les nombres cherchés sont donc :

$$385 \times \frac{30}{30 + 20 + 15 + 12} = \frac{385 \times 30}{77} = 5 \times 30 = 150,$$

$$385 \times \frac{20}{77} = 100, \quad 385 \times \frac{15}{77} = 75, \quad 385 \times \frac{12}{77} = 60.$$

305. Remarque. — Les parties ne changent pas quand on multiplie ou quand on divise par un même nombre les nombres auxquels les parts doivent être proportionnelles. Ainsi, si l'on multiplie (302) a, b, c, par un même nombre, 7 par exemple, les valeurs des fractions x, y, z, ne changent pas, puisqu'on multiplie leurs deux termes par un même nombre.

§ 2. — *Règles de société.*

306. — Les problèmes de *règles de société* ont pour but de partager les bénéfices ou les pertes d'une société entre les associés. La part de chaque associé doit être proportionnelle à sa *mise* dans la société.

Une règle de société se ramène donc à un partage proportionnel.

Lorsque les capitaux ne restent pas placés pendant le même temps, les bénéfices doivent être partagés proportionnellement aux produits des sommes par les temps pendant lesquels elles ont été engagées.

Dans la pratique, les capitaux restent placés pendant le même temps, car lorsque le capital de la société est modifié, on dissout généralement la société pour en former une nouvelle.

307. Problème. — *Trois associés ont mis dans une affaire respectivement 8.000 francs, 12.000 francs et 10.000 francs ; les bénéfices se sont élevés à 9.600 francs ; quelle est la part de chacun d'eux ?*

Les parts des trois associés sont proportionnelles aux nombres 8 000, 12 000 et 10 000, ou aux nombres 8, 12 et 10. La part du premier est

$$9\,600 \times \frac{8}{8 + 12 + 10} = 9\,600 \times \frac{8}{30} = 320 \times 8 = 2\,560^f\,;$$

la part du second est

$$9\,600 \times \frac{12}{30} = 320 \times 12 = 3\,840^f$$

celle du troisième est

$$320^f \times 10, \quad \text{ou} \quad 3\,200^f.$$

Comme *vérification*, on voit qu'on a :

$$2\,560 + 3\,840 + 3\,200 = 9\,600.$$

308. Problème. — *Partager* 10 500 *francs entre trois associés qui ont engagé, le premier* 10 000 *francs pendant* 3 *ans, le second* 12 000 *francs pendant* 2 *ans, le troisième* 4 000 *francs pendant* 4 *ans.*

Le partage doit se faire comme si les associés avaient engagé, pendant un an, le premier 3 fois 10 000 francs, le second 2 fois 12 000 francs, le troisième 4 fois 4 000 francs.

Il faut donc partager 10 500 francs en parties proportionnelles aux nombres

$$10\,000 \times 3, \quad 12\,000 \times 2, \quad 4\,000 \times 4,$$

ou en parties proportionnelles aux nombres

$$30, \qquad 24, \qquad 16.$$

Les parts sont :

$$10\,500 \times \frac{30}{70} = 4\,500^f, \qquad 10\,500 \times \frac{24}{70} = 3\,600^f,$$

$$10\,500 \times \frac{16}{70} = 2\,400^f.$$

Comme *vérification*, on voit qu'on a :

$$4\,500 + 3\,600 + 2\,400 = 10\,500.$$

§ 3. — *Mélanges.*

309. — Lorsqu'on mélange ensemble des marchandises de prix différents, on peut se proposer de trouver le prix du mélange.

Ainsi, on mélange souvent des vins de différentes

qualités pour obtenir un vin de goût plus agréable ou dont le prix de revient convienne mieux à l'acheteur.

Exemple. — On mélange 200 litres de vin à 0ᶠ,45 et 120 litres à 0ᶠ,35 ; quel est le prix du litre du mélange ?

Le prix total du vin est

$$0^f,45 \times 200 + 0^f,35 \times 120 = 90^f + 42^f = 132^f.$$

Le nombre de litres du mélange est de 200 + 120, ou 320. Le prix du litre du mélange est donc le quotient de 132 francs par 320, ou 0ᶠ,415.

Il en résulte la règle suivante :

Règle. — Pour trouver le prix de l'unité du mélange, on divise le prix total des diverses marchandises par le nombre d'unités du mélange.

310. Calcul des proportions d'un mélange. — Lorsqu'on a deux marchandises, on peut se proposer de chercher dans quelle proportion il faut les mélanger pour obtenir une marchandise dont le prix ait une valeur donnée, intermédiaire entre les prix des deux marchandises qu'on mélange.

Exemple. — Combien faut-il mélanger de litres d'un vin à 0ᶠ,45 le litre et de litres d'un vin à 0ᶠ,32, pour que le litre du mélange revienne à 0ᶠ,40 ?

Si l'on appelle a et a' les nombres cherchés, on doit avoir :

$$0,40 \times (a + a') = 0,45 \times a + 0,32 \times a',$$

d'où il résulte

$$(0,40 - 0,32) \times a' = (0,45 - 0,40) \times a,$$

ou

$$0,08 \times a' = 0,05 \times a.$$

On a donc :

$$\frac{a}{a'} = \frac{0,08}{0,05} = \frac{8}{5},$$

ce qui montre qu'on doit prendre 8 litres du premier vin pour 5 litres du second.

Le problème peut encore se résoudre comme il suit.

Pour chaque litre du premier vin, on perd 5 centimes ; pour chaque litre du second vin, on gagne 8 centimes. Pour que la perte compense le gain, il suffit de prendre 8 litres du premier vin pour 5 litres du second.

Dans la pratique, on forme le tableau ci-contre, en prenant le centime pour unité, et en écrivant les différences $45 - 40 = 5$, $40 - 32 = 8$, comme on l'a indiqué. On peut appliquer la règle suivante :

RÈGLE. — *Les nombres cherchés sont inversement proportionnels aux différences de leurs prix avec le prix du mélange.*

311. Remarque. — Lorsqu'on mélange plus de deux marchandises, le problème est indéterminé, et il est nécessaire de se donner d'autres conditions.

EXEMPLE. — *On mélange 200 litres de vin à $0^l,45$ et 80 litres à $0^l,35$; combien faut-il ajouter de litres à $0^l,30$ pour que le litre du mélange revienne à $0^l,40$?*

Si l'on appelle x le nombre cherché, on doit avoir

$$0,40 \times (200 + 80 + x) = 0,45 \times 200 + 0,35 \times 80 + 0,30 \times x.$$

en écrivant que le prix du mélange est la somme des prix des vins mélangés.

On en déduit

$$(0,40 - 0,30)\, x = (0,45 - 0,40) \times 200 - (0,40 - 0,35) \times 80.$$

ou

$$0,10 \times x = 0,05 \times 200 - 0,05 \times 80 = 6,$$

et, par suite,

$$x = \frac{6}{0,10} = 60.$$

Il faut donc ajouter 60 litres à $0^f,30$.

On peut aussi faire le raisonnement suivant.

En vendant 200 litres à $0^f,40$, au lieu de 0^f45, on perd $0^f,05 \times 200$, ou 10 francs ; en vendant 80 litres à $0^f,40$, au lieu de $0^f,35$, on gagne $0^f,05 \times 80$, ou 4 francs, il y a donc une perte de $10 - 4$, ou 6 francs.

Comme on gagne $0^f,10$ sur chaque litre à $0^f,30$, il faut prendre un nombre de litres à $0^f,30$ égal au quotient de 6 par 0,10.

§ 4. — Alliages.

312. Titre d'un alliage. — On appelle *alliage* le corps obtenu en fondant ensemble plusieurs métaux différents. Lorsqu'un des métaux a beaucoup plus de valeur que les autres, on l'appelle *métal fin*.

Le *titre* d'un alliage est le rapport du poids du métal fin contenu dans l'alliage au poids total de cet alliage. Le titre s'exprime en millièmes.

Ainsi, le titre des monnaies d'or est 0,900 ; celui des monnaies divisionnaires d'argent est 0,835.

Les orfèvres et les bijoutiers doivent employer des alliages ayant les titres suivants :

$$0,920, \quad 0,840 \text{ et } 0,750, \text{ pour l'or,}$$
$$0,950 \text{ et } 0,800 \text{ pour l'argent.}$$

Les objets pour l'exportation sont marqués d'un poinçon spécial indiquant leur titre.

313. Règles d'alliage. — Les problèmes d'alliage sont analogues à ceux de mélange.

En désignant par t le titre, par p le poids du métal fin et par P le poids total, on a, d'après la définition :

$$t = \frac{p}{P} \; ; \text{ d'où il résulte :}$$

$$p = P \times t, \; P = \frac{p}{t}.$$

Par conséquent, *le poids du métal fin égale le produit du poids total par le titre, et le poids total égale le quotient du poids du métal fin par le titre.*

Exemple I. — *On fond ensemble deux lingots d'or, le premier de 3 kilogrammes, au titre de 0,920, le second de 1^{kg},2, au titre de 0,840 ; quel sera le titre de l'alliage obtenu ?*

Le poids de l'or est, en kilogrammes,

$$3 \times 0,920 + 1,2 \times 0,840 = 2,760 + 1,008 = 3,768.$$

Le poids du lingot obtenu est, en kilogrammes :

$$3 + 1,2 = 4,2.$$

Le titre de l'alliage est donc :

$$\frac{3,768}{4,2} = 0,897.$$

Exemple II. — *On a un lingot d'argent de 2^{kg},8, au titre de 0,960 ; quel poids de cuivre faut-il lui ajouter pour obtenir un lingot au titre de 0,840 ?*

Soit p le poids cherché, en kilogrammes. Le poids de l'argent est $2,8 \times 0,960$; il est aussi $(p + 2,8) \times 0,840$. On doit donc avoir :

$$2,8 \times 0,960 = p \times 0,840 + 2,8 \times 0,840 ;$$

d'où il résulte :

$$p \times 0,840 = 2,8 \times (0,960 - 0,840)$$

et

$$p = \frac{2,8 \times 0,12}{0,84} = \frac{2,8}{7} = 0,4.$$

Le poids cherché est donc $0^{kg},4$, ou 400 grammes.

Exercices.

800. — Partager une somme de 9 600 francs en parties proportionnelles à 3, 4 et 5.

801. — Partager 5 400 francs en parties proportionnelles à 5. 1, $\frac{2}{3}$ et $\frac{8}{15}$.

802. — Partager 8 200 francs entre trois personnes, de manière que la part de la deuxième soit les $\frac{3}{4}$ de celle de la première et que la part de la troisième soit les $\frac{2}{5}$ de celle de la deuxième.

803. — Partager 1 040 francs en parties inversement proportionnelles aux nombres 3, 8 et 12.

804. — Trois associés ont mis dans la même entreprise, le premier 6 000 francs, le deuxième 5 000 francs, et le troisième 4 500 francs. Ils ont gagné 3 260 francs. Quelle est la part de bénéfice qui revient à chaque associé ?

805. — Trois associés ont mis la même somme dans une entreprise commune, le premier pendant 6 mois, le deuxième pendant 10 mois et le troisième pendant un an. Le bénéfice s'est élevé à 4 536 francs. Quelle est la part de chaque associé ?

806. — Deux négociants ont constitué un fonds commun de 88 500 francs et leurs parts de bénéfice ont été 3 500 francs et 2 400 francs. Calculer l'apport de chaque négociant.

807. — Partager un bénéfice de 18 600 francs entre deux associés dont le premier a laissé dans l'entreprise 24 000 francs pendant 8 mois, et le deuxième 30 000 francs pendant 6 mois.

808. — On a mélangé 90 litres de vin à $0^l,70$ le litre, 120 litres de vin à $0^l,55$ le litre et 75 litres de vin à $0^l,40$ le litre. A combien revient le litre de ce mélange?

809. — On a 60 hectolitres de blé à 38 francs l'hectolitre ; à combien d'hectolitres de blé à 31 francs l'hectolitre faut-il le mélanger pour que le mélange revienne à 35 francs l'hectolitre ?

810. — On veut mélanger du café à 3^f,40 le kilogramme à du café à 2^f,25 le kilogramme pour faire un mélange de 92 kilogrammes de café à 2^f,75 le kilogramme. Combien faut-il prendre de café de chaque espèce ?

811. — On a 228 litres de vin à 0^f,60 le litre. Combien faut-il y ajouter d'eau pour que le mélange revienne à 0^f,45 le litre ?

812. — Combien faut-il prendre de café à 2^f,40, à 2^f,50 et à 3 francs le kilogramme pour en avoir 176 kilogrammes à 2^f,90 ? (On veut prendre autant de la première qualité que de la deuxième.)

813. — On fond ensemble trois lingots d'or, le premier pesant 3^{kg},5 au titre de 0,920, le deuxième pesant 4^{kg},6 au titre de 0,900, le troisième pesant 5^{kg},2 au titre de 0,850. Quel est le titre de l'alliage ainsi obtenu ?

814. — Dans quelle proportion faut-il allier de l'argent au titre de 0,950 et de l'argent au titre de 0,800 pour obtenir un alliage au titre de 0,835 ?

815. — Quel poids de cuivre faut-il ajouter à un lingot d'argent au titre de 0,900 et pesant 1^{kg},336 pour obtenir un lingot d'argent au titre de 0,835 ?

———————

Problèmes.

816. — Une personne partage un capital en parties proportionnelles aux fractions $\frac{3}{8}$, $\frac{3}{12}$ et $\frac{1}{3}$. La première part placée à 4 p. 100 pendant 2 ans 7 mois est devenue, capital et intérêts réunis, 2 482^f,50. Calculer la valeur du capital total.

817. — Deux frères héritent d'une vigne et d'un champ dont les superficies sont entre elles comme 3 et $4\frac{1}{4}$. La vigne est estimée 32 francs l'are et le champ 25 francs l'are. Celui qui prend le champ donne 92^f,25 à celui qui prend la vigne, et le partage est alors également fait. On demande la contenance de chaque parcelle.

818. — Un propriétaire emploie la neuvième partie de sa fortune pour acheter une maison; avec $\dfrac{1}{4}$ du reste, il achète un bois; enfin de ce qui lui reste, il fait encore deux parts, qui sont entre elles comme les nombres 2 et 3. La première étant placée à 4 p. 100 et la deuxième à 5,5 p. 100, il se fait un revenu de 8 820 francs. Calculer les deux parts, la fortune entière et le prix du bois.

819. — On dépense dans une fabrique 22 800 francs par semaine pour le salaire des ouvriers, [qui sont divisés en trois catégories. Les ouvriers de la première reçoivent 30 francs par semaine, ceux de la deuxième 35 francs, et ceux de la troisième 40 francs. On compte 4 ouvriers du premier groupe pour 12 du deuxième et 4 du deuxième pour 5 du troisième. Quel est le nombre d'ouvriers de chaque catégorie?

820. — Une personne laisse en mourant sa fortune à 6 parents dont 3 au quatrième degré, 2 au cinquième degré et un au sixième, à la condition que le partage se fera en raison inverse des degrés de parenté (c'est-à-dire que les parts devront être inversement proportionnelles aux nombres qui indiquent les degrés de parenté). La somme à partager est de 395 000 francs. On demande la part de chacun.

821. — Trois personnes se sont associées pour placer dans une entreprise une somme d'argent qui s'est augmentée de $\dfrac{1}{4}$ de sa valeur et est ainsi devenue 60 500 francs. Trouver la part de chaque personne dans le bénéfice, sachant que la première personne avait déposé les $\dfrac{3}{8}$ de la somme, la deuxième les $\dfrac{2}{5}$, et la troisième le reste.

822. — Trois entrepreneurs ont construit une maison qui leur a été payée 123 250 francs. Le premier avait avancé 42 000 francs pendant 8 mois, le deuxième 26 000 francs pendant 15 mois, le troisième 31 000 francs pendant 4 mois. Quel est le bénéfice de chacun?

823. — Trois associés ont placé dans une entreprise, le premier 3 000 francs pendant 10 mois, le deuxième 12 000 francs pendant 6 mois, le troisième 5 000 francs pendant 13 mois. Le bénéfice s'est élevé à 17 360 francs. On demande quel est le bénéfice de chaque associé, et à quel taux annuel s'est trouvé placé l'argent employé à cette entreprise.

824. — Deux marchands se sont associés et ont mis 8 000 francs dans un commerce qui leur a donné 1 500 francs de bénéfice. L'opération terminée, le premier marchand a retiré 5 700 francs, mise et bénéfice compris. On demande la mise de chacun et le bénéfice du second.

825. — Deux liquides A et B ont pour densité, le premier 0,92, le deuxième 0,91. On les mélange dans la proportion d'une partie de

A et de 4 parties de B. Trouver le poids de l'hectolitre du liquide obtenu, sachant que par suite du mélange le volume diminue de $\frac{1}{250}$.

826. — Un marchand a deux espèces de thé qui lui reviennent, la première à 14 francs, la deuxième à 18 francs le kilogramme. Il fournit à un de ses correspondants une caisse de 100 kilogrammes de thé et reçoit en payement 1 932 francs. On demande combien il y en avait de chaque espèce, sachant qu'il a gagné 15 p. 100 sur son marché.

827. — Un épicier a acheté deux ballots de café pesant chacun 575 kilogrammes pour la somme de 4 724 francs. Un des ballots a coûté 580 francs de plus que l'autre. Il veut faire un mélange de 783 kilogrammes qui lui revienne à 4 francs le kilogramme. Combien doit-il prendre de kilogrammes de chaque espèce ? (Exprimer le rapport en nombres aussi simples que possible.)

828. — A du vin coûtant 32 francs l'hectolitre, et contenant 10 p. 100 d'alcool, on veut ajouter de l'eau et de l'esprit de vin de telle sorte que le mélange revienne à 30 francs l'hectolitre et contienne la même proportion d'alcool que le vin primitif. L'esprit de vin employé contient 80 p. 100 d'alcool et coûte 60 francs l'hectolitre. On demande les quantités d'eau et d'esprit de vin qu'il faut ajouter à 36 hectolitres de vin.

829. — Sachant qu'à la température de 15°, un litre d'eau pèse 999ᵍ,16 et un litre de lait 1 029ᵍ,135, on demande : 1° le poids, à un milligramme près, d'un mélange formé de 4ˡ,25 d'eau et de 8ˡ,5 de lait pur (à la température de 15°) ; 2° les quantités, à un centilitre près, d'eau et de lait contenues dans 18 litres d'un mélange qui pèserait 18 kilogrammes (à la même température de 15°).

830. — Pour remplir un tonneau de 450 litres, un marchand emploie une certaine quantité d'eau et trois espèces de vin à 40, 44 et 55 francs l'hectolitre. Pour 1 litre à 0ˡ,40, il en met 3 à 0ˡ,44 et pour 24 litres du mélange de ces deux espèces de vin, il met 1 litre d'eau. En revendant le tout 0ˡ,60 le litre, il gagne 54 francs. Quelle est la quantité de chaque liquide ?

831. — Un alliage de 300 kilogrammes contient 90 parties de cuivre et 10 parties d'étain. Quelles quantités de cuivre et d'étain faut-il lui ajouter pour obtenir un nouvel alliage formé de 67 parties de cuivre et 33 d'étain, et pesant 540 kilogrammes ?

832. — Combien pourrait-on fabriquer de pièces de bronze de 0ˡ,10, de 0ˡ,05, de 0ˡ,02 et de 0ˡ,01 avec une masse de cuivre pesant 2 356 grammes, après y avoir ajouté l'étain et le zinc réglementaires ? On impose cette condition que la valeur de l'ensemble des pièces de chaque espèce soit la même.

833. — On a retiré de la circulation 2 000 kilogrammes de monnaie divisionnaire hors d'usage qu'on a fondus avec un certain poids d'argenterie de table au titre de 0,950, de manière à obtenir l'alliage nécessaire pour frapper des pièces de 5 francs. Quel est le nombre des pièces ainsi obtenues ?

834. — On a deux alliages d'argent et de cuivre, dont les titres sont respectivement 0,910 et 0,820. Combien faut-il prendre de chacun d'eux, pour que, fondus ensemble avec addition de 274 grammes de cuivre, ils donnent un nouvel alliage au titre de 0,600 pesant 874 grammes ?

835. — On refond 100 000 francs de monnaie d'argent au titre de 0,900 pour en faire de la monnaie divisionnaire au titre de 0,835. Quelle est la quantité de cuivre à ajouter et quelle est la valeur de la monnaie nouvelle ?

836. — Un sac d'argent pèse 5 kilogrammes, non compris le poids du sac, et il renferme un nombre égal de pièces de 5 francs, de 2 francs et de 1 franc. On demande le montant de la somme contenue dans le sac ainsi que le poids d'argent pur. Quel serait le titre du lingot obtenu en fondant toutes ces pièces et quelle somme pourrait-on obtenir en pièces de 1 franc, en ajoutant à ce lingot un poids convenable de cuivre ?

837. — On a 600 grammes d'or au titre de 0,750. Quel poids de cuivre faut-il enlever à cet alliage pour en faire un alliage au titre de la monnaie d'or ? Quel poids d'or faudrait-il au contraire lui ajouter pour obtenir le même résultat ?

838. — On a trois alliages aux titres de 0,7, 0,8 et 0,9. On veut obtenir un lingot pesant $1^{kg},5$ au titre de 0,82 ; quel poids faut-il prendre des deux premiers alliages, si l'on prend 600 grammes du troisième.

CHAPITRE V

NOTIONS D'ALGÈBRE

§ 1. — *Opérations et nombres algébriques.*

314. Emploi des lettres. — Pour raisonner sur des nombres, il est commode de représenter ces nombres par des lettres et d'écrire les relations qui doivent être vérifiées. On obtient ainsi des formules, qui permettent de calculer des nombres en effectuant les opérations indiquées.

Ainsi, lorsqu'on fond ensemble deux alliages d'argent et de cuivre pesant m et m' grammes, et ayant pour titres t et t', le titre de l'alliage obtenu est la valeur de l'expression

$$\frac{mt + m't'}{m + m'}.$$

315. Opérations algébriques. — Les opérations indiquées sur des lettres et des nombres se font comme si l'on avait des nombres.

1° La somme de deux expressions algébriques : $a + b - c + d$ et $a' - b' + c'$ égale $a + b - c + d + a' - b' + c'$. Ces expressions s'appellent des *polynômes*.

Par conséquent, *on ajoute des polynômes en écrivant les différents termes de ces polynômes les uns à la suite des autres avec leurs signes.*

2° La différence entre les deux polynomes $a + b - c + d$ et $a' - b' + c'$ égale $a + b - c + d - a' + b' - c'$, car, si l'on ajoute $a' - b' + c'$ à ce résultat, on trouve pour somme $a + b - c + d$.

Il en résulte qu'*on retranche un polynome algébrique d'un autre en écrivant à la suite du premier les termes du second changés de signe.*

3° Soit à multiplier un polynome $a - b + c - d$ par un nombre n.

Si ce nombre n est entier et égal à 3, par exemple, on a :

$$(a - b + c - d) \times 3 = (a - b + c - d) + (a - b + c - d)$$
$$+ (a - b + c - d)$$
$$= a + a + a - b - b - b + c + c + c - d - d - d$$
$$= a \times 3 - b \times 3 + c \times 3 - d \times 3.$$

Si ce nombre n est fractionnaire et égal à $\dfrac{3}{8}$, par exemple, on doit prendre 3 fois le 8ᵉ de $a - b + c - d$. Le 8ᵉ du multiplicande est :

$$\frac{a}{8} - \frac{b}{8} + \frac{c}{8} - \frac{d}{8},$$

parce que le produit de cette expression par 8 est :

$$\frac{a \times 8}{8} - \frac{b \times 8}{8} + \frac{c \times 8}{8} - \frac{d \times 8}{8}, \text{ ou } a - b + c - d.$$

Le produit par 3 du 8ᵉ du multiplicande est :

$$\frac{a \times 3}{8} - \frac{b \times 3}{8} + \frac{c \times 3}{8} - \frac{d \times 3}{8}.$$

On a donc, pour toute valeur de n :

$$(a - b + c - d) \times n = an - bn + cn - dn.$$

Par conséquent, *on multiplie un polynome par un nombre en multipliant les différents termes de ce polynome par le nombre et en conservant leurs signes.*

4° Soit à multiplier le polynome $a - b + c - d$ par le polynome $m - p + q$.

Le produit est :

$$(a - b + c - d) \times m - (a - b + c - d) \times p$$
$$+ (a - b + c - d) \times q$$

ou

$$am - bm + cm - dm - ap + bp - cp + dp$$
$$+ aq - bq + cq - dq.$$

On peut donc énoncer la règle suivante :

Pour trouver le produit de deux polynomes, on peut multiplier chaque terme du premier par chaque terme du second et faire précéder chaque produit du signe + ou du signe — suivant que les deux termes ont ou n'ont pas le même signe.

5° Le quotient d'un polynome $a - b + c - d$ par un nombre n est

$$\frac{a}{n} - \frac{b}{n} + \frac{c}{n} - \frac{d}{n},$$

parce que le produit de cette expression par n est (3°)

$$\frac{a \times n}{n} - \frac{b \times n}{n} + \frac{c \times n}{n} - \frac{d \times n}{n} , \text{ou } a - b + c - d.$$

Donc, *le quotient d'un polynome par un nombre s'obtient en divisant chaque terme du polynome par ce nombre.*

316. Nombres algébriques. — Pour mesurer des grandeurs qui peuvent être comptées dans deux sens différents, on est conduit à employer deux espèces de nombres : les *nombres positifs* et les *nombres négatifs.* Ce sont des nombres arithmétiques qu'on fait précéder du signe + ou du signe —.

Les nombres positifs et les nombres négatifs sont des *nombres algébriques*, dont la *valeur absolue* est la valeur arithmétique du nombre, indépendamment du signe + ou —. Ces nombres peuvent se désigner par des lettres a, b, c....

Ainsi, par exemple, une température de 12° au-dessus de zéro s'indique par le nombre (+ 12°), une température de 8° au-dessous de zéro s'indique par (— 8°).

Nous allons définir les opérations sur les nombres algébriques.

1° La *somme* de deux nombres algébriques a et b s'obtient en ajoutant les valeurs absolues de ces nombres ou en les retranchant, suivant que les nombres ont le même signe ou des signes contraires, et en faisant précéder le résultat du signe du plus grand nombre en valeur absolue.

Pour justifier cette définition, considérons deux segments OA, AB ayant pour mesures les nombres a et b,

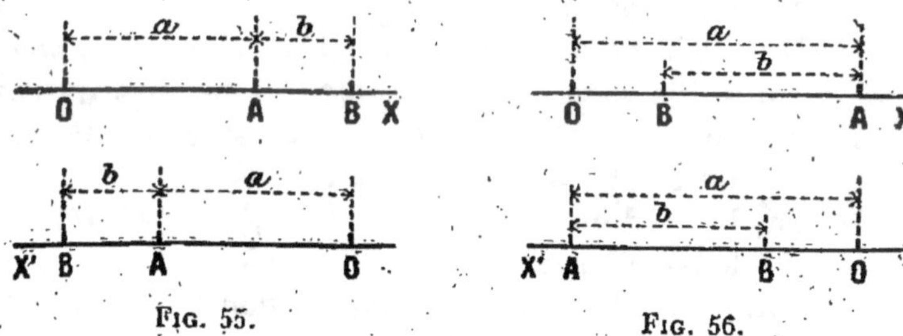

FIG. 55.   FIG. 56.

OA ayant le sens OX ou le sens OX' suivant que a est positif ou négatif; AB ayant de même le sens OX ou le sens OX' suivant que b est positif ou négatif.

Leur somme est le segment OB; la longueur OB est la somme ou la différence des longueurs OA et AB, suivant que les segments OA, AB ont le même sens (fig. 55) ou des sens contraires (fig. 56); le signe du segment

OB est le même que celui des segments OA, AB qui a la plus grande longueur.

La somme de plusieurs nombres algébriques s'obtient en ajoutant les deux premiers, puis en ajoutant la somme obtenue et le troisième, et ainsi de suite.

Ainsi, pour faire la somme des nombres $(+ 4)$, $(— 7)$, $(+ 8)$ et $(— 2)$, on ajoute $(+ 4)$ et $(— 7)$, ce qui donne $(— 3)$, puis on ajoute $(— 3)$ et $(+ 8)$, ce qui donne $(+ 5)$, et on ajoute enfin $(+ 5)$ et $(— 2)$, ce qui donne $(+ 3)$, qui est la somme cherchée.

Le résultat obtenu est la différence entre $(4 + 8)$ et $(7 + 2)$; on voit qu'*il ne dépend pas de l'ordre dans lequel on ajoute les nombres.*

2° La *différence* entre un nombre a et un nombre b est un nombre c tel que la somme $b + c$ égale a.

Ainsi, la différence entre $(+ 7)$ et $(— 4)$ est $(+ 11)$, car la somme de $(+ 11)$ et de $(— 4)$ égale $(+ 7)$. On voit que cette *différence s'obtient en ajoutant au premier nombre le second changé de signe.*

3° Le *produit* d'un nombre a par un nombre b a pour valeur absolue le produit des valeurs absolues de ces deux nombres et le signe de a ou un signe contraire, suivant que b est positif ou négatif.

Ainsi, le produit de $(+ 6)$ par $(— 4)$ est $(— 24)$; le produit de $(— 5)$ par $(— 3)$ est $(+ 15)$.

On voit que *le produit de deux nombres s'obtient en multipliant leurs valeurs absolues et en donnant au résultat le signe $+$ ou le signe $—$, suivant que les deux nombres sont de même signe ou de signes contraires.*

Le produit de plusieurs nombres s'obtient en multipliant le premier par le second, le produit obtenu par le troisième, et ainsi de suite. Ce produit ne dépend pas de l'ordre dans lequel on prend les nombres.

4° Le *quotient* d'un nombre a par un nombre b est

un nombre c tel que son produit par le diviseur b égale le dividende a.

Ce nombre c a pour valeur absolue le quotient de la valeur absolue de a par celle de b, et le signe $+$ ou $-$ suivant que les deux nombres a, b ont le même signe ou des signes contraires.

Ainsi, le quotient de (-4) par $(+9)$ est $\left(-\dfrac{4}{9}\right)$, parce que le produit de ce nombre par $(+9)$ égale (-4).

Les règles de calcul du numéro précédent s'appliquent encore lorsque les termes des polynomes sont algébriques et elles s'établissent de la même manière.

On voit qu'on peut considérer les nombres positifs comme étant des nombres arithmétiques et les nombres négatifs comme étant les termes d'un polynome précédés du signe $-$.

§ 2. — *Équations du premier degré.*

317. Équations. — Lorsqu'on connaît les valeurs de certains nombres et qu'on veut en déduire les valeurs d'autres nombres dépendant des précédents, on peut représenter les nombres inconnus par des lettres x, y, z... et écrire les relations qui existent entre les données et les inconnues. Ces relations s'appellent des *équations*, et les valeurs des inconnues qui vérifient ces égalités sont les *solutions*.

Ainsi, la relation

$$3x - 2 = 10$$

est une équation, qui admet la solution $x = 4$, car si l'on remplace dans le premier membre x par 4, il devient $3 \times 4 - 2$, ou $12 - 2$, c'est-à-dire 10.

318. Résolution d'une équation du premier degré à

une inconnue. — Une équation est dite *du premier degré* quand l'inconnue n'y est pas multipliée par elle-même et n'y figure ni sous un radical, ni au dénominateur d'une fraction. Considérons une telle équation :

$$\frac{3x-2}{2} + \frac{x+1}{5} = x + 2.$$

Si une valeur de x vérifie l'équation, le premier membre prend une valeur égale à celle du second, et les produits des deux membres par 10 sont égaux. Réciproquement, si les produits par 10 sont égaux, les deux membres ont des valeurs égales.

L'équation obtenue en multipliant les deux membres par 10

$$5(3x-2) + 2(x+1) = 10(x+2)$$

admet donc les mêmes solutions que la proposée.

Cette équation s'écrit, en effectuant les calculs et en simplifiant :

$$15x - 10 + 2x + 2 = 10x + 20,$$

ou

$$17x - 8 = 10x + 20.$$

Si l'on retranche $10x$ aux deux membres, et si l'on ajoute 8, on obtient l'équation

$$17x - 10x = 20 + 8,$$

qui admet les mêmes solutions. On est donc ramené à résoudre l'équation

$$7x = 28,$$

qui est vérifiée pour

$$x = \frac{28}{7} = 4,$$

et qui n'a pas d'autre solution.

L'équation proposée admet donc une solution et une seule, qui est $x = 4$.

RÈGLE. — *Pour résoudre une équation du premier degré à une inconnue, on multiplie les deux membres par un multiple commun des dénominateurs, s'il y a des dénominateurs, on simplifie les résultats, puis on fait passer les termes contenant l'inconnue x dans un membre et les termes connus dans l'autre, en remarquant qu'un terme qui passe d'un membre dans l'autre doit changer de signe; enfin, on divise les deux membres par le coefficient de l'inconnue.*

319. Problème. — *Partager 134 francs entre trois personnes, de manière que la part de la première soit le double de celle de la troisième, moins 4 francs, et que celle de la seconde égale 3 fois la moitié de la part de la troisième, plus 3 francs.*

Soit x la part de la troisième personne, en francs. La part de la première est $2x - 4$; celle de la seconde est $\dfrac{3x}{2} + 3$. En écrivant que la somme des trois parts est 134, on obtient l'équation :

$$2x - 4 + \frac{3x}{2} + 3 + x = 134.$$

Pour la résoudre, nous multiplions les deux membres par 2, ce qui donne l'équation :

$$4x - 8 + 3x + 6 + 2x = 268,$$

qui peut s'écrire

$$9x - 2 = 268.$$

En faisant passer 2 dans le second membre, l'équation devient :

$$9x = 268 + 2 = 270,$$

et il en résulte :

$$x = \frac{270}{9} = 30.$$

La part de la troisième personne est de 30 francs.

Celle de la première est de 60 — 4, ou 56 francs, et celle de la seconde 45 + 3, ou 48 francs.

Comme *vérification*, on doit avoir :

$$56 + 48 + 30 = 134.$$

Solution arithmétique. — Si l'on ajoute 4 francs à 134 francs et à la part de la première personne, la première part sera double de la troisième. Si l'on retranche 3 francs de 138 et de la seconde part, cette part vaudra les 3 demis de la troisième. On est ainsi conduit à partager 138 — 3, ou 135, en parties proportionnelles aux nombres 2, $\frac{3}{2}$ et 1, ou en parties proportionnelles aux nombres 4, 3 et 2.

La troisième part est donc $135 \times \frac{2}{9}$, ou 30 francs. On en déduit facilement les deux autres.

320. Systèmes d'équations. — Lorsque plusieurs nombres sont inconnus, il faut plusieurs équations pour pouvoir les calculer ; ces équations forment un *système*.

Considérons un système de deux équations du premier degré à deux inconnues :

$$\begin{cases} 3x + 5y = 21 \\ 7x - 2y = 8. \end{cases}$$

Lorsque x et y sont des nombres qui vérifient ces équations, on a, en résolvant la première équation par rapport à y,

$$y = \frac{21 - 3x}{5},$$

et, en remplaçant y par cette valeur dans la seconde équation,

$$7x - \frac{2(21 - 3x)}{5} = 8.$$

Or, on sait résoudre cette équation à une inconnue x (318). On multiplie les deux membres par 5, ce qui donne

$$35x - 42 + 6x = 40,$$

ou, en simplifiant,

$$41x = 82;$$

il en résulte :

$$x = \frac{82}{41} = 2.$$

En remplaçant x par 2 dans

$$y = \frac{21 - 3x}{5},$$

on trouve :

$$y = \frac{21 - 6}{5} = \frac{15}{5} = 3.$$

Le système admet donc pour solution :

$$x = 2, \quad y = 3,$$

et il n'en admet pas d'autre.

Règle. — *Pour résoudre un système de deux équations du premier degré à deux inconnues, on peut tirer de l'une d'elles la valeur de l'une des inconnues comme si l'autre était connue, et porter cette valeur dans l'autre équation; on est ainsi ramené à résoudre une équation à une inconnue, et quand on a trouvé la valeur de cette inconnue, on la porte dans l'expression qui donne l'autre inconnue.*

321. Autre méthode de résolution. — Proposons-nous de résoudre autrement le système précédent.

Quand il est vérifié, il en est de même de l'équation :

$$2\,(3x + 5y) + 5\,(7x - 2y) = 21 \times 2 + 8 \times 5,$$

qui s'obtient en ajoutant, membre à membre, les deux

équations multipliées respectivement par 2 et par 5, de façon que les termes en y s'annulent. Cette dernière équation simplifiée :

$$6x + 35x = 42 + 40, \quad \text{ou} \quad 41x = 82,$$

ne contient qu'une inconnue x ; on en déduit :

$$x = \frac{82}{41} = 2.$$

On peut de même calculer y ; mais il est plus simple de remplacer x par 2 dans l'une des équations et de résoudre l'équation en y ainsi obtenue. En remplaçant dans la première équation, par exemple, on a :

$$6 + 5y = 21 ;$$

d'où l'on tire :

$$y = \frac{21 - 6}{5} = 3.$$

RÈGLE. — *Pour résoudre un système de deux équations à deux inconnues, on peut éliminer l'une des inconnues en multipliant la première équation par le coefficient de cette inconnue dans la seconde, la seconde équation par le coefficient de l'inconnue dans la première et, en ajoutant ou retranchant membre à membre les produits, de manière que les termes contenant l'inconnue à éliminer s'annulent. On résout ensuite l'équation à une inconnue ainsi obtenue, puis l'on porte la valeur trouvée dans l'une des équations, et l'on résout cette nouvelle équation à une inconnue.*

REMARQUE. — Les deux méthodes précédentes s'appliquent à un nombre quelconque d'équations du premier degré.

La première est appelée *méthode de substitution*, et la seconde *méthode d'élimination par réduction*.

322. Problème. — *Trouver deux nombres, sachant que leur somme est 44 et leur différence 12.*

Soient x et y ces deux nombres. En écrivant que la somme égale 44 et que la différence égale 12, on obtient les équations :

$$\begin{cases} x + y = 44 \\ x - y = 12. \end{cases}$$

En ajoutant ces deux équations membre à membre, afin d'éliminer y, puis en les retranchant, afin d'éliminer x, on a :

$$2x = 44 + 12 = 56,$$
$$2y = 44 - 12 = 32.$$

Il en résulte :

$$x = \frac{56}{2} = 28, \quad y = \frac{32}{2} = 16.$$

Ces nombres répondent bien à la question, car leur somme est $28 + 16$, ou 44, et leur différence $28 - 16$, ou 12.

323. Problème. — *On a acheté une première fois 7 mètres de drap et 5 mètres de toile pour 94 francs, et une autre fois 4 mètres du même drap et 9 mètres de la même toile pour 66 francs; quels sont les prix du mètre de drap et du mètre de toile?*

Soient x et y les prix du mètre de drap et du mètre de toile, en francs. Les 7 mètres de drap valent $7x$ francs, et les 5 mètres de toile valent $5y$ francs.

On a donc, en considérant successivement les deux achats :

$$7x + 5y = 94,$$
$$4x + 9y = 66.$$

L'équation obtenue en éliminant y est

$$9(7x + 5y) - 5(4x + 9y) = 94 \times 9 - 66 \times 5,$$

ou, en simplifiant :

$$63x - 20x = 846 - 330 = 516;$$

d'où il résulte :

$$x = \frac{516}{43} = 12.$$

En remplaçant x par 12 dans la première équation, on trouve :

$$7 \times 12 + 5y = 94,$$

d'où il résulte :

$$5y = 94 - 84 = 10,$$

et, par suite :

$$y = \frac{10}{5} = 2.$$

Le mètre de drap coûte donc 12 francs et le mèt de toile 2 francs.

Comme *vérification*, on voit qu'on a :

$$7 \times 12 + 5 \times 2 = 84 + 16 = 94,$$
$$4 \times 12 + 9 \times 2 = 48 + 18 = 66.$$

324. Remarque. — On procède d'une manière analogue pour résoudre un système de plus de deux équations du premier degré contenant autant d'inconnues que d'équations.

EXEMPLE. — *Trouver trois nombres, sachant que leur somme est 41, que le premier surpasse de 1 la somme des deux autres, et que le double du second égale le triple du troisième.*

Soient x, y, z les trois nombres cherchés. On doit avoir, d'après l'énoncé :

$$x + y + z = 41,$$
$$x = y + z + 1,$$
$$2y = 3z.$$

De la 3e équation, on tire :

$$z = \frac{2y}{3},$$

et, en portant cette valeur dans la 2ᵉ, on a :

$$x = y + \frac{2y}{3} + 1 = \frac{5y + 3}{3}.$$

En remplaçant z et x par ces valeurs, dans la 1ʳᵉ équation, il vient :

$$\frac{5y + 3}{3} + y + \frac{2y}{3} = 41,$$

équation qui ne contient que l'inconnue y.

Pour la résoudre, nous multiplions les deux membres par 3, ce qui donne :

$$5y + 3 + 3y + 2y = 123,$$

ou, en simplifiant :

$$10y = 120,$$

et

$$y = \frac{120}{10} = 12.$$

On trouve ensuite :

$$z = \frac{2 \times 12}{3} = 8,$$

$$x = \frac{5 \times 12 + 3}{3} = 21.$$

Les nombres cherchés sont 21, 12 et 8.

Il est facile de vérifier que ces nombres satisfont à l'énoncé.

Problèmes d'algèbre.

839. — Deux personnes ont ensemble 1 750 francs. La seconde possède le quadruple de ce qu'a la première. Quelle est la part de chaque personne ?

840. — Dans une usine où travaillent des hommes, des femmes et des enfants, il y a 126 ouvriers. Le nombre des femmes est double de celui des enfants, et le nombre des hommes est triple de celui des femmes. Combien y a-t-il d'hommes, de femmes et d'enfants dans cette usine ?

841. — J'ai acheté un dictionnaire et un atlas. L'atlas coûte 3f,25 de plus que le dictionnaire et j'ai dépensé en tout 12f,25. Quel est le prix du dictionnaire et quel est celui de l'atlas ?

842. — Partager une somme de 13o francs entre trois personnes, de manière que la 2e ait 10 francs de plus que la 1re et que la 3e ait 5 francs de plus que la 2e.

843. — Trois personnes ont en tout 100 francs. La 2e a 10 francs de moins que la 1re et la 3e a autant que les deux autres. Combien chaque personne possède-t-elle ?

844. — On a acheté, pour 158 francs, 12 mètres de toile, 8 mètres de drap et 7 mètres de soie. Quel est le prix du mètre de chaque étoffe, sachant qu'un mètre de drap coûte 6 francs de plus qu'un mètre de toile et qu'un mètre de soie coûte 2 francs de plus qu'un mètre de drap ?

845. — On a payé une somme de 155 francs avec 37 pièces, les unes de 5 francs et les autres de 2 francs. Combien y avait-il de pièces de chaque sorte ?

846. — Un ouvrier a travaillé 36 jours chez deux patrons. Le premier lui donnait 5f,20 par jour et le deuxième 6f,15. Il a reçu en tout 196f,70. Combien de jours a-t-il travaillé chez chaque patron ?

847. — On a acheté du drap à 8 francs le mètre. Si on ne l'avait payé que 6 francs le mètre, on en aurait eu 6 mètres de plus pour la même somme. Combien a-t-on acheté de mètres de drap ?

848. — Un vigneron veut payer, avec sa récolte de vin, une maison qu'il a achetée. S'il vend la barrique 120 francs, il lui reste 800 francs ; mais s'il vend la barrique 100 francs seulement, il lui manque 5oo francs. Combien a-t-il de barriques et combien lui coûte la maison ?

849. — Deux personnes ont des fortunes qui diffèrent de 5o ooo francs. Chaque année l'avoir de chacune s'augmente de 2,000 francs. Au bout de cinq ans, l'une possède le double de ce que possède l'autre. Quel était l'avoir primitif de chaque personne ?

850. — Deux personnes sont âgées, la 1re de 43 ans et la 2e de 25 ans. Combien y a-t-il d'années que l'âge de la 1re était le double de celui de la 2e ?

851. — Dans une usine, le nombre des hommes est double de celui des femmes. On renvoie 3o hommes et 3o femmes, et le nombre des hommes est alors 5 fois celui des femmes. Combien y avait-il d'abord d'hommes et de femmes?

852. — Deux joueurs possèdent, le 1er 30 francs et le 2e 42 francs. Ils conviennent que le perdant de chaque partie donnera 3 francs à l'autre joueur. Ils quittent le jeu lorsque le 1er possède une somme qui est le triple de celle du 2e. Combien celui-ci a-t-il perdu de parties?

853. — Deux localités A et B sont distantes de 250 kilomètres. La houille coûte $3^f,75$ les 100 kilogrammes en A et $4^f,25$ les 100 kilogrammes en B. Le transport coûte $0^f,01$ par 100 kilogrammes et par kilomètre. Déterminer le point entre A et B où le charbon revient au même prix, qu'il vienne de A ou de B.

854. — Trouver deux nombres sachant que leur différence est 784, que leur quotient est 5 et le reste de leur division 88.

855. — Trouver un nombre de deux chiffres, sachant que le chiffre des dizaines est triple de celui des unités, et que si l'on intervertit le chiffre des dizaines et celui des unités, le nombre diminue de 36.

856. — Trouver un nombre de trois chiffres, sachant que le chiffre des unités est le double de celui des centaines, que la somme des trois chiffres est 19, et que, si l'on met le chiffre des centaines à la place de celui des unités et réciproquement, le nombre augmente de 396.

857. — Les deux aiguilles d'une montre sont sur midi. A quelle heure se rencontreront-elles, et combien de fois se rencontreront-elles avant minuit?

858. — Quel est le nombre qui diminue de 132 quand on le divise par 5?

859. — Une personne dépense $\frac{2}{3}$ de son gain moins 50 francs pour sa nourriture, $\frac{1}{5}$ de ce gain pour son loyer, et il lui reste alors 210 francs. Quel est le gain total de cette personne?

860. — Une personne dispose de 2 heures pour faire une promenade. Elle part dans une voiture qui fait 11 kilomètres à l'heure. A quelle distance du point de départ doit-elle quitter la voiture pour qu'en revenant à pied, à raison de 5 kilomètres à l'heure, elle soit de retour à l'heure indiquée?

861. — Partager 1 470 francs entre trois personnes de manière que la deuxième ait les $\frac{3}{4}$ de la part de la première, et que la troisième ait la demi-somme des parts des deux autres.

862. — J'ai dépensé les $\frac{3}{8}$ de ce que j'avais, et il me reste la moitié de ce que j'avais plus 15 francs. Calculer la somme que j'avais.

863. — Un marchand a acheté une pièce de toile à raison de $1^f,50$ le mètre. Il en a revendu $\frac{1}{3}$ à $1^f,65$ le mètre, $\frac{1}{4}$ à $1^f,80$ et le reste à $1^f,90$. Il a réalisé ainsi un bénéfice de 21 francs. Quelle était la longueur de la pièce d'étoffe ?

864. — Une fontaine remplirait un bassin en $3^h\frac{3}{5}$; une autre le remplirait en $4^h\frac{1}{2}$. Combien ces deux fontaines, coulant ensemble, mettront-elles de temps pour remplir le bassin ?

865. — Deux tonneaux contiennent respectivement 276 litres et 228 litres de vin. Quelle même quantité faut-il en retirer pour que le deuxième contienne ensuite les $\frac{4}{5}$ de ce que contiendra le premier ?

866. — Deux nombres ont pour somme 52. Si on les augmente chacun de 7 unités, le second devient les $\frac{4}{9}$ du premier. Quels sont ces nombres ?

867. — Partager le nombre 120 en deux parties telles que si l'on divise la première par 12 et la deuxième par 16, la différence entre le premier quotient et le deuxième soit 3.

868. — Partager le nombre 435 en deux parties dont le rapport soit égal à $\frac{7}{8}$.

869. — Quel nombre faut-il ajouter aux deux termes de la fraction $\frac{5}{9}$ pour avoir une fraction égale à $\frac{3}{4}$?

870. — Un courrier part d'une ville en faisant 26 kilomètres en 5 heures ; 2 heures après, un second courrier part du même point dans la même direction avec une vitesse de 6 kilomètres à l'heure. A quelle distance du point de départ le second courrier rencontrera-t-il le premier ?

871. — Un père partage une certaine somme entre ses enfants. Il donne au premier 1 000 francs et $\frac{1}{10}$ du reste ; au second 2 000 francs et $\frac{1}{10}$ du reste ; au troisième 3 000 francs et $\frac{1}{10}$ du reste, et ainsi de suite. Trouver cette somme, le nombre d'enfants et la part de chacun, sachant que les parts sont égales.

872. — Une montre a trois aiguilles, l'aiguille des heures, celle des minutes et celle des secondes. Elle marque 3 heures. A quelle heure l'aiguille des heures sera-t-elle bissectrice de l'angle des deux autres ?

873. — Quel est le capital qui, ajouté à ses intérêts à 4,5 p. 100 pendant 6 ans, est devenu 15 240 francs ?

874. — Une personne a souscrit deux billets, l'un de 1 500 francs payable dans 4 mois, l'autre de 960 francs payable dans 6 mois. Elle veut les remplacer par un billet unique payable dans 3 mois. Quel doit être le montant de ce billet si le taux de l'escompte est 5 p. 100.

875. — On a 228 litres de vin à 0^f,55. Combien doit-on y ajouter de litres de vin à 0^f,34 pour que le mélange revienne à 0^f,50 le litre ?

876. — Deux lingots d'argent sont, l'un au titre de 0,940 et l'autre au titre de 0,800. Quels poids de ces alliages faut-il fondre ensemble pour obtenir un lingot au titre de 0,850 et pesant 4^{kg},2 ?

877. — Un bassin est alimenté par deux robinets. Ouverts successivement, le premier pendant 3 heures et le deuxième pendant 4 heures, ils ont fourni 685 litres d'eau. Dans une autre expérience où le premier a coulé pendant 5 heures et le deuxième pendant 2 heures, on a eu 745 litres d'eau. Combien chaque robinet, coulant seul, fournirait-il de litres d'eau par heure ?

878. — On a fait deux achats de café et de chocolat. Dans le premier, on a eu 5 kilogrammes de café et 4 kilogrammes de chocolat pour 34 francs ; dans le deuxième, on a eu 6 kilogrammes de café et 7 kilogrammes de chocolat pour 48^f,50. Calculer le prix du kilogramme de café et celui du kilogramme de chocolat.

879. Une première fois un Anglais a payé 155^f,10 en donnant 6 livres sterling et 3 shillings, et une deuxième fois il a payé 213^f,10 en donnant 8 livres sterling et 9 shillings. Quelles sont les valeurs en francs de la livre sterling et du shilling ?

880. — En descendant un fleuve, un vapeur a parcouru, en 7 heures, 56 kilomètres. Pour revenir à son point de départ, il met 10 heures $\frac{1}{2}$. Calculer la vitesse propre du vapeur et celle du courant.

881. — Calculer deux capitaux, sachant que si le plus grand est placé à 5 p. 100 et le plus petit à 4 p. 100, ils rapportent deux revenus ayant pour somme 4 791 francs et pour différence 1 703 francs.

882. — Trouver une fraction telle qu'en ajoutant 7 à ses deux termes on ait $\frac{6}{7}$ et qu'en retranchant 7 à ses deux termes on ait $\frac{4}{7}$.

883. — Trouver les côtés d'un rectangle, sachant que si l'on augmente la largeur de 5 mètres et si l'on diminue la longueur de 5 mètres, la surface ne change pas, tandis que si l'on augmente la largeur de 5 mètres et si l'on diminue la longueur de 4 mètres, la surface augmente de 24 mètres carrés.

884. — Plusieurs personnes ont à régler une dépense faite en commun. Si elles avaient été 4 de plus et si chacune avait payé 2 francs de moins, la dépense totale aurait diminué de 12 francs. Si elles avaient été 4 de moins et si chacune avait payé 4 francs de plus, la dépense totale aurait augmenté de 12 francs. Combien y avait-il de personnes et combien chacune d'elles a-t-elle eu à payer?

885. — Un propriétaire a vendu, à un premier marchand de grains, 15 mesures de froment, 12 mesures d'orge et 9 mesures d'avoine pour 150 francs; à un deuxième marchand, 8 mesures de froment, 10 mesures d'orge et 12 mesures d'avoine pour 116 francs; à un troisième marchand, 5 mesures de froment, 9 mesures d'orge et 14 mesures d'avoine pour 103 francs; calculer les prix de la mesure de froment, de la mesure d'orge et de la mesure d'avoine.

886. — Trois lingots contiennent chacun de l'or, de l'argent et du cuivre. Le premier contient 40 grammes d'or, 60 grammes d'argent et 50 grammes de cuivre; le deuxième, 50 grammes d'or, 65 grammes d'argent et 35 grammes de cuivre; et le troisième 30 grammes d'or, 75 grammes d'argent et 45 grammes de cuivre. Combien faut-il prendre de grammes de chacun d'eux pour obtenir un nouveau lingot contenant 49 grammes d'or, $78^g,5$ d'argent et $52^g,5$ de cuivre?

887. — Trouver trois nombres sachant que la somme du premier et du deuxième égale 70, que la somme du deuxième et du troisième égale 83, et que la somme du premier et du troisième égale 77.

888. — Trouver un nombre de trois chiffres sachant que la somme de ces chiffres égale 12, que le chiffre des unités est la moitié de la somme des deux autres, et qu'en retranchant 198 à ce nombre on obtient le nombre renversé.

CHAPITRE VI

PROGRESSIONS ET ANNUITÉS

§ 1. — *Progressions arithmétiques.*

325. Définitions. — Une progression *arithmétique* est une suite de nombres tels que la différence entre chacun d'eux et le précédent ait une valeur donnée, ces nombres allant toujours en augmentant, ou toujours en diminuant ; cette valeur est la *raison* de la progression ; les nombres s'appellent les *termes* de la progression.

La progression est *croissante*, si les termes vont en augmentant, comme

$$3, 6, 9\ldots$$

elle est *décroissante*, si les termes vont en diminuant, comme

$$80, 76, 72\ldots$$

326. Valeur d'un terme quelconque. — Si l'on appelle $a, b, c\ldots$ les termes d'une progression arithmétique de raison r, on a :

$$b = a + r, \quad c = b + r = a + 2r\ldots \quad l = a + (n - 1) r,$$

n étant le rang du terme l.

On voit de même qu'on a :

$$k = l - r, \quad h = l - 2r\ldots \quad a = l - (n - 1) r.$$

Il en résulte :

$$b + k = a + l, \quad c + h = a + l\ldots,$$

Par conséquent, *dans toute progression arithmétique.*

la somme de deux termes équidistants des extrêmes est constante et égale à celle des extrêmes.

327. Somme des termes. — Si l'on appelle s la somme des n termes a, b, c... l d'une progression arithmétique, on a :

$$s = a + b + c + \dots + h + k + l,$$
$$s = l + k + h + \dots + c + b + a,$$

et, en ajoutant ces égalités membre à membre :

$$2s = (a + l) + (b + k) + (c + h) + \dots + (l + a)$$
$$= (a + l)\, n,$$

puisque les sommes $b + k$, $c + h$... sont égales à $a + l$ (325), et qu'il y a n sommes égales dans le second membre.

Il en résulte :

$$s = \frac{(a + l) \times n}{2}$$

En appliquant cette formule à la progression formée par les n premiers nombres entiers, on trouve pour la somme de ces nombres :

$$s = \frac{n\,(n + 1)}{2}.$$

§ 2. — *Progressions géométriques.*

328. Définitions. — Une progression *géométrique* est une suite de nombres tels que le rapport de chacun d'eux au précédent ait une valeur donnée, ces nombres allant toujours en augmentant, ou toujours en diminuant ; la valeur de ce rapport est la *raison* de la progression ; les nombres sont les *termes* de la progression.

La progression est *croissante*, lorsque la raison est supérieure à 1, comme

$$3,\ 6,\ 12\dots$$

dont la raison est 2. La progression est *décroissante*, si la raison est inférieure à 1, comme

$$72, 36, 18\ldots$$

dont la raison est $\dfrac{1}{2}$.

329. Valeur d'un terme quelconque. — Si l'on appelle a, b, $c\ldots l$ les n termes de la progression et q la raison, on a :

$$b = aq, \quad c = bq = aq \times q = aq^2, \quad d = aq^2 \times q = aq^3 \ldots$$
$$l = aq^{n-1}.$$

330. Somme des termes. — Soit s la somme des n termes a, $b\ldots l$ de la progression ; on a :

$$s = a + b + c + \ldots + k + l,$$

et en multipliant par q :

$$sq = aq + bq + \ldots + lq = b + c + \ldots + l + lq.$$

En retranchant ces égalités membre à membre, il vient, en supposant $q > 1$:

$$sq - s \quad \text{ou} \quad s(q - 1) = lq - a,$$

d'où

$$s = \dfrac{lq - a}{q - 1}.$$

Si l'on remplace l par $a\, q^{n-1}$ (**329**), on obtient la formule :

$$s = \dfrac{a(q^n - 1)}{q - 1}.$$

Si l'on suppose $q < 1$, on trouve de même :

$$s = \dfrac{a(1 - q^n)}{1 - q}.$$

§ 3. — *Intérêts composés*.

331. Formule. — Soit a le capital placé, en francs, r l'intérêt annuel de 1 franc, n le nombre d'années de placement, A la valeur acquise par le capital au bout de ce temps.

L'intérêt annuel de a est ar, et le capital a devient au bout d'un an $a + ar$, ou $a(1 + r)$; au bout de la deuxième année, ce capital est devenu $a(1 + r) \times (1 + r)$, ou $a(1 + r)^2$, et ainsi de suite ; au bout de n années, le capital est devenu $a(1 + r)^n$. On a donc la formule :

$$A = a(1 + r)^n.$$

332. Exemple. — *Quelle somme faut-il placer à 4 p. 100 pour avoir* 10 000 *francs au bout de* 18 *ans ?*

En appelant a la somme cherchée, en francs, on doit avoir, d'après la formule précédente :

$$10\,000 = a \times (1{,}04)^{18} ;$$

d'où

$$a = \frac{10\,000}{(1{,}04)^{18}}.$$

D'après la table qui donne les puissances de $1 + r$ (335), on a :

$$(1{,}04)^{18} = 2{,}025817 ;$$

il en résulte :

$$a = \frac{10\,000}{2{,}025817} = 4936^{f}{,}28.$$

§ 4. — *Annuités*.

333. Formule. — On appelle *annuités* les sommes qu'on paye à époques régulières, généralement chaque année, pour rembourser un emprunt ou pour constituer un capital.

Soit A le capital emprunté, en francs, n le nombre d'annuités, r l'intérêt de 1 franc pour chaque période, que nous supposons être une année.

La somme des annuités augmentées de leurs intérêts composés jusqu'à l'époque du remboursement doit être égale au capital emprunté augmenté de ses intérêts composés pendant les n années, c'est-à-dire à :

$$A (1 + r)^n.$$

La première annuité, placée pendant $(n - 1)$ années, est devenue $a (1 + r)^{n-1}$; la deuxième annuité est devenue $a (1 + r)^{n-2}$, et ainsi de suite ; la dernière annuité a ne produit aucun intérêt. La somme des valeurs acquises par les annuités est :

$$a + a (1 + r) + a (1 + r)^2 + \ldots + a (1 + r)^{n-1} ;$$

c'est la somme des termes d'une progression géométrique de raison $1 + r$; elle est donc **(330)** :

$$\frac{a [(1 + r)^n - 1]}{(1 + r) - 1} = \frac{a [(1 + r)^n - 1]}{r}.$$

On a, par conséquent, la relation :

$$A (1 + r)^n = \frac{a [(1 + r)^n - 1]}{r} ;$$

on en déduit la formule :

$$a = \frac{A r (1 + r)^n}{(1 + r)^n - 1}.$$

334. Exemple. — *Une personne emprunte 20 000 francs qu'elle doit rembourser en 10 annuités ; quel sera le montant de chaque annuité, le taux étant de 5 p. 100 ?*

En appliquant la formule précédente, on a :

$$a = \frac{20\,000 \times 0{,}05 \times (1{,}05)^{10}}{(1{,}05)^{10} - 1}$$

$$= \frac{20\,000 \times 0{,}05 \times 1{,}628895}{0{,}628\,895}$$

$$= 2590^f,09.$$

335. Table d'intérêts composés. — La table suivante donne la valeur, au bout de n années, d'un franc placé à intérêts composés, ou la valeur de $(1 + r)^n$.

NOMBRE D'ANNÉES	TAUX DE L'INTÉRÊT				
n	3	3 $\frac{1}{2}$	4	4 $\frac{1}{2}$	5
	f.	f.	f.	f.	f.
1	1,030 000	1,035 000	1,040 000	1,045 000	1,050 000
2	1,060 900	1,071 225	1,081 600	1,092 025	1,102 500
3	1,092 727	1,108 718	1,124 864	1,141 166	1,157 625
4	1,125 509	1,147 523	1,169 859	1,192 519	1,215 506
5	1,159 274	1,187 686	1,216 653	1,246 182	1,276 282
6	1,194 052	1,229 255	1,265 319	1,302 260	1,340 096
7	1,229 874	1,272 279	1,315 932	1,360 862	1,407 100
8	1,266 770	1,316 809	1,368 569	1,422 101	1,477 455
9	1,304 773	1,362 897	1,423 312	1,486 095	1,551 328
10	1,343 916	1,410 599	1,480 244	1,552 969	1,628 895
11	1,384 234	1,459 970	1,539 454	1,622 853	1,710 339
12	1,425 761	1,511 069	1,601 032	1,695 881	1,795 856
13	1,468 534	1,563 956	1,665 074	1,772 196	1,885 649
14	1,512 590	1,618 695	1,731 676	1,851 945	1,979 932
15	1,557 967	1,675 349	1,800 944	1,935 282	2,078 928
16	1,604 706	1,733 986	1,872 981	2,022 370	2,182 875
17	1,652 848	1,794 676	1,947 900	2,113 377	2,292 018
18	1,702 433	1,857 489	2,025 817	2,208 479	2,406 619
19	1,753 506	1,922 501	2,106 849	2,307 860	2,526 950
20	1,806 111	1,989 789	2,191 123	2,411 714	2,653 298
21	1,860 295	2,059 431	2,278 768	2,520 241	2,785 963
22	1,916 103	2,131 512	2,369 919	2,633 652	2,925 261
23	1,973 587	2,206 114	2,464 716	2,752 166	3,071 524
24	2,032 794	2,283 328	2,563 304	2,876 014	3,225 100
25	2,093 778	2,363 245	2,665 836	3,005 434	3,386 355
26	2,156 591	2,445 959	2,772 470	3,140 679	3,555 673
27	2,221 289	2,531 567	2,883 369	3,282 010	3,733 456
28	2,287 928	2,620 172	2,998 703	3,429 700	3,920 129
29	2,356 566	2,711 878	3,118 651	3,584 036	4,116 136
30	2,427 262	2,806 794	3,243 398	3,745 318	4,321 942

Exercices.

889. — Calculer la somme des 1 000 premiers nombres entiers.

890. — Un ouvrier, qui doit creuser un puits de 12 mètres, demande 2 francs pour le premier mètre et $0^f,75$ de plus pour chacun des mètres suivants. Combien lui donnera-t-on : 1° pour le dernier mètre; 2° pour l'ouvrage entier?

891. — Un manœuvre doit déposer une brouettée de sable au pied de 25 arbres formant un côté d'une allée. La distance entre deux arbres consécutifs est 5 mètres, et le sable se trouve à 12 mètres en avant du premier arbre. Calculer le chemin qu'il aura parcouru après avoir achevé son travail et ramené la brouette au point où se trouve le tas de sable.

892. — Calculer la somme des 1 000 premiers nombres impairs, et celle des 1 000 premiers nombres pairs.

893. — On veut s'acquitter d'une somme de 900 francs en faisant 5 versements en progression arithmétique, le premier versement étant de 100 francs. Quelle doit être la raison de cette progression?

894. — Un joueur perd une partie dont l'enjeu est de 5 francs. Il continue à jouer en doublant chaque fois sa mise et perd 11 nouvelles parties. Quelle est sa perte totale?

895. — On demande à un fermier s'il veut acheter 25 moutons, en donnant 1 centime pour le premier, 2 centimes pour le deuxième, 4 centimes pour le troisième, et ainsi de suite, en doublant toujours. Combien, dans ces conditions, coûteraient les 25 moutons?

896. — Un terrassier doit creuser un fossé de 15 mètres. Il demande $0^f,50$ pour le 1er mètre, $0^f,60$ pour le deuxième, $0^f,72$ pour le 3e, et ainsi de suite en augmentant chaque fois le prix du mètre de $\frac{1}{5}$ de sa valeur. Combien coûtera ce fossé ?

897. — D'un fût contenant 90 litres de vin, on tire 5 litres qu'on remplace par de l'eau. On tire 5 litres du mélange qu'on remplace par 5 litres d'eau et ainsi de suite. Combien reste-t-il de vin dans le fût après 5 de ces opérations?

898. — Un navigateur, en partant pour un voyage de 5 ans, place une somme de 8 000 francs à intérêts composés, à 4 p. 100. Combien retirera-t-il à son retour?

899. — Un capital placé à intérêts composés au taux de 3 p. 100 pendant 8 ans est devenu, au bout de ce temps, $6.143^f,85$. Calculer ce capital.

900. — Une personne achète une maison 50 000 francs en convenant qu'elle paiera comptant 20 000 francs et le reste dans 6 ans. Quelle somme doit-elle placer à intérêts composés à 4 p. 100 pour avoir le reste au bout de 6 ans?

901. — Calculer ce que doit retirer un ouvrier, 3 ans et demi après avoir fait un versement de 400 francs dans une Caisse d'épargne où les sommes déposées produisent 3 p. 100 d'intérêt annuel, et où, tous les 6 mois, les intérêts sont ajoutés au capital pour produire avec lui de nouveaux intérêts?

902. — Trouver l'annuité éteignant, à 4 p. 100, en 20 ans, une dette de 54 600 francs.

903. — On emprunte une somme de 12 000 francs, et l'on veut s'acquitter par 8 paiements égaux effectués à la fin de chaque année. Combien paiera-t-on chaque année, le taux de l'intérêt étant 4 p. 100?

904. — Quelle somme peut-on emprunter aujourd'hui en offrant de payer, pendant 10 ans, une annuité de 1 200 francs, le taux étant 4,5 p. 100?

905. — On doit payer chaque année 1500 francs pendant 12 ans; remplacer cette annuité par un seul paiement à effectuer dans 4 ans, le taux étant 3 p. 100.

906. — Une personne place 1 000 francs au commencement de chaque année, à 4 p. 100 et à intérêts composés. Quelle somme recevra-t-elle au bout de 10 ans?

907. — Une personne veut constituer un capital de 15 000 francs, dans une période de 20 ans, en plaçant au commencement de chaque année une certaine somme à intérêts composés à 3 p. 100. Quelle somme annuelle devra-t-elle verser?

CHAPITRE VII

EXERCICES ET PROBLÈMES
DE RÉCAPITULATION

Exercices.

908. — Que devient le produit 18×23 si l'on retranche 3 au premier facteur et 7 au deuxième facteur ?

909. — Par un raisonnement basé sur la définition de la multiplication des nombres entiers et sans effectuer les opérations, expliquer la multiplication de $(100 - 3)$ par $(100 + 2)$.

Faire mentalement ensuite, par les procédés résultant du raisonnement précédent, la multiplication de 98 par 104.

910. — Expliquer comment vous feriez mentalement les opérations suivantes :

$$454 + 694 \quad \text{et} \quad 852 + 327 ;$$
$$825 - 347 \quad \text{et} \quad 875 - 397 ;$$
$$2 \times 823 \times 5 \quad \text{et} \quad 4 \times 728 \times 125 ;$$
$$24 \times 25 \quad \text{et} \quad 44 \times 0,25.$$

Si, pour faire ces opérations, vous appliquez des théorèmes que vous connaissez, énoncez-les sans les démontrer.

911. — Étant donné le produit de deux facteurs égaux, démontrer que si l'on augmente l'un des facteurs et si l'on diminue l'autre d'un même nombre quelconque, le produit diminue du carré de ce nombre. Exemple : 20×20 et $(20 + 5)(20 - 5)$.

Faire voir que la notion qui précède permet d'effectuer mentalement et avec la plus grande facilité les produits suivants et autres analogues :

$$\ldots 32 \times 28 \ldots 105 \times 95 \ldots 7\frac{1}{2} \times 6\frac{1}{2} \ldots$$

912. — On multiplie 796 par 213. On place par erreur le premier chiffre du second produit partiel sous le chiffre des centaines du multiplicande ; les deux autres produits partiels sont placés suivant la règle. — Dire, sans faire la multiplication, ce qu'il faudrait retrancher au produit obtenu pour avoir le produit exact. — Montrer aussi que la preuve par 9 n'aurait pas mis en évidence l'erreur commise.

913. — Le quotient d'une division est 12. Le dividende est 345 et le reste 9. Quel est le diviseur ? De combien d'unités au plus peut-on augmenter le dividende sans que le quotient change ? De combien peut-on le diminuer ?

914. — Le quotient d'une division est 24 et le reste est 6 ; si l'on additionne le dividende, le quotient et le reste, on trouve 228. Calculer le dividende et le diviseur.

915. — En divisant deux nombres entiers on a trouvé 30 pour quotient et 64 pour reste. Si l'on avait ajouté 179 au dividende sans changer le diviseur, le quotient aurait été exactement égal à 31. Quels sont le dividende et le diviseur.

916. — En divisant un nombre inconnu par 7 on a un certain quotient et le reste est 4. En divisant ce même nombre par 9, le quotient est inférieur au premier d'une unité et le reste est 1. Trouver ce nombre.

917. — Prouver que si deux nombres sont premiers entre eux, leur somme et leur différence ne peuvent avoir d'autre diviseur commun que 2.

918. — Expliquer comment vous pouvez résoudre le problème suivant :

On place à côté l'une de l'autre trois règles, de manière qu'elles se touchent et qu'elles aient une extrémité commune. Chacune est divisée en parties égales, mais les divisions de la première valent 8 millimètres, celles de la seconde 12 millimètres, et celles de la troisième 20 millimètres. Déterminer les traits de division qui coïncident sur les trois règles.

919. — Deux personnes ont acheté une étoffe de même qualité dans deux magasins différents. L'une a payé le mètre $\frac{5}{8}$ de franc ; l'autre l'a eu pour $\frac{4}{9}$ de franc. Dire, sans faire d'opération, quelle est celle qui a payé le plus cher, en justifiant votre affirmation.

920. — Au dénominateur de la fraction $\frac{21}{33}$ on ajoute 11. Quel nombre faut-il ajouter au numérateur pour que la fraction ne change pas de valeur ? — Démontrer *le plus important* des théorèmes sur lesquels vous vous appuyez pour trouver ce nombre.

921. — Si l'on augmente le numérateur d'une fraction de 32, cette fraction devient égale à 1 ; si l'on augmente le dénominateur de cette première fraction de 69, elle devient égale à $\dfrac{1}{2}$. Quelle est cette fraction?

922. — Soit l'expression :

$$\dfrac{19 \times 35 - 19 \times 5}{19 \times 35 + 19 \times 5}.$$

Expliquer comment on peut, sans effectuer les opérations indiquées, obtenir sa plus simple expression, et démontrer que la fraction obtenue est exactement réductible en décimales.

923. — Ajouter les fractions

$$\dfrac{36}{48}, \quad \dfrac{28}{32} \text{ et } \dfrac{40}{96}.$$

Exprimer le résultat sous forme de nombre fractionnaire.

924. — Dans une distribution de pains, on a prélevé 5 parts ; la 1re de 8 pains $\dfrac{1}{2}$, la 2e de 12 pains $\dfrac{2}{3}$, la 3e de 15 pains $\dfrac{3}{4}$, la 4e de 20 pains $\dfrac{5}{6}$, la 5e de 28 pains $\dfrac{9}{10}$. La distribution totale était de 225 pains. On demande d'indiquer ce qu'il en reste.

925. — Deux nombres sont tels que le $\dfrac{1}{3}$ de leur somme égale 26 et que les $\dfrac{2}{5}$ de leur différence égalent 8. Quels sont ces deux nombres?

926. — Un nombre est les $\dfrac{3}{4}$ d'un autre ; la somme de ces nombres est 56. On demande quels sont ces deux nombres.

927. — Division d'un nombre entier par un nombre décimal. On raisonnera sur l'exemple suivant : $0^m,75$ de drap coûtent 6 francs ; combien coûte le mètre?

On énoncera la règle suivie et on la justifiera par un raisonnement.

928. — On divise un nombre quelconque par 8, puis on multiplie ce nombre par 0,125, et on trouve le même résultat. Démontrer après avoir rappelé les définitions de la multiplication et de la division, qu'il doit en être ainsi.

929. — Montrer qu'un carré parfait ne pourrait se terminer par un 7. Y a-t-il d'autres chiffres qui, pas plus que 7, ne pourraient terminer un carré?

930. — Une feuille rectangulaire a une superficie de 7 920 centimètres carrés. On en coupe une longueur telle que la partie restante soit un carré parfait. Sachant que la partie retranchée a une surface de 2 736 centimètres carrés, trouver les dimensions de la feuille.

Problèmes.

931. — Quatre bateaux à vapeur partent du même lieu, le 1er tous les 4 jours, le 2e tous les 6 jours, le 3e tous les 18 jours, et le 4e tous les 21 jours. Ils sont partis ensemble le 11 septembre 1906. A quelle date sont-ils de nouveau partis le même jour?

932. — Un marchand a acheté à la foire 5 bœufs, 7 vaches et 9 veaux. Un bœuf vaut 200 francs de plus qu'une vache, et 10 veaux valent autant que 3 vaches. Le marchand a payé en tout 5 410 francs. Trouver le prix d'un bœuf, le prix d'une vache et le prix d'un veau.

933. — Deux personnes possèdent, l'une 327f,75, l'autre 333f,60 elles dépensent la même somme, et ce qui reste à la première est alors égal aux $\frac{5}{8}$ de ce qui reste à la seconde. Quelle est leur dépense?

934. — Une personne achète une vigne, une terre et un pré. Le prix du pré est les $\frac{2}{3}$ du prix de la vigne moins 119 francs; celui de la terre surpasse de 500 francs celui de la vigne. Elle revend le pré avec un bénéfice égal au $\frac{1}{7}$ de son prix d'achat et la terre avec un bénéfice égal aux $\frac{2}{25}$ de son prix d'achat. Ces deux bénéfices étant égaux, trouver les prix d'achat de la vigne, du pré et de la terre.

935. — Un commerçant a acheté du drap et du velours, en tout 255 mètres, pour 4 675 francs. On sait que 3 mètres de velours coûtent autant que 5 mètres de drap et que le commerçant a acheté deux fois plus de drap que de velours. Quels sont les prix respectifs par mètre du drap et du velours?

936. — 13 kilogrammes de café coûtent autant que 12 kilogrammes de chocolat, et 30 kilogrammes de chocolat ont la même valeur que 13 kilogrammes de thé. Sachant que pour 74f,40 on a eu 8 kilogrammes de café et 3 kilogrammes de thé, trouver la somme à payer pour 16 kilogrammes de chocolat.

937. — Une usine emploie des hommes, des femmes et des enfants, en tout 38 personnes, dont le salaire journalier est de 158f,10. Sachant que chaque homme reçoit 5f,75, chaque femme 2f,25 et chaque enfant 1f,15; sachant en outre que le nombre des femmes est le triple de celui des enfants, on demande combien il y a de personnes de chaque catégorie.

938. — Un marchand a acheté deux pièces d'étoffe de qualités différentes et de même longueur, 40 mètres. Il a revendu l'une et l'autre au détail, avec un même bénéfice de 30 p. 100. Sachant que le prix total de vente s'est élevé à 442 francs, et que le prix de vente de la pièce de qualité supérieure a surpassé de 78 francs le prix de vente de l'autre pièce, calculer le prix d'achat de chaque pièce.

939. — Un négociant achète un lot de paires de gants à 48 francs la douzaine de paires, et après avoir obtenu un rabais de 10 p. 100, paye 3 456 francs. Il revend une partie de ces gants avec un bénéfice de 30 p. 100, le reste avec un bénéfice de 25 p. 100, et la vente produit 4 417^f,20. Combien a-t-il vendu de paires à 30 p. 100 et combien à 25 p. 100 de bénéfice?

940. — Un marchand achète une marchandise, puis la revend avec un bénéfice qui est les $\frac{17}{100}$ du prix d'achat, mais qui est inférieur de 28^f,90 aux $\frac{17}{100}$ du prix de vente. Quels sont les prix d'achat et de vente?

941. — Un négociant achète des marchandises à l'étranger. Le prix du transport est égal à 15 p. 100 du prix d'achat; il doit payer 100 francs à la douane. Il est obligé de vendre ces marchandises avec une perte de 5 p. 100 sur le prix de revient; mais s'il les avait vendues 75 francs de plus, il aurait gagné 1 p. 100. Quel est le prix d'achat?

942. — La toile écrue perd au blanchissage 15 p. 100 de sa longueur. Un marchand, qui avait acheté de la toile écrue, la revend après blanchissage au prix de 2^f,40 le mètre de longueur; il réalise ainsi un bénéfice de 20 p. 100 sur le prix d'achat. Quel était le prix d'achat du mètre de toile écrue? Quel bénéfice réalisera le marchand sur une opération portant sur 15 pièces de toile écrue de 40 mètres chacune? (Il n'est pas tenu compte des frais de blanchissage.)

943. — 5 personnes voyageant en 2e classe ont payé 45^f,75 pour le trajet de Toulouse à Agen. Au retour, deux d'entre elles prennent des billets de 3e classe, et la dépense, pour les 5 personnes, ne s'élève plus qu'à 39^f,65. On sait qu'un billet de 2e classe coûte, par kilomètre, 2 centimes $\frac{1}{2}$ de plus qu'un billet de 3e classe. Cela posé, on demande : 1° la distance en chemin de fer de Toulouse à Agen; 2° le prix du tarif kilométrique en 2e et en 3e classe.

944. — Une propriété est plantée les $\frac{2}{3}$ en vigne, les $\frac{2}{9}$ en bois, et le reste en luzerne. La deuxième partie dépasse la troisième de 6 ares 50 centiares. Quelle est l'étendue de la propriété, et quelle est celle de chacune de ses parties?

945. — Un propriétaire a vendu deux terrains, l'un à 8 francs le mètre carré, et l'autre, qui avait 34 mètres carrés de plus que le premier, à 10 francs le mètre carré. Le produit total des deux ventes, placé à $3\frac{1}{2}$ p. 100, a rapporté en 15 mois, 227^f,50 d'intérêt simple. Trouver la superficie de chaque terrain.

946. — On a divisé un terrain en deux portions. Les $\frac{3}{7}$ de la première partie représentent exactement les $\frac{2}{5}$ de la seconde, et si l'on retranche les $\frac{11}{20}$ de la première des $\frac{9}{13}$ de la seconde, on obtient pour différence 13 hectares 96 ares. On demande d'évaluer en mètres carrés la surface de chacune des deux portions. On vérifiera les réponses trouvées.

947. — Une ouvrière veut doubler une robe; il lui faudrait 6^m,50 d'étoffe ayant une largeur de 1^m,20. Elle ne trouve en magasin qu'une étoffe ayant 0^m,70 de large et coûtant 49^f,40 les 12 mètres. De plus, cette étoffe, ayant besoin d'être lavée, se rétrécit de $\frac{1}{16}$ de la largeur et de $\frac{1}{20}$ de la longueur. On demande combien l'ouvrière a payé l'étoffe nécessaire à la doublure de la robe.

948. — Un particulier a acheté deux terrains de forme rectangulaire. Le premier a 76 mètres de longueur et a été payé 3 800 francs au prix de 200 francs l'are; le deuxième a 228 mètres de longueur et son prix d'achat est les $\frac{48}{5}$ de celui du premier. Sachant que l'are du second terrain coûte le double de l'are du premier, on demande : 1° la largeur des deux terrains; 2° le revenu annuel qu'aurait ce particulier s'il vendait les deux terrains à raison de 4^f,25 le mètre carré et s'il plaçait le produit de la vente à intérêt au taux de 3,5 p. 100.

949. — Une personne a placé au taux de 5 p. 100 une somme dont le revenu lui permet d'acheter, au prix de 0^f,75 le mètre carré, un champ de forme rectangulaire. Sachant que le périmètre de ce champ a 262 mètres et que sa longueur a 39 mètres de plus que sa largeur, on demande la somme placée au taux de 5 p. 100.

950. — Un propriétaire possède un terrain rectangulaire dont le contour mesure 1200 mètres et dont la largeur est les $\frac{7}{8}$ de la longueur. Il le vend, emploie les $\frac{3}{5}$ de l'argent qu'il retire à payer une dette et place le reste à intérêt simple à 4 p. 100. Au bout de 3 ans 9 mois, il reçoit, pour le capital et les intérêts réunis, 10 304 francs. On demande le prix du mètre carré du terrain.

951. — Un champ d'une superficie de 4 hectares 18 ares 40 centiares a la forme d'un trapèze dont la somme des deux bases est égale à 468 mètres.

1° Trouver la hauteur de ce trapèze et les deux bases, sachant que l'une est les $\frac{2}{7}$ de l'autre.

2° On vend ce champ pour une certaine somme qui, placée à 4 p. 100 pendant 2 ans 3 mois, et augmentée de ses intérêts au bout de ce temps, est devenue 5 450 francs. Quel est le prix de l'are de ce terrain ?

952. — Un terrain a une contenance de 2 hectares 45 centiares. Le propriétaire en vend une première portion à raison de 7f,50 le mètre carré. Cette portion a la forme d'un trapèze : la grande base a 51m,60 de long ; la petite base est la moitié de la grande, et la hauteur en est le tiers. Le propriétaire vend ensuite le reste du terrain. A quel prix doit-il vendre l'are de cette seconde portion pour pouvoir, avec l'argent provenant des deux ventes, acheter 365 francs de rente 3 p. 100 au cours de 97f,65.

953. — Un plancher circulaire ayant 8m,75 de diamètre, a été payé, six mois et demi après son achèvement, 314f,25, prix principal et intérêt à 5 p. 100 compris. A combien serait revenu le mètre carré, si le propriétaire avait payé le jour de l'achèvement du plancher ?

954. — L'avoine pèse en moyenne 43kg,88 l'hectolitre. Combien faudra-t-il de coffres à avoine de 2 mètres cubes de contenance pour renfermer une distribution de 1250 rations, sachant que la ration est de 3kg,5 ?

955. — Un fabricant d'amidon achète à un cultivateur le blé produit par un terrain de 2 hectares 5 ares. On demande la quantité d'amidon que pourra donner le blé récolté si 35 kilogrammes de blé donnent 18kg,5 d'amidon, et si ce terrain produit, pour 1 000 mètres carrés, 2 hectolitres de blé pesant 76 kilogrammes l'hectolitre.

956. — Une minoterie reçoit une commande de 20 000 quintaux de farine. Combien coûtera la provision de froment de cette commande si 312 hectolitres de froment donnent 157 quintaux de farine et si le froment coûte 28 francs les 100 kilogrammes, l'hectolitre pesant 75 kilogrammes.

957. — Un marchand a acheté du charbon à 35f,40 la tonne. Il paye 223f,60 de transport et de frais. Il revend ce charbon à raison de 4f,95 l'hectolitre en faisant, sur son prix de revient, un bénéfice de 20 p. 100. Le mètre cube de charbon pesant 937kg $\frac{1}{2}$; on demande le poids du charbon qu'il a acheté.

958. — On achète, pour faire des confitures, 5 kilogrammes de raisin qui fournissent $\frac{5}{7}$ de leur poids de jus. Ce jus est mêlé, à poids égal, à un sirop de sucre. Le mélange, chauffé et clarifié, perd les $\frac{3}{100}$ de son poids. La confiture est mise dans des pots de 2 déci-litres. Combien pourra-t-on remplir de pots? Le litre de confiture pèse $1^{k},25$.

959. — Une dissolution de carbonate de potassium contient 14 p. 100 de son poids de sel et pèse 248 kilogrammes. On veut qu'elle ne renferme plus que 9 p. 100 de son poids de sel. Combien de litres d'eau faut-il y ajouter?

960. — Un marchand achète deux espèces de vin. Il a vendu le tout en faisant un bénéfice de $0^{f},16$ par litre et un bénéfice total de 8 000 francs. Sachant : 1° que la quantité de vin de la première qualité surpasse de 200 hectolitres la quantité de vin de la qualité inférieure; 2° que les deux espèces de vin lui avaient coûté, tous frais compris, 51 500 francs; 3° que le prix de revient de l'hectolitre de première qualité surpassait de 15 francs celui de l'hectolitre de deuxième qualité, on demande combien d'hectolitres de chaque espèce il avait achetés et quel a été le prix de vente d'un litre de chaque espèce.

961. — Un cube, dont la base est horizontale, est rempli de mercure, pesant 13 500 grammes. On sait que le centimètre cube de mercure pèse $13^{g},59$ et l'on demande de combien baissera le niveau du mercure si l'on enlève 5 436 grammes de liquide. On dira en outre combien il serait sorti de mercure si le niveau avait baissé de 7 centimètres.

962. — Une barrique vide pèse $31^{k},25$, et pleine d'eau de mer $246^{k},92$. Quand on la pèse pleine d'huile, l'huile ne pesant que 900 grammes le litre, le poids n'est plus que $220^{k},25$. On demande, d'après ces données, la contenance de la barrique et le poids d'un centimètre cube d'eau de mer.

963. — Deux vases de même capacité pèsent ensemble, vides, 6 760 grammes, mais le poids du premier n'est que les $\frac{6}{7}$ de celui du second. Quand le second est plein d'huile et le premier plein de lait, le premier pèse 415 grammes de plus que le second. La densité du lait étant 1,03 et celle de l'huile 0,92, on demande le poids de chaque vase et leur capacité commune.

964. — Pour la nourriture des animaux, 1 kilogramme de pommes de terre équivant à un demi-kilogramme de foin sec. Un hectare de bon terrain, cultivé en pommes de terre, en donne environ 245 hectolitres pesant environ 81 kilogrammes l'hectolitre, et un hectare de pré donne environ 5 500 kilogrammes de foin sec. Calculer d'après cela l'étendue qu'on aura à cultiver en pommes de terre pour obtenir une quantité d'aliments équivalente à celle qui est fournie par 1 hectare 25 ares de pré.

965. — Un cultivateur avait le 10 août, dans son grenier

250 hectolitres de blé; 1 hectolitre pesait 79 kilogrammes. Il pouvait le vendre au comptant 20^f,50 le quintal. Il a préféré attendre. Il a vendu le 1er décembre suivant son blé au comptant au prix de 21^f,50 le quintal. Par suite de la dessiccation, le blé avait perdu $\frac{1}{60}$ de son poids. Le cultivateur a-t-il gagné ou perdu en différant la vente, et combien ? On tiendra compte de l'intérêt qu'aurait rapporté l'argent de la vente, si elle avait été faite le 10 août, cet intérêt étant calculé à raison de 3 p. 100 l'an.

966. — Le foin perd, par la fenaison, 48 p. 100 de son poids, et le foin sec subit, dans le grenier, une perte de 12 p. 100 du poids qu'il avait quand on l'a rentré. Un propriétaire pourrait vendre son foin sur pied à raison de 210 francs l'hectare; il refuse cette proposition et ne vend son foin que 8 mois après la récolte à raison de 4^f,50 les 50 kilogrammes. On demande combien il a gagné ou perdu à cette opération, sachant que la prairie a produit 60 quintaux métriques de foin vert par hectare; que la récolte pesait, quand on l'a remisée, 26 000 kilogrammes, et qu'enfin s'il avait vendu son foin sur pied, il aurait pu placer à 6 p. 100 le prix de vente et les 165 francs de frais, que la récolte lui a occasionnés.

967. — Un propriétaire vend deux qualités de blé à des prix différents. Il vend d'abord 3 hectolitres $\frac{1}{2}$ de la première qualité et 24 doubles décalitres de la deuxième pour le prix total de 206^f,20. Il touche ensuite 268^f,40 en vendant les $\frac{7}{10}$ d'un mètre cube de la première qualité et 360 décimètres cubes de la deuxième. Calculer le prix de l'hectolitre de la première qualité.

968. — Deux vases A et B de même poids contiennent des quantités d'eau différentes. Le poids total de A est les $\frac{4}{5}$ du poids total de B. Si l'on verse le contenu de B dans A, ce dernier pèse alors 8 fois plus que B vide. Sachant que le poids de l'eau contenue dans B surpasse celui de l'eau contenue dans A de 50 grammes, on demande le poids de chaque vase et le poids du liquide qu'il contenait primitivement.

969. — On partage une somme entre 4 personnes, la 1re en a les $\frac{3}{10}$, la 2e le $\frac{1}{4}$, la 3e le $\frac{1}{6}$ et la 4e le reste qui est égal à 5 270 francs. On demande quelle est la somme partagée, la part de chacun et le poids de la somme totale, sachant que les $\frac{3}{4}$ de la somme sont en pièces d'or et que le restant est en pièces d'argent.

970. — Un bassin rectangulaire a 2 mètres de long sur 1^m,50 de large. Il contient de l'eau jusqu'au quart de sa hauteur. On y fait couler pendant 31^{m}15^s de l'eau amenée par un robinet à raison de 6 litres par minute, et l'eau s'élève au tiers de la hauteur du bassin. On demande : 1° quelle est la capacité du bassin ; 2° quelle en est la profondeur.

971. — Un bassin, dont la contenance est de 3 mètres cubes, est alimenté par deux robinets. Le premier fournit 8 litres d'eau par minute. Les deux robinets, coulant simultanément, rempliraient les 7 dixièmes du bassin en 2 h. $\frac{1}{2}$. On demande combien de temps il faut laisser couler chaque robinet séparément pour remplir le bassin en 7 heures.

972. — Deux piétons sont, sur la même route, séparés par une distance de 17^{km},4. S'ils allaient l'un vers l'autre, ils se rencontreraient au bout de 2 heures. S'ils marchaient dans le même sens, ils se rencontreraient au bout de 58 heures. On demande : 1° la vitesse de chacun d'eux, c'est-à-dire le chemin que chacun d'eux fait en une heure ; 2° les chemins parcourus par chacun d'eux dans les deux cas.

973. — Un voyageur quitte une ville pour se rendre dans une autre avec une voiture automobile qui parcourt 32 kilomètres à l'heure. Il reste 2 heures dans cette ville et revient ensuite à son point de départ avec une vitesse de 40 kilomètres à l'heure. Entre son départ et son retour, il s'est écoulé 11 heures. Quelle est la distance des deux villes ?

974. — Une ville consomme par jour 2 850 hectolitres d'eau. La source qui l'alimente est située à 84 mètres au-dessous du bassin distributeur. Les pompes qui montent l'eau ne rendent en effet que 63,5 p. 100 de leur force motrice. Sachant que le cheval vapeur est une force capable d'élever 75 kilogrammes à 1 mètre de hauteur en une seconde, et que les pompes ne doivent fonctionner que 16 heures par jour, on demande quelle est en chevaux-vapeur la puissance de la machine qui communique le mouvement à ces pompes.

975. — Un particulier laisse à sa famille les $\frac{3}{4}$ de sa fortune ; il en donne $\frac{1}{7}$ aux pauvres et $\frac{1}{3}$ du reste à un musée. La somme qui lui reste après avoir fait ces trois dons est placée à intérêt simple au taux de 5 p. 100 pendant 4 ans 6 mois, au profit d'une institution de bienfaisance. Au bout de ces 4 ans 6 mois, cette institution reçoit une somme de 9 800 francs, capital et intérêts réunis. On demande : 1° la fortune du défunt ; 2° la part de la famille ; 3° celle des pauvres ; 4° celle du musée.

976. — On achète une propriété du prix de 84 000 francs composée de champs, de prés et de bois. Les prés valent les $\frac{6}{11}$ de la valeur des champs, et les bois les $\frac{2}{3}$ de ce que valent les prés ; les champs rapportent 3 p. 100, les prés 4 p. 100 et les bois 2 p. 100. On demande le revenu de la propriété et quel revenu on aurait en achetant de la rente 3 p. 100 à 98f,50 au lieu de la propriété.

977. — Deux sommes, l'une en argent, l'autre en or, ont le même poids. La somme en argent, placée à 3 p. 100, est devenue, au bout de 8 mois, capital et intérêt compris, 8 313 francs. L'autre somme a servi à acheter une propriété de 34 hectares 8 ares 5 centiares. Calculer le prix de l'are de cette propriété.

978. — Deux capitaux égaux étaient placés à 3,5 p. 100. On a augmenté l'un des $\frac{2}{5}$ de sa valeur et diminué l'autre de 900 francs. La différence entre les intérêts des deux nouveaux capitaux pendant 3 mois et au même taux, 3,5 p. 100, étant 21 francs, quelle était la valeur des capitaux primitifs ?

979. — Une personne place à intérêt simple : 1º les $\frac{3}{4}$ de son capital à 3 p. 100 l'an ; 2º le reste à 5 p. 100 l'an. 4 ans 2 mois après ce double placement, on lui paye la totalité des intérêts de la façon suivante : les 9 dixièmes de la valeur de ces intérêts en monnaie d'or et l'autre dixième en monnaie d'argent. La somme ainsi perçue pèse 42 875 grammes.
On demande : 1º le total des intérêts ; 2º le montant du capital.

980. — Un rentier a placé les $\frac{4}{7}$ de sa fortune en rentes sur l'État et le reste dans l'industrie. La première partie lui donne un revenu annuel de 1408 francs et la deuxième partie un revenu annuel de 1485 francs. En ajoutant, pendant la deuxième année, 10 500 francs à chaque placement, le revenu total de cette deuxième année se trouve augmenté de 808f,50. Trouver : 1º quelle était la somme placée primitivement par le rentier ; 2º quel est le taux de chaque placement?

981. — Une personne fait valoir deux capitaux, l'un de 5 500 francs à 4 p. 100, l'autre de 8 000 francs à 5 p. 100. Ce second capital n'étant placé que 4 ans $\frac{1}{2}$ après le premier, dans combien de temps après le premier placement ces deux capitaux auront-ils rapporté le même intérêt?

982. — On partage un capital de 43 000 francs en deux parties qu'on place à intérêt simple, la première à 3 p. 100 l'an, la deuxième à 3,5 p. 100 l'an. Au bout de 15 mois, la somme des intérêts des deux parties du capital est de 1 837f,50. Trouver les deux parties du capital.

983. — On a placé un capital de 7 200 francs, partie à 3,5 p. 100 pendant 8 mois et partie à 4,4 p. 100 pendant 6 mois. Le second capital a produit 36 francs d'intérêt de plus que le premier. Quels étaient les deux capitaux ? (Vérifier.)

984. — On place deux capitaux de la manière suivante : le premier seul pendant 7 mois $\frac{2}{3}$, puis tous deux ensemble pendant 8 mois $\frac{5}{12}$, et enfin le deuxième seul pendant 15 mois $\frac{2}{9}$. Sachant que l'intérêt total produit par ces trois placements successifs aurait pu être donné par le premier capital seul, s'il eût été placé pendant 2 ans 5 mois, on demande le temps qui eût été nécessaire au deuxième capital seul pour rapporter cet intérêt total.

985. — Un particulier place une somme à intérêt simple, au taux de 3 p. 100. Après 1 an 8 mois, il retire 8 820 francs, capital et intérêt compris, et il achète un terrain rectangulaire d'une longueur de 140 mètres, dont le tiers vaut 2f,30 le mètre carré et le reste 180 francs l'are. On demande : 1° la somme placée; 2° la surface du terrain; 3° la largeur à 1 décimètre près.

986. — Un propriétaire pouvait vendre au 1er octobre sa récolte de 750 hectolitres de vin 18 francs l'hectolitre et en placer immédiatement le produit à 3 p. 100; il a préféré la garder. Évaluant cette récolte à 15 000 francs, il a souscrit une police d'assurance contre l'incendie dont la prime et les frais se sont élevés à 0,50 p. 100 de la somme assurée. Du 1er octobre au 1er août suivant, il a dû effectuer trois soutirages qui ont exigé chacun 4 journées de travail de 3 francs l'une et une usure de matériel évaluée chaque fois à 7f,50. Par suite de l'évaporation et des dépôts, le volume du vin a diminué de 4 p. 100.
Le 1er août, le propriétaire a vendu son vin 19 francs l'hectolitre et a fait détartrer les foudres qui ont fourni 130 kilogrammes de tartre vendus 0f,70 le kilogramme. Calculer : 1° la valeur que la récolte aurait acquise le 1er août si son propriétaire l'eût vendue le 1er octobre de l'année précédente; 2° la valeur nette de la récolte vendue le 1er août.

987. — Partager 500 francs entre trois personnes de manière que la part de la première soit les $\frac{3}{5}$ de la part de la seconde et que la part de la seconde soit les $\frac{6}{7}$ de la part de la troisième.

988. — Trois personnes, adjudicataires d'une entreprise, n'ayant pas rempli les conditions de leur marché, le ministre a décidé que la moins-value, réglée à 8 500 francs, serait retenue sur leur cautionnement, s'élevant à 34 000 francs. On demande quelle est la perte qui incombera à chaque associé en admettant que, pour constituer ce cau-

tionnement, la première ait mis 10 000 francs, la deuxième 11 000 francs
et la troisième 13 000 francs.

989. — Une somme d'argent doit être partagée entre deux personnes. Le total de ce qu'elles réclament dépasse de 4 090 francs le
montant de la somme. Le partage étant fait proportionnellement à
leurs demandes, la première personne reçoit 20 250 francs et la
deuxième 16 560 francs. Combien chacune réclame-t-elle ?

990. — Un commerçant A entreprend une affaire avec un capital
de 15 000 francs ; au bout de 4 mois, il s'associe avec un autre commerçant B qui fait un apport de 25 000 francs ; 3 mois plus tard,
A et B prennent un nouvel associé C avec un capital de 50 000 francs ;
mais ce dernier reprend 3 mois plus tard 25 000 francs. Au bout de
l'année, l'affaire donne un bénéfice de 50 170 francs. Quelle est la part
qui revient à chaque associé ?

991. — On achète, à raison de 240 francs l'are, un domaine qui
coûte 272 160 francs et qui est composé de 3 parcelles dont les surfaces sont inversement proportionnelles aux nombres 3, 4, 5. Le prix
est réparti entre 4 parts qui seront versées de 3 mois en 3 mois et
augmentées chacune des intérêts à 4,2 p. 100 l'an, le premier paiement
devant avoir lieu 3 mois après la conclusion du marché. Calculer :
1° les dimensions de la propriété toute entière, supposée rectangulaire,
si la largeur est les $\frac{7}{18}$ de la longueur ; 2° la surface de chaque parcelle ; 3° le montant des sommes payées par l'acheteur ; 4° ce que tou-
cherait le créancier si, 4 mois après la vente, il faisait escompter par
un banquier le deuxième billet au taux de 6 p. 100.

992. — On a 540 litres d'alcool marquant 90 degrés à l'alcoomètre
centésimal, ce qui signifie que $\frac{90}{100}$ du volume de ce liquide sont de
l'alcool pur et le reste de l'eau. On les mélange avec 810 litres d'un
autre alcool marquant 72 degrés à l'alcoomètre. On demande : 1° combien de degrés ce mélange devra marquer ; 2° quelle quantité d'eau on
devra y ajouter pour obtenir un mélange à 60 degrés.

993. — Deux substances ont des densités représentées par $\frac{4}{7}$ et
$\frac{11}{12}$. Combien faut-il prendre de kilogrammes de chacune pour que
la densité du mélange soit exprimée par $\frac{5}{6}$ et le poids par 116 kilogrammes ?

994. — 60 hectolitres de blé ont été vendus 1 014 francs avec un
bénéfice de 4 p. 100 sur le prix d'achat. Ces 60 hectolitres résultent
du mélange de deux sortes de blé, valant l'une 15 francs, l'autre
18 francs l'hectolitre. Sachant que l'hectolitre de la première sorte
pèse 75 kilogrammes, et l'hectolitre de la seconde 79 kilogrammes,

combien entre-t-il de quintaux métriques de chaque sorte de blé dans les 60 hectolitres de mélange? — Vérifier le résultat obtenu.

995. — On fait fondre dans un creuset 167 pièces françaises en argent, les unes de 5 francs et les autres de 2 francs. On obtient un alliage contenant $1\,847^{\mathrm{g}}\frac{1}{4}$ d'argent. Quel est le nombre de pièces de 5 francs ?

996. — Une lame d'or pur a 4 décimètres de longueur, 3 centimètres de largeur et un demi-millimètre d'épaisseur. On la fond avec une quantité de cuivre convenable et l'on en fait un alliage au titre des monnaies d'or. Combien de pièces de 10 francs pourra-t-on fabriquer avec cet alliage ? La densité de l'or est 19.

997. — On fait fondre dans un creuset 225 pièces de 5 francs en argent ; on ajoute à la masse un lingot d'argent de 1 kilogramme au titre de $\dfrac{7\,511}{10\,000}$. On demande quelle quantité de cuivre il faut introduire dans le creuset pour obtenir un alliage pouvant servir à fabriquer des pièces de 1 franc. Quel sera le nombre de ces pièces?

998. — On a un lingot d'argent pur pesant $8^{\mathrm{kg}},93$, un autre lingot de 4 kilogrammes au titre de 0,840, et $4^{\mathrm{kg}},9$ de vieilles pièces de 5 francs usées par la circulation.

1° Combien doit-on fondre de cuivre avec tout ce métal pour obtenir un alliage propre à fabriquer des pièces de 1 franc au titre actuel?
2° Quelle est la valeur de cet alliage si, pendant sa fabrication, il y a eu un déchet de 2 p. 100 sur le poids total des métaux fondus ensemble?

999. — On prend trois lingots formés d'un alliage d'argent et de cuivre dont les titres sont respectivement 0,95, 0,75 et 0,50. Le poids du premier est les $\dfrac{3}{4}$ de celui du second, et le poids du second est la moitié de celui du troisième. Les trois lingots fondus pèsent ensemble 3 810 grammes. On demande quel poids de cuivre ou d'argent il faut ajouter au lingot total pour obtenir un alliage pouvant servir à frapper des pièces de 1 franc.

1000. — Il a été fait à l'Hôtel des Monnaies l'envoi de 253 425 francs en pièces de 5 francs en argent et pour 152 620 francs de pièces de 2 francs, de 1 franc, de $0^{\mathrm{f}},50$ et de $0^{\mathrm{f}},20$ à l'effet de transformer le tout en nouvelles pièces de $0^{\mathrm{f}},50$. Si l'on admet que l'usure des pièces envoyées représente $\dfrac{1}{50}$ du poids primitif, quelle quantité de cuivre devra-t-on ajouter pour obtenir le titre convenable? Si, d'autre part, on admet que les frais de fabrication s'élèvent à $1^{\mathrm{f}},50$ par kilogramme d'argent monnayé, l'État a-t-il gagné ou perdu à cette opération, et combien

TABLE DES MATIERES

LIVRE II

FRACTIONS

CHAPITRE PREMIER

FRACTIONS ORDINAIRES

CHAPITRE II

OPÉRATIONS SUR LES FRACTIONS

CHAPITRE III

NOMBRES DÉCIMAUX

CHAPITRE IV

RACINE CARRÉE

LIVRE III

SYSTÈME MÉTRIQUE

CHAPITRE PREMIER

CHAPITRE II

SYSTÈME MÉTRIQUE

CHAPITRE III

LONGUEURS, AIRES ET VOLUMES, ARPENTAGE ET LEVÉ DES PLANS

CHAPITRE IV

ANCIENNES MESURES, MESURES ÉTRANGÈRES, NOMBRES COMPLEXES

LIVRE IV

APPLICATIONS

CHAPITRE PREMIER

RAPPORTS ET PROPORTIONS

CHAPITRE II

GRANDEURS PROPORTIONNELLES, RÈGLES DE TROIS

CHAPITRE III

NOTIONS D'ARITHMÉTIQUE COMMERCIALE

CHAPITRE IV

PARTAGES PROPORTIONNELS, MÉLANGES ET ALLIAGES

CHAPITRE V

NOTIONS D'ALGÈBRE

CHAPITRE VI

PROGRESSIONS ET ANNUITÉS

CHAPITRE VII

EXERCICES ET PROBLÈMES DE RÉCAPITULATION

Coulommiers — Impr. E. Dessaint. — 2-26

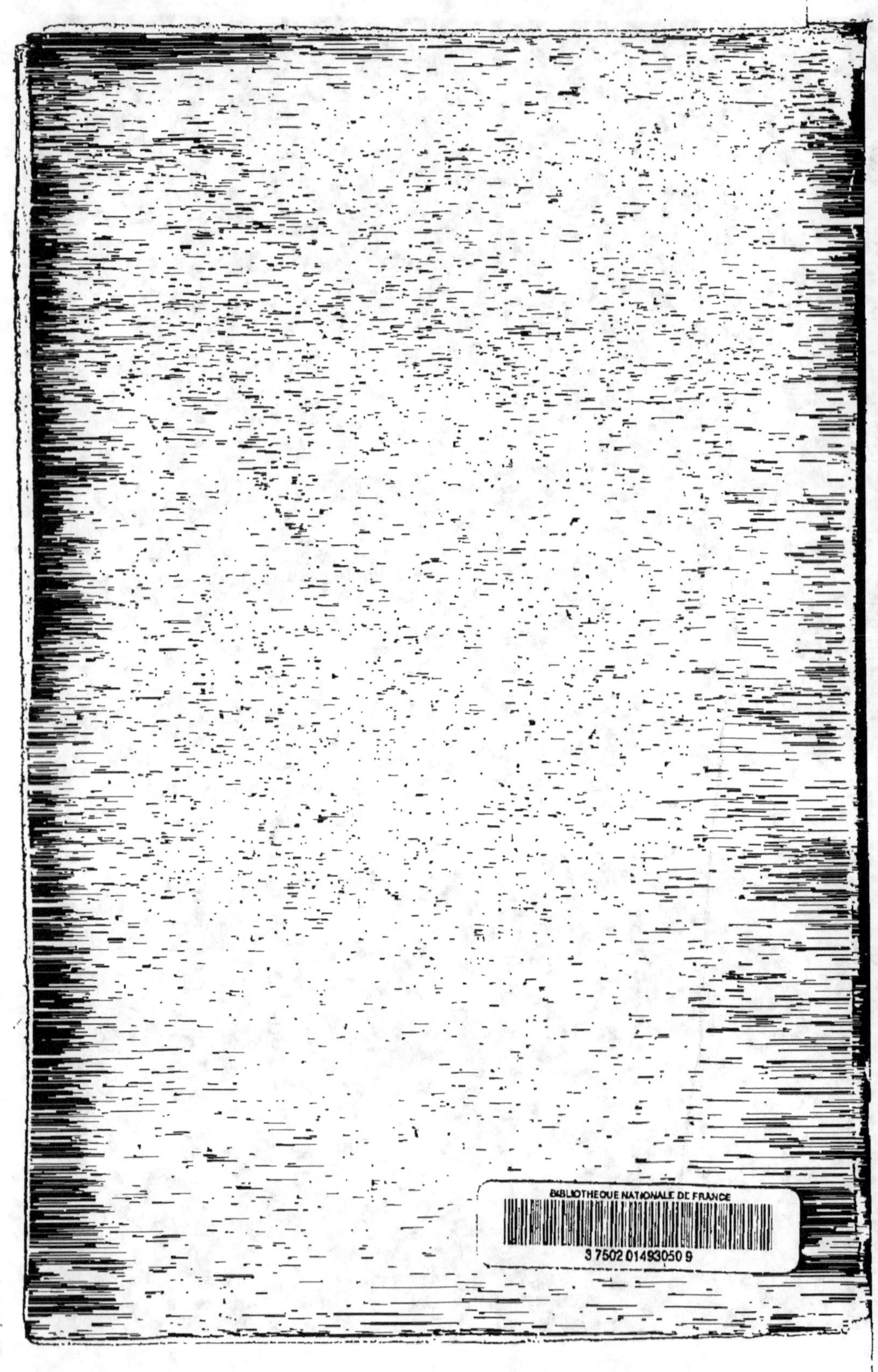
BIBLIOTHEQUE NATIONALE DE FRANCE